计算机系列教材

安世虎 主编
隋丽红 周恩锋 谭峤 副主编

计算机应用基础教程
(Windows 7， Office 2010)

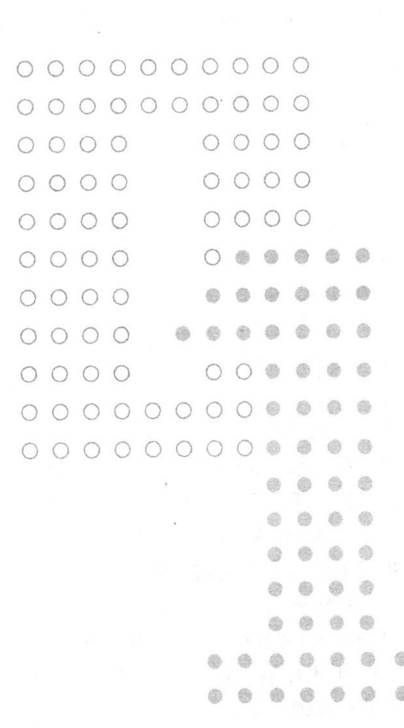

清华大学出版社
北 京

内容简介

本书是按照大学计算机基础教育的知识体系和计算机应用能力的主要需求，并结合当前计算机发展的状况编写而成。全书内容共分7章，包括计算机基础知识、Windows 7操作系统、文字处理软件Word 2010、电子表格软件Excel 2010、演示文稿制作软件PowerPoint 2010，以及计算机网络与Internet应用、多媒体技术基础。

本书配有《计算机应用基础教程(Windows 7，Office 2010)学习与实验指导》，可帮助学生提高动手能力以及知识的综合运用能力。

本书内容翔实、图文并茂，注重基本原理的专业性、基本操作的实用性，可作为高等院校非计算机专业"计算机应用基础"课程的教材，也可作为计算机应用基础培训教材或者读者自学教材。

图书在版编目(CIP)数据

计算机应用基础教程：Windows 7，Office 2010/安世虎主编. —北京：清华大学出版社，2014(2016.8重印)
计算机系列教材
ISBN 978-7-302-36886-1

Ⅰ. ①计… Ⅱ. ①安… Ⅲ. ①Windows操作系统—高等学校—教材 ②办公自动化—应用软件—高等学校—教材 Ⅳ. ①TP316.7 ②TP317.1

中国版本图书馆CIP数据核字(2014)第131696号

责任编辑： 白立军
封面设计： 常雪影
责任校对： 李建庄
责任印制： 何 芉

出版发行： 清华大学出版社
网 址：http://www.tup.com.cn，http://www.wqbook.com
地 址：北京清华大学学研大厦A座 邮 编：100084
社 总 机：010-62770175 邮 购：010-62786544
投稿与读者服务：010-62776969，c-service@tup.tsinghua.edu.cn
质 量 反 馈：010-62772015，zhiliang@tup.tsinghua.edu.cn
课 件 下 载：http://www.tup.com.cn，010-62795954
印 刷 者： 北京富博印刷有限公司
装 订 者： 北京市密云县京文制本装订厂
经 销： 全国新华书店
开 本： 185mm×260mm **印 张：** 18 **字 数：** 445千字
版 次： 2014年8月第1版 **印 次：** 2016年8月第3次印刷
印 数： 5001～7500
定 价： 39.00元

产品编号：060027-02

前言

随着计算机技术的迅猛发展、计算机应用的日益普及，计算机操作已经成为人们日常工作、生活中必不可少的基本技能，计算机文化知识也成为当代非计算机专业学生知识结构的重要组成部分。为了强化基础知识和应用技能，培养用计算机解决和处理问题的思维及能力，适应计算机发展的新要求，我们编写了这本《计算机应用基础教程(Windows 7，Office 2010)》。本教程具有如下特点。

(1) 知识体系完整，符合高等学校非计算机专业"大学计算机基础"课程的基本知识要求，注重基础和应用，强调思维和能力培养。

(2) 按照应用驱动模式组织教材内容，符合从实践、理论、再实践的认知规律，采用文字和图相结合的知识表现方式，方便教学和自学。

(3) 教材内容新颖，介绍最新软件应用和技术发展，选用隐含计算思维能力培养案例，引导学生建立基于计算思维的知识体系。

本书以 Windows 7 为操作平台，包括三大部分 7 章内容，第一部分包括第 1 章和第 2 章，主要介绍计算机基础知识和操作系统(Windows 7)基础，该部分理论性较强，实践环节以键盘练习、汉字输入、系统操作技巧和应用为主；第二部分包括第 3～5 章，主要介绍办公自动化软件(Office 2010)的基本操作，该部分以掌握操作技能为主，在多媒体教室讲解，重点是上机操作；第三部分包括第 6 章和第 7 章，分别介绍计算机网络与 Internet 应用、多媒体技术基础，该部分将计算机技术、通信技术和网络技术相互渗透、相互结合，进行信息交换、资源共享或者协同工作。在教学过程中，教师可根据学制、专业、教学时数、教学要求、教学目标等实际情况对讲授内容进行取舍。为了方便学生进行上机操作练习和课后复习，同时也为教师灵活、高效地组织教学提供便利，本书配有《计算机应用基础教程(Windows 7，Office 2010)学习与实验指导》作为配套使用的实验教材。建议本课程按 60～70 学时安排教学，讲课学时与实验学时之比为 1∶1。

参与本书编写的人员均在教学一线，具有丰富的教学经验。各章编写分工如下：第 1 章由安世虎编写，第 2 章由周恩锋编写，第 3 章由谢蕙编写，第 4 章由谭峤编写，第 5 章由朱波编写，第 6 章由孙青编写，第 7 章由隋丽红编写，全书由安世虎统稿。由于信息技术的发展日新月异以及编者学识水平所限，书中难免有疏漏和错误之处，敬请广大读者不吝赐教，批评指正。

编　者

2014 年 3 月 20 日

目 录

第1章　计算机基础知识

随着计算机技术的快速发展，计算机的应用已经渗透到人们生活中的各行各业，熟练使用计算机已成为每个现代人必备的基本技能之一。本章在回顾计算机发展历史的基础上，介绍现代计算机的分类和应用领域、计算机系统组成、计算机信息处理基础、微型计算机硬件组成和信息科学技术发展趋势。

1.1　计算机概述

1.1.1　计算机的发展

无处不在、无所不能的计算机，已历经60多个春华秋实。60余年在人类的历史长河中只是一瞬间，计算机却彻底改变了人们的生活。回顾计算机发展的历史，并依此上溯它的起源，真令人惊叹沧海桑田的巨变；历数计算机史上的英雄人物和跌宕起伏的发明故事，给后人留下长久的思索和启迪。计算机的发展史可以分为以机械齿轮或继电器技术的计算机发展史和以采用先进的电子技术代替机械齿轮或继电器技术的现代计算机发展史。

1. 现代计算机诞生之前计算机史上的英雄人物和发明故事

电脑的学名称为电子计算机。人类发明这种机器的初衷是把它作为计算工具。Calculus(计算)一词来源于拉丁语，既有"算法"的含义，也有肾脏或胆囊里的"结石"的意思。远古的人们用石头来计算捕获的猎物，石头就是他们的计算工具。著名科普作家阿西莫夫说，人类最早的计算工具是手指，英语单词Dight既表示"手指"又表示"整数数字"；而中国古人常用"结绳"来帮助记事，"结绳"当然也可以充当计算工具。石头、手指、绳子……，这些都是古人用过的"计算机"。

随着社会的发展，许多国家的人都不约而同地想到用"筹码"来改进工具，其中要数中国的算筹最有名气。商周时代问世的算筹，实际上是一种竹制、木制或骨制的小棍。古人在地面或盘子里反复摆弄这些小棍，通过移动来进行计算，从此出现了"运筹"这个词，运筹就是计算，后来才派生出"筹"的词义。祖冲之最先算出圆周率小数点后的第6位，使用的工具正是算筹，这个结果即使用笔算也很不容易求得。

欧洲人发明的算筹与中国不尽相同，他们的算筹是根据"格子乘法"的原理制成。例如，要计算1248×456，可以先画一个矩形，然后把它分成4×3个小格子，在小格子上方依次写下乘数的各位数字、在小格子右方依次写下被乘数的各位数字，再用对角线把小格子一分为二，分别记录上述各位数字相应乘积的十位数与个位数。把这些乘积由右到左，沿斜线方向相加，如果相加的数超过10的话，把进位的数分别加到左或上方，则最后就得到乘积。1248×456 格子乘法示意图如图 1-1 所示。

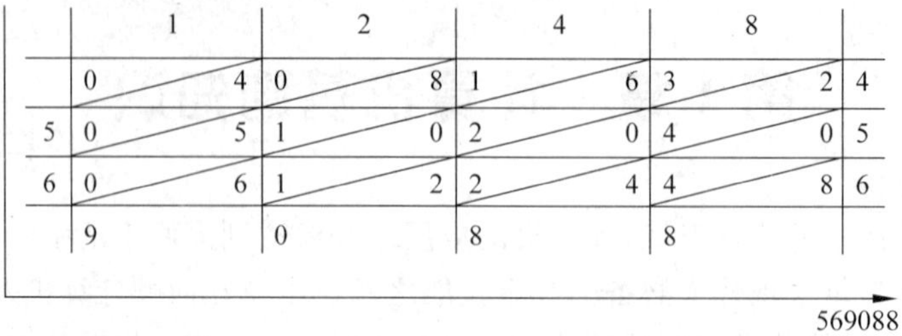

	1	2	4	8	
	0 4	0 8	1 6	3 2	4
5	0 5	1 0	2 0	4 0	5
6	0 6	1 2	2 4	4 8	6
	9	0	8	8	

569088

图 1-1　1248×456 格子乘法示意图

1617 年,英国数学家纳皮尔把格子乘法表中可能出现的结果,印刻在一些狭长条的算筹上,利用算筹的摆放来进行乘、除或其他运算。在很长一段时间里,纳皮尔算筹是欧洲人主要的计算工具。算筹在使用中,一旦遇到复杂运算常弄得繁杂混乱,让人感到不便,于是中国人又发明了一种新式的"计算机"。

著名作家谢尔顿在他的小说《假如明天来临》里讲过一个故事:骗子杰夫向经销商兜售一种袖珍计算机,说它"价格低廉,绝无故障,节约能源,十年中无须任何保养"。当商人打开包装盒一看,这台"计算机"原来是一把来自中国的算盘。世界文明的四大发源地——黄河流域、印度河流域、尼罗河流域和幼发拉底河流域先后都出现过不同形式的算盘,只有中国的珠算盘一直沿用至今。珠算盘最早可能萌芽于汉代,定型于南北朝。它利用进位制记数,通过拨动算珠进行运算:上珠每珠当五,下珠每珠当一,每一档可当作一个数位。打算盘必须记住一套口诀,口诀相当于算盘的"**软件**"。算盘本身还可以**存储数字**,使用起来的确很方便,它帮助中国古代数学家取得了不少重大的科技成果,在人类计算工具史上具有重要的地位。

15 世纪以后,随着天文、航海的发展,计算工作日趋繁重,迫切需要探求新的计算方法并改进计算工具。1630 年,英国数学家奥特雷德使用当时流行的对数刻度尺做乘法运算时,突然萌生了一个念头:若采用两根相互滑动的对数刻度尺,不就省得用两脚规度量长度吗?他的这个设想导致了"机械化"计算尺的诞生。奥特雷德是理论数学家,对这个小小的计算尺并不在意,也没有打算让它流传于世,此后 200 年,他的发明未被实际运用。18 世纪末,以发明蒸汽机闻名于世的瓦特,成功地制出了第一把名副其实的计算尺。瓦特原来就是一位仪表匠,他的蒸汽机工厂投产后,需要迅速计算蒸汽机的功率和气缸体积。瓦特设计的计算尺,在尺座上多了一个**滑标,用来"存储"计算的中间结果**,这种滑标很长时间一直被后人沿用。

1850 年以后,对数计算尺迅速发展,成了工程师们必不可少的随身携带的"计算机",直到 20 世纪五六十年代,它仍然是代表工科大学生身份的一种标志。凝聚着许多科学家和能工巧匠智慧的早期计算工具,在不同的历史阶段发挥过巨大作用,但也将随着科学发展而逐渐消亡,最终完成它们的历史使命。

第一台真正的计算机是著名科学家帕斯卡(B. Pascal)发明的机械计算机。帕斯卡 1623 年出生在法国一位数学家家庭,他三岁丧母,由担任着税务官的父亲拉扯他长大成人。他从小就表现出对科学研究浓厚的兴趣。少年帕斯卡每天都看着年迈的父亲费力地计算税率税款，很想帮助做点事，可又怕父亲不放心。于是，未来的科学家想到了为父亲制作一台可以计算税款的机器。19岁那年，他发明了人类有史以来第一台机械计算机。

帕斯卡的计算机是一种系列齿轮组成的装置，外形像一个长方盒子，用儿童玩具那种钥匙旋紧发条后才能转动，只能够做加法和减法。然而，即使只做加法，也有个"逢十进一"的进位问题。聪明的帕斯卡采用了一种小爪子式的棘轮装置。当定位齿轮朝9转动时，棘爪便逐渐升高；一旦齿轮转到0，棘爪就"咔嚓"一声跌落下来，推动十位数的齿轮前进一挡。

帕斯卡的发明成功后，一连制作了50台这种被人称为"帕斯卡加法器"的计算机，至少现在还有5台保存着。例如，在法国巴黎工艺学校、英国伦敦科学博物馆都可以看到帕斯卡计算机原型。据说在中国的故宫博物院，也保存着两台铜制的复制品，是当年外国人送给慈禧太后的礼品，"老佛爷"哪里懂得它的奥妙，只把它当成西方的洋玩具，藏在深宫里面。

帕斯卡是真正的天才，他在诸多领域内都有建树。后人在介绍他时，说他是数学家、物理学家、哲学家、流体动力学家和概率论的创始人。凡是学过物理的人都知道一个关于液体压强性质的"帕斯卡定律"，这个定律就是他的伟大发现并以他的名字命名的。他甚至还是文学家，其文笔优美的散文在法国极负盛名。可惜，长期从事艰苦的研究损害了他的健康，1662年英年早逝，年仅39岁。他留给了世人一句至理名言："人好比是脆弱的芦苇，但是他又是有思想的芦苇。"

全世界"有思想的芦苇"，尤其是计算机领域的后来者，都不会忘记帕斯卡在混沌中点燃的亮光。1971年发明的一种程序设计语言——PASCAL语言，就是为了纪念这位先驱，使帕斯卡的英名长留在计算机时代里。

帕斯卡逝世后不久，与法国毗邻的德国莱茵河畔，有位英俊的年轻人正挑灯夜读。黎明时分，青年人站起身，揉了一下疲乏的腰部，脸上流露出会心的微笑，一个朦胧的设想已酝酿成熟。虽然在帕斯卡发明加法器的时候，他尚未出世，但这篇由帕斯卡亲自撰写的关于加法计算机的论文，却使他似醍醐灌顶，勾起强烈的发明欲。他就是德国大数学家、被《不列颠百科全书》称为"西方文明最伟大的人物之一"的莱布尼茨(G. Leibnitz)。

莱布尼茨早年历经坎坷。当幸运之神降临之时，他获得了一次出使法国的机会。帕斯卡的故乡张开臂膀接纳他，为他实现计算机器的夙愿创造了契机。在巴黎，他聘请到一些著名机械专家和能工巧匠协助工作，终于在1674年造出一台更完美的机械计算机。

莱布尼茨发明的新型计算机约有1m长，内部安装了一系列齿轮机构，除了体积较大之外，基本原理继承于帕斯卡。不过，莱布尼茨技高一筹，他为计算机增添了一种名叫"步进轮"的装置。步进轮是一个有9个齿的长圆柱体，9个齿依次分布于圆柱表面；旁边另有个小齿轮可以沿着轴向移动，以便逐次与步进轮啮合。每当小齿轮转动一圈，步进轮可根据它与小齿轮啮合的齿数，分别转动1/10、2/10圈……，直到9/10圈，这样，它就能够连续重复地做加法。

稍熟悉计算机程序设计的人都知道，**连续重复计算加法就是现代计算机做乘除运算采用的办法**。莱布尼茨的计算机，加、减、乘、除四则运算一应俱全，也给其后风靡一时的手摇计算机铺平了道路。

不久,因独立发明微积分而与牛顿齐名的莱布尼茨,又为计算机提出了"二进制"数的设计思路。有人说,他的想法来自于东方中国。

大约在公元1700年左右某天,友人送给他一幅从中国带来图画,名称称为"八卦",是宋朝人邵雍所摹绘的一张"易图"。莱布尼茨用放大镜仔细观察八卦的每一卦象,发现它们都由阳(—)和阴(--)两种符号组合而成。他饶有兴趣地把8种卦象颠来倒去排列组合,脑海中突然火花一闪——这不就是很有规律的二进制数字吗?若认为阳(—)是1,阴(--)是0,八卦恰好组成了二进制000到111共8个基本序数。正是在中国人睿智的启迪下,莱布尼茨最终悟出了二进制数之真谛。虽然莱布尼茨设计的计算机用的还是十进制,但他率先系统提出了**二进制数的运算法则**,直到今天,现代计算机的高速运算仍然采用二进制数。

帕斯卡的计算机经莱布尼茨改进之后,人们又给它装上电动机以驱动机器工作,成为名符其实的"电动计算机",并且一直使用到20世纪20年代才退出舞台。尽管帕斯卡与莱布尼茨的发明还不是现代意义上的计算机,但它们毕竟昭示着人类计算机史里的第一抹曙光。

要让机器听人类的话,按人类的意愿去计算,就要实现人与机器之间的对话,或者说,要把人类的思想传送给机器,让机器按人的意志自动执行。

说来也怪,实现人与机器对话的始作俑者却不是研制计算机的那些前辈,而是与计算机发明毫不相干的两位法国纺织机械师。他们先后发明了一种指挥机器工作的"**程序**",把思想直接"注入"到提花编织机的针尖上。

顾名思义,提花编织机具有升降纱线的提花装置,是一种能使绸布编织出图案花纹的织布机器。提花编织机最早出现在中国,在我国出土的战国时代墓葬物品中,就有许多用彩色丝线编织的漂亮花布。据史书记载,西汉年间,钜鹿县纺织工匠陈宝光的妻子,能熟练地掌握提花机操作技术,她的机器配置了120根经线,平均60天即可织成一匹花布,每匹价值万钱。明朝刻印的《天工开物》一书中,还赫然地印着一幅提花机的示意图。可以想象,当欧洲的王公贵族对从"丝绸之路"传入的美丽绸缎赞叹不已时,中国的提花机也必定会沿着"丝绸之路"传入欧洲。

不过,用当时的编织机编织图案相当费事。所有的绸布都是用经线(纵向线)和纬线(横向线)编织而成。若要织出花样,织工们必须细心地按照预先设计的图案,在适当位置"提"起一部分经线,以便让滑梭牵引着不同颜色的纬线通过。机器当然不可能自己"想"到该在何处提线,只能靠人手"提"起一根又一根经线,不厌其烦地重复这种操作。

1725年,法国纺织机械师布乔(B. Bouchon)突发奇想,想出了一个"**穿孔纸带**"的绝妙主意。布乔首先设法用一排编织针控制所有的经线运动,然后取来一卷纸带,根据图案打出一排排小孔,并把它压在编织针上。启动机器后,正对着小孔的编织针能穿过去钩起经线,其他的针则被纸带挡住不动。这样一来,编织针就自动按照预先设计的图案去挑选经线,布乔的"思想""传递"给了编织机,而**编织图案的"程序"也就"储存"在穿孔纸带的小孔之中**。真正成功的改进是在80年后,另一位法国机械师杰卡德(J. Jacquard),大约在1805年完成了"自动提花编织机"的设计制作。

那是举世瞩目的法国大革命的年代——攻打巴士底狱,推翻封建王朝,武装保卫巴黎，市民们高唱着“马赛曲”，纷纷走上街头，革命风暴如火如荼。虽然杰卡德在1790年就基本形成了他的提花机设计构想，但为了参加革命，他无暇顾及发明创造，也扛起来福枪，投身到里昂保卫战的行列里。直到19世纪到来之后，杰卡德的机器才得以组装完成。

杰卡德为他的提花机增加了一种装置，能够同时操纵1200个编织针，控制图案的穿孔纸带后来也换成了穿孔卡片。据说，杰卡德编织机面世后仅25年，考文垂附近的乡村里就有了600台，在老式蒸汽机扑哧扑哧的伴奏下，把穿孔卡片上的图案变成一匹匹漂亮的花绸布。纺织工人最初强烈反对这架自动化的新鲜玩意的到来，因为害怕机器会抢去他们的饭碗，使他们失去工作，但因为它优越的性能，终于被人们普遍接受。1812年，仅在法国就装配了万余台，并通过英国传遍了西方世界，杰卡德也因此而被授予了荣誉军团十字勋章和金质奖章。

杰卡德提花编织机奏响了19世纪机器自动化的序曲。在伦敦出版的《不列颠百科全书》和中国出版的《英汉科技词汇大全》两部书中，JACQUARD(杰卡德)一词的词条下：英语和汉语的意思居然都是“提花机”，可见，杰卡德的名字已经与提花机融为了一体。杰卡德提花机的原理，即使到计算机时代的今天，依然没有更大的改动，街头巷尾小作坊里使用的手工绒线编织机，其基本结构仍与杰卡德编织机大体相似。

此外，杰卡德编织机“千疮百孔”的穿孔卡片，不仅让机器编织出绚丽多彩的图案，而且意味着程序控制思想的萌芽，穿孔纸带和**穿孔卡片也广泛用于早期计算机以存储程序和数据**。或许，人们现在把“程序设计”俗称为“编程序”，就引申自编织机的“编织花布”的词义。

今天出版的许多计算机书籍扉页里，都登载着巴贝奇(C. Babbage)的照片：宽阔的额，狭长的嘴，锐利的目光显得有些愤世嫉俗，坚定的但绝非缺乏幽默的外貌，给人以一个极富深邃思想的学者形象。

巴贝奇是一位富有的银行家的儿子，1792年出生在英格兰西南部的托特纳斯，后来继承了相当丰厚的遗产，但他把金钱都用于了科学研究。童年时代的巴贝奇显示出极高的数学天赋，考入剑桥大学后，他发现自己掌握的代数知识甚至超过了教师。毕业留校，24岁的年轻人荣幸受聘担任剑桥大学“路卡辛讲座”的数学教授。这是一个很少有人能够获得的殊荣，牛顿的老师巴罗是第一名，牛顿是第二名。在教学之余，巴贝奇完成了大量发明创造，如运用运筹学理论率先提出“一便士邮资”制度，发明了供火车使用的速度计和排障器等。假若巴贝奇继续在数学理论和科技发明领域耕耘，他可以走上鲜花铺就的坦途。然而，这位旷世奇才却选择了一条无人敢于攀登的崎岖险路。

事情还得从法国讲起。18世纪末，法兰西发起一项宏大的计算工程——人工编制《数学用表》，这在没有先进计算工具的当时，是件极其艰巨的工作。法国数学界调集大批数学家，组成人工手算的流水线，算得天昏地暗，才完成17卷大部头书稿。即便如此，计算出的数学用表仍然存在大量错误。据说有一天，巴贝奇与著名的天文学家赫舍尔凑在一起，对两大部头的天文数表评头论足，翻一页就是一个错，翻两页就有好几处。面对错误百出的数学表，巴贝奇目瞪口呆，他甚至喊出声来：“天哪，这些计算错误已经充斥弥漫了整个宇宙!”

这件事也许就是巴贝奇萌生研制计算机构想的起因。巴贝奇在他的自传《一个哲学家的生命历程》里,写到了大约发生在1812年的一件事:“有一天晚上,我坐在剑桥大学的分析学会办公室里,神志恍惚地低头看着面前打开的一张对数表。一位会员走进屋来,瞧见我的样子,忙喊道:‘喂!你梦见什么啦?’我指着对数表回答说:‘我正在考虑这些表也许能用机器来计算!’”巴贝奇的第一个目标是制作一台“差分机”。“差分”是把函数表的复杂算式转化为差分运算,用简单的加法代替平方运算。那一年,刚满20岁的巴贝奇从法国人杰卡德发明的提花编织机上获得灵感,差分机设计闪烁出程序控制的灵光——它能够按照设计者的旨意,自动处理不同函数的计算过程。

巴贝奇耗费了整整十年光阴,于1822年完成第一台差分机,它可以处理3个不同的5位数,计算精度达到6位小数,当即就演算出好几种函数表。由于当时工业技术水平极低,第一台差分机从设计绘图到机械零件加工,都是巴贝奇亲自动手完成。当他看着自己的机器制作出准确无误的《数学用表》,高兴地对人讲:“哪怕我的机器出了故障,比如齿轮被卡住不能动,那也毫无关系。你看,每个轮子上都有数字标记,它不会欺骗任何人。”以后实际运用证明,这种机器非常适合于编制航海和天文方面的数学用表。

成功的喜悦激励着巴贝奇,他连夜奋笔上书皇家学会,要求政府资助他建造第二台运算精度为20位的大型差分机。英国政府看到巴贝奇的研究有利可图,破天荒地与科学家签订了第一个合同,财政部慷慨地为这台大型差分机提供出1.7万英镑的资助。巴贝奇自己也贴进去1.3万英镑巨款,用以弥补研制经费的不足。在当年,这笔款项的数额无异于天文数字——有资料介绍说,1831年约翰·布尔制造一台蒸汽机车的费用才784英镑。

然而,第二台差分机在机械制造工厂里触上“暗礁”。

第二台差分机大约有25 000个零件,主要零件的误差不得超过每英寸千分之一,即使用现在的加工设备和技术,要想造出这种高精度的机械也绝非易事。巴贝奇把差分机交给英国最著名的机械工程师约瑟夫·克莱门特所属的工厂制造,但工程进度十分缓慢。设计师心急火燎,从剑桥到工厂,从工厂到剑桥,一天几个来回。他把图纸改了又改,让工人把零件重做一遍又一遍。年复一年,日复一日,直到又一个10年过去后,巴贝奇依然望着那些不能运转的机器发愁,全部零件亦只完成不足一半数量。参加试验的同事们再也坚持不下去,纷纷离他而去。巴贝奇独自苦苦支撑了第三个10年,终于感到无力回天。

那天清晨,巴贝奇走进车间,偌大的作业场空无一人,只剩下满地的滑车和齿轮,四处一片狼藉。他呆立在尚未完工的机器旁,深深地叹了口气。在痛苦的煎熬中,他无计可施,只得把全部设计图纸和已完成的部分零件送进伦敦皇家学院博物馆供人观赏。1842年,在巴贝奇的一生中是极不平常的一年。英国政府宣布断绝对他的一切资助,连科学界的友人都用一种怪异的目光看着他。英国首相讥讽道:“这部机器的唯一用途,就是花掉大笔金钱!”同行们讥笑他是“愚笨的巴贝奇”。皇家学院的权威人士,包括著名天文学家艾瑞等人,都公开宣称他的差分机“毫无任何价值……”

就在痛苦艰难的时刻,孤独苦闷的巴贝奇意外地收到一封来信,写信人不仅对他表示理解而且还希望与他共同工作。娟秀字体的签名,表明了她不凡的身份——伯爵夫人。

接到信函后不久,巴贝奇实验室门口走进来一位年轻的女士。她身披素雅的斗篷,鬓角上斜插一朵白色的康乃馨,显得那么典雅端庄。巴贝奇一时愣在那里,他与这位女士似曾相识，又想不起曾在何处邂逅。女士落落大方地做了自我介绍，正是那位写信人。

"您还记得我吗？"女士低声问道，"十多年前，您还给我讲过差分机原理。"看到巴贝奇迷惑的眼神，她又笑着补充说："您说我像野人见到了望远镜。"巴贝奇恍然大悟，想起已经十分遥远的往事。面前这位女士和那个小女孩之间，依稀还有几分相似。原来，伯爵夫人本名叫阿达·奥古斯塔(AdaAugusta)，是英国著名诗人拜伦的独生女。她比巴贝奇的年龄小20多岁，1815年出生。阿达·奥古斯塔自小命运多舛，来到人世的第二年，父亲拜伦因性格不合与她的母亲离异，从此别离英国。可能是从未得到过父爱的缘由，阿达·奥古斯塔没有继承到父亲诗一般的浪漫热情，却继承了母亲的数学才能和毅力。

还是在阿达·奥古斯塔的少女时代，母亲的一位朋友领着她们去参观巴贝奇的差分机。其他女孩子围着差分机叽叽喳喳乱发议论，摸不着头脑。只有阿达看得非常仔细，她十分理解并且深知巴贝奇这项发明的重大意义。或许是这个小女孩特殊的气质，在巴贝奇的记忆里打下了较深的印记。他赶紧请阿达入座，并欣然同意与这位小有名气的数学才女共同研制新的计算机器。

就这样，在阿达·奥古斯塔27岁时，她成为巴贝奇科学研究上的合作伙伴，迷上这项常人不可理喻的"怪诞"研究。其时，她已经成了家，丈夫是洛甫雷斯伯爵。按照英国的习俗，许多资料在介绍里都把她称为"洛甫雷斯伯爵夫人"。

30年的困难和挫折并没有使巴贝奇屈服，阿达·奥古斯塔的友情援助更坚定了他的决心。还在大型差分机进军受挫的1834年，巴贝奇就已经提出了一项新的更大胆的设计。他最后冲刺的目标不仅仅是能够制表的差分机，而是一种通用的数学计算机。巴贝奇把这种新的设计叫做"分析机"，它能够自动解算有100个变量的复杂算题，每个数可达25b(位)。巴贝奇及其设计的差分机和分析机如图1-2所示。

(a) C.Babbage

(b) 差分机

(c) 分析机

图1-2 巴贝奇及其设计的差分机和分析机

今天我们再回首看看巴贝奇的设计，分析机的思想仍然闪烁着天才的光芒。

由于巴贝奇晚年因喉疾几乎不能说话，介绍分析机的文字主要由阿达·奥古斯塔替他完成。阿达·奥古斯塔在一篇文章里介绍说："这台机器不论在可能完成的计算范围、简便程度以及可靠性与精确度方面，或者是计算时完全不用人参与这方面，都超过了以前的机器。"巴贝奇把分析机设计得那样精巧，他打算用蒸汽机为动力，驱动大量的齿轮机构运转。巴贝奇的分析机大体上有三大部分：其一是齿轮式的"存储库"，巴贝奇称它为"仓库”(Store),每个齿轮可储存10个数,齿轮组成的阵列总共能够储存1000个50位数。分析机的第二个部件是“运算室”,巴贝奇把它命名为“作坊”(Mill),其基本原理与帕斯卡的转轮相似,用齿轮间的啮合、旋转、平移等方式进行数字运算。为了加快运算速度,他改进了进位装置,使得50位数加50位数的运算可完成于一次转轮之中。第三部分巴贝奇没有为它具体命名,其功能是以杰卡德穿孔卡中的0和1来控制运算操作的顺序,类似于计算机里的控制器。他甚至还考虑如何使这台机器处理依条件转移的动作,例如,第一步运算结果若是1,就接着做乘法;若是0就进行除法运算。此外,巴贝奇也构思了送入和取出数据的机构,以及在“仓库”和“作坊”之间不断往返运输数据的部件。

阿达·奥古斯塔“心有灵犀一点通”,她非常准确地评价道:“分析机‘编织’的代数模式同杰卡德织布机编织的花叶完全一样”。于是,为分析机编制一批函数计算程序的重担,落到了数学才女的肩头。阿达·奥古斯塔开天辟地第一次为计算机编出了程序,其中包括计算三角函数的程序、级数相乘程序、伯努利函数程序等。阿达·奥古斯塔编制的这些程序,即使到了今天,计算机软件界的后辈仍然不敢轻易改动一条指令。人们公认她是世界上第一位软件工程师。众所周知,美国国防部据说花了250亿美元和10年的光阴,把它所需要软件的全部功能混合在一种计算机语言中,希望它能成为军方数千种计算机的标准。1981年,这种语言被正式命名为ADA(阿达)语言,使阿达·奥古斯塔的英名流传至今。

不过,以上讲的都是后话,殊不知巴贝奇和阿达·奥古斯塔当年处在怎样痛苦的水深火热之中!由于得不到任何资助,巴贝奇为把分析机的图纸变成现实,耗尽了自己全部财产,弄得一贫如洗。他只好暂时放下手头的活,和阿达·奥古斯塔商量设法赚一些钱,如制作什么国际象棋玩具,什么赛马游戏机等。为筹措科研经费,他们不得不“下海”搞“创收”,最后,两人陷入了惶惶不可终日的窘境。阿达·奥古斯塔忍痛两次把丈夫家中祖传的珍宝送进当铺,以维持日常开销,而这些财宝又两次被她母亲出资赎了回来。贫困交加,无休止的脑力劳动,使阿达·奥古斯塔的健康状况急剧恶化。1852年,怀着对分析机成功的美好梦想,软件才女英年早逝,死时年仅36岁。阿达·奥古斯塔去世后,巴贝奇又默默地独自坚持了近20年。晚年的他已经不能准确地发音,甚至不能有条理地表达自己的意思,但是他仍然百折不挠地坚持工作。1871年,为计算机事业贡献毕生精力的先驱者巴贝奇,终于满怀着对分析机无言的悲怆,孤独地离开了人世。有人把他的大脑用盐渍着保存起来,想经过若干年后,有更先进技术来研究他大脑保存的精神。

分析机的设想超出了巴贝奇和阿达·奥古斯塔所处时代至少一个世纪,社会发展的需求和科学技术发展的可能,使得他们注定要成为悲剧人物。尽管如此,巴贝奇和阿达·奥古斯塔为计算机科学领域留下一份极其珍贵的精神遗产,包括30种不同设计方案,近2000张组装图和50 000张零件图……,更包括那种在逆境中自强不息,为追求理想奋不顾身的拼搏精神。

巴贝奇巨星陨落后,世人已逐渐将他淡忘,20世纪已经来临。计算机的历史等待着,等待着巴贝奇式的人物再世,等待着人类划时代的壮举。

大约在1936年,美国青年霍德华·艾肯(H. Aiken)来哈佛大学攻读物理学博士学位。恰好在世纪之交来到人世的艾肯,属于大器晚成的科学家。由于家庭贫困,他不得不以半工半读的方式艰难地读完高中。大学期间，也是一边工作，一边刻苦学习，直到毕业后才谋到一份工程师的工作。36岁那年，他毅然辞去收入丰厚的职务，重新走进大学校门。由于博士论文的研究涉及空间电荷的传导理论，需要求解非常复杂的非线性微分方程，在进行烦琐的手工计算之余，艾肯很想发明一种机器代替人工求解的方法，幻想能有一台计算机帮助他解决数学难题。

三年之后，正如莱布尼茨在书里"找到"帕斯卡一样，艾肯也是在图书馆里"发现"了巴贝奇和阿达·奥古斯塔。巴贝奇和阿达·奥古斯塔的论文，令年轻人心摇旌动。70多年过去后，巴贝奇仿佛还在对他娓娓而谈："任何人如果不接受我失败的教训，还仍然下决心去研制一台把数学分析的全部工作都包括在内的机器的话，我不怕把自己的名誉交给他去作出应有的评价，因为只有他才完全了解我工作的性质及其成果的价值"。以艾肯所处时代的科技水平，也许已经能够完成巴贝奇未竟的事业，造出通用计算机。为此，他写了一篇《自动计算机的设想》的建议书，提出要用机电方式，而不是用纯机械方法来构造新的"分析机"。然而，正在求学的读书人根本没有可能筹措到那么大的一笔经费。

取得博士学位的艾肯进入了美国海军军械局。一名小小的中尉，他仍然没有钱。"金钱不是万能的"，但是，对于艾肯实现计算机梦想来说，"没有钱却是万万不能的"，否则只会重蹈巴贝奇和阿达的覆辙。

年轻的海军中尉想到了制表机行业的IBM公司。

艾肯从他一位老师口中得知IBM董事长沃森的大名，他的老师此时正在一所由IBM出资创办的"哥伦比亚大学统计局"里任职，非常乐意为学生写了份推荐信。艾肯连续通宵达旦地准备材料，拟好了一份详细的可行性报告，直接跑去找沃森。他听老师讲，沃森的作风从来就是独断专行，不设法说服此人，研制计算机的计划一准泡汤。

IBM的总部坐落在一幢古色古香的建筑里。沃森坐在宽大的写字台后，一言不发听艾肯陈述。在他的背后，是整整齐齐摆满各种书籍的大书柜，书柜的上方贴着只有一个单词的格言——思考(Think)，这是沃森最为推崇的行动准则。

艾肯说完了该说的话，忐忑不安地望着对面这位爱好"思考"的企业家。

"至少需要多少钱?"沃森开口询问。"恐怕要投入数以万计吧"，艾肯喃喃地回答，"不过……"

沃森摆了摆手，打断了艾肯的话头，拿起笔来，在报告上划了几下。

艾肯心里一紧："没戏了!"出于礼貌，他还是恭敬地用双手接过那张纸，随即低头一瞅，顿时喜上眉梢——沃森的大笔一挥，批给了计算机100万美元!

有了IBM这个坚强后盾，新的计算机研制工作在哈佛物理楼后的一座红砖房里开了场，艾肯把它取名为"马克1号"(Mark Ⅰ)，又称为"自动序列受控计算机"。IBM又派来莱克、德菲和汉密尔顿等工程师组成攻关小组，财源充足，兵强马壮。比起巴贝奇和阿达·奥古斯塔，艾肯的境况实在要幸运得多。IBM也因此从生产制表机、肉铺磅秤、咖啡碾磨机等乱七八糟玩意的行业里，正式跨进计算机的"领地"。

艾肯设计的马克1号已经是一种电动的机器，它借助电流进行运算，最关键的部件，用的是普通电话上的继电器。马克1号上大约安装了3000个继电器，每一个都有由弹簧支撑着的小铁棒，通过电磁铁的吸引上下运动。吸合则接通电路，代表1；释放则断开电路,代表0。继电器"开关"能在大约1/100s的时间内接通或是断开电流,当然比巴贝奇的齿轮先进得多。

为马克1号编制计算程序的也是一位女数学家格雷斯·霍波(G. Hopper)。这位闻名遐迩的数学博士,1944年参加到哈佛大学计算机研究工作,她说:"我成了世界上第一台大型计算机Mark Ⅰ的第三名程序员。"霍波博士后来还为第一台储存程序的商业电子计算机UNIVAC写过程序,又率先研制成功第一个编译程序A-O和计算机商用语言COBOL,被公认是计算机语言领域的带头人。有一天,她在调试程序时出现了故障,拆开继电器后,发现有只飞蛾被夹扁在触点中间,从而"卡"住了机器的运行。于是,霍波诙谐地把**程序故障**统称为"臭虫"(bug),而这一奇怪的"称呼",后来成为计算机领域的专业行话,如DOS系统中的调试程序,程序名称就叫DEBUG。

1944年2月,马克1号计算机在哈佛大学正式运行。从外表看,它的外壳用钢和玻璃制成,长约15m,高约2.4m,自重达到31.5t,是个像恐龙般巨大身材的庞然大物。据说,艾肯和他的同事们,为它装备了15万个元件和长达800km的电线。这台机器能以令当时人们吃惊的速度工作——每分钟进行200次以上的运算。它可以作23位数加23位数的加法,一次仅需要0.3s;而进行同样位数的乘法,则需要6s多的时间。只是它运行起来响声不绝于耳,有的参观者说:"就像是挤满了一屋子编织绒线活的妇女",也许你会联想到,马克1号计算机也与杰卡德编织机有天然的联系。马克1号代表着自帕斯卡以来,人类所制造的机械计算机或电动计算机之顶尖水平,当时就被用来计算原子核裂变过程。它以后运行15年,编出的数学用表我们至今还在使用。1946年,艾肯和霍波联袂发表文章说,这台机器能自动实现人们预先选定的系列运算,甚至可以求解微分方程。

马克1号终于实现了巴贝奇的夙愿。事隔多年后,已经担任大学教授的艾肯谈起巴贝奇其人其事来,仍然惊叹不已,他曾感慨地说,如果巴贝奇晚生75年,我就会失业。但是,马克1号是早期计算机的最后代表,从它投入运行的那一刻开始就已经过时,因为此时此刻,人类社会已经跨进了电子时代。

2. 现代计算机诞生和发展阶段

20世纪40年代中期,美国宾夕法尼亚大学电工系由莫利奇和艾克特领导,为美国陆军军械部阿伯丁弹道研究实验室研制一台用于炮弹弹道轨迹计算的"电子数值积分和计算机"(Electronic Numerical Integrator And Calculator,ENIAC)。这台称为"埃尼阿克"的计算机占地面积170m²,总重量30t,使用了18 000只电子管,6000个开关,7000只电阻,10 000只电容,50万条线,耗电量140kW,可进行5000次加法/秒运算,原来需要20多分钟时间才能计算出来的一条弹道,使用ENIAC只需短短的30s。这个庞然大物于1946年2月15日在美国宾夕法尼亚大学举行了揭幕典礼。ENIAC(见图1-3)采用先进的电子技术代替以往的机械齿轮或继电器技术的计算机,它的问世,标志着现代计算机的开始。

图1-3 ENIAC

计算机(Computer)全称为电子计算机,俗称电脑。从第

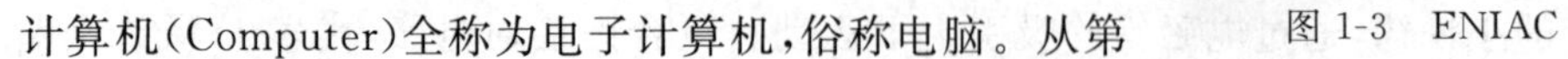

一台计算机 ENIAC 的诞生，计算机已经走过了 60 多年的发展历程，人们根据计算机所使用的电子逻辑器件的更替发展来描述计算机发展过程(见表 1-1)。

表 1-1 计算机发展史

发展历程	起止年代	主要元件	主要元件图例	速度(次/秒)	特点与应用领域
第一代	20 世纪 40 年代末至 20 世纪 50 年代末	电子管		5 千至 1 万次	计算机发展的初级阶段，体积巨大，运算速度较低，耗电量大，存储容量小。主要用来进行科学计算
第二代	20 世纪 50 年代末至 20 世纪 60 年代末	晶体管		几万至几十万次	体积减小，耗电较少，运算速度较高，价格下降，不仅用于科学技术，还用于数据处理和事务管理，并逐渐用于工业控制
第三代	20 世纪 60 年代中期开始	中小规模集成电路		几十万至几百万次	体积、功耗进一步减少，可靠性及速度进一步提高。应用领域进一步拓展到文字处理、企业管理、自动控制和城市交通管理等方面
第四代	20 世纪 70 年代初开始	大规模和超大规模集成电路		几千万至千万亿次	性能大幅度提高，价格大幅度下降，广泛应用于社会生活的各个领域，逐步进入办公室和家庭。在办公室自动化、电子编辑排版、数据库管理、图像识别、语音识别和专家系统等领域大显身手

第一代计算机：电子管计算机(1946—1957)。采用电子管作为主要电子元件，主要特点是体积庞大、耗电量大、运算速度低、价格昂贵，只用于军事研究和科学计算。

第二代计算机：晶体管计算机(1958—1964)。采用晶体管代替电子管作为主要元件，计算机运算速度提高了，体积变小了，同时成本也降低了，并且耗电量大为降低，可靠性大大提高。这个阶段还创造了程序设计语言。

第三代计算机：中小规模集成电路计算机(1965—1970)。随着半导体工艺的发展，成功制造了集成电路，计算机也采用中小规模集成电路作为元件，其主要特点是速度快、体积小，开始应用于社会各个领域。

第四代计算机：大规模超大规模集成电路计算机(1970 年至今)。以大规模、超大规模集成电路为计算机的主要功能部件，主存采用半导体存储器，容量大大增加，外存主要有磁盘、光盘，运算速度可达每秒几亿次。这个阶段出现了微处理器，而且软件技术也得到了飞速发展，操作系统、高级语言、数据库和应用软件的研究和开发向深层次发展，计算机开始向标准化、模块化、系列化、多元化的方向前进。

目前计算机主要朝着巨型化、微型化、网络化、智能化、多媒体化等方面发展，今后计算机发展的总体趋势是运算速度越来越快，体积越来越小，质量越来越轻，能耗越来越少，应用领域越来越广，使用越来越方便。

1.1.2 计算机的分类及其特点

数字式计算机采用的是数字技术,所处理的电信号在时间上是离散的(称为数字量)。计算机信息数字化之后具有易保存、易表示、易计算和方便硬件实现等优点,所以数字式计算机已成为信息处理的主流。

通常所说的计算机都是数字式计算机,它具有运算速度快、计算精度高、自动化程度高、很强的记忆能力和很强的逻辑判断能力等特点。

计算机按功能和用途分类可分为两大类,即专用计算机和通用计算机。通用计算机具有功能强、兼容性强、应用面广和操作方便等优点,通常使用的计算机都是通用计算机。专用计算机一般功能单一,操作复杂,用于完成特定的工作任务。

通用计算机按性能规模可以分为巨型机、大型机、小型机、微型机、工作站。

1. 巨型机

研究巨型机是现代科学技术,尤其是国防尖端技术发展的需要。巨型机的特点是运算速度快、存储容量大。目前世界上只有少数几个国家能生产巨型机。截至 2013 年 9 月,世界上运算速度最快的计算机是由我国自主研发的天河二号,天河二号的峰值速度和持续速度分别为每秒 5.49 亿亿次和每秒 3.39 亿亿次。这组数字意味着,天河二号运算 1 小时,相当于 13 亿人同时用计算器计算 1000 年。巨型机主要应用于模拟核试验、空间技术、大范围天气预报和石油勘探等领域。

2. 大型机

大型机的特点表现在通用性强、具有很强的综合处理能力和性能覆盖面广等,主要应用于公司、银行、政府部门、社会管理机构和制造厂家等部门,通常人们称大型机为企业计算机。大型机在未来将被赋予更多的使命,如大型事务处理、企业内部的信息管理与安全保护和科学计算等。

3. 小型机

小型机具有规模小、结构简单、设计周期短等特点,便于及时采用先进工艺。这类机器由于可靠性高,对运行环境要求低,易于操作且便于维护。小型机符合部门性的要求,为中小型企事业单位所常用。具有规模较小、成本低、维护方便等优点。

4. 微型机

微型机即微型计算机,又称为个人计算机(Personal Computer,PC),俗称微机或电脑。微型计算机是在大小、性能以及价位等多个方面适合于个人使用,并由最终用户直接操控的计算机的统称,桌面计算机、游戏机、笔记本电脑和平板电脑,以及种类众多的手持设备都属于微型计算机。

5. 工作站

工作站是一种高档微机系统。它具有较高的运算速度，具有大小型机的多任务、多用户功能，且兼具微型机的操作便利和良好的人机界面。它可以连接到多种输入输出设备。它具有易于联网、处理功能强等特点。其应用领域已从最初的计算机辅助设计扩展到商业、金融、办公领域，并充当网络服务器的角色。

1.1.3 计算机的应用领域

计算机的应用已渗透到社会的各个领域，正在改变人们的工作、学习和生活方式，推动社会的发展。概括起来，计算机的应用领域主要有以下几个方面。

1. 科学计算

科学计算也称为数值计算，是计算机最基本的应用领域之一，计算机最开始是为了解决科学研究和工程设计中遇到的大量数值计算而研制的计算工具，随着现代科学技术的发展，数值计算在现代科学研究中的地位不断提高。在尖端科学领域显得尤为重要。如人造卫星轨迹的计算、房屋抗震强度的计算、火箭宇宙飞船的研究设计以及人们每天收听收看的天气预报都离不开计算机的精确计算。

2. 数据处理

数据处理是对数据的采集、存储、检索、加工、变换和传输。数据是对事实、概念或指令的一种表达形式，可由人工或自动化装置进行处理。数据的形式可以是数字、文字、图形或声音等。数据经过解释并赋予一定的意义之后，便成为信息。数据处理的基本目的是从大量的、可能是杂乱无章的、难以理解的数据中抽取并推导出对于某些特定的人们来说是有价值、有意义的数据。数据处理贯穿于社会生产和社会生活的各个领域，通过计算机进行数据处理已成为计算机主要应用领域。目前，字处理软件、电子报表软件使用已经十分广泛，在办公自动化中发挥了巨大作用。利用数据库技术开发的管理信息系统和决策支持系统等也大大提高了企业或政府部门的现代化管理水平，这些都是计算机在数据处理领域的典型应用。

3. 实时控制

实时控制是利用计算机及时采集检测数据、快速地进行处理并自动地控制被控对象的动作，实现生产过程的自动化。采用计算机进行过程控制，不仅可以大大提高控制的自动化水平，而且可以提高控制的及时性和准确性，从而改善劳动条件、提高产品质量及合格率。因此，计算机过程控制已在机械、冶金、石油、化工、纺织、水电、航天等行业得到广泛应用。例如，在汽车工业方面，利用计算机控制机床和整个装配流水线，不仅可以实现精度要求高、形状复杂的零件加工自动化，还可以实现整个车间或工厂自动化。

4. 计算机辅助工程和辅助教育

计算机辅助工程主要包括计算机辅助设计(Computer Aided Design,CAD)、计算机辅助制造(Computer Aided Manufacturing,CAM)、计算机集成制造系统(Computer Integrated Manufacturing System,CIMS)和计算机辅助教育(Computer Aided Instruction,CAI)。

1) CAD

CAD是利用计算机的计算、逻辑判断、数据处理以及绘图等功能,并与人的经验和判断能力相结合,共同来完成各种产品或者工程项目的设计工作,实现设计过程的自动化或半自动化。如建筑、机械、汽车、飞机、船舶、大规模集成电路等设计领域都广泛地使用了计算机辅助设计系统,使得设计过程的部分工作实现了自动化,这样不但提高设计速度,而且可以大大提高设计质量。在CAD中所涉及的主要技术有图形处理技术、工程分析技术、数据库管理技术、软件设计技术和接口技术等。

2) CAM

CAM是使用计算机辅助人们完成工业产品的制造任务。从对设计文档、工艺流程、生产设备等的管理,到对加工与生产装置的控制和操作,都可以在计算机的辅助下完成。例如,计算机监视系统、计算机过程控制系统和计算机生产计划与作业调度系统等都属于计算机辅助制造系统的应用,由于生产过程中的所有信息都可以利用计算机来存储和传送,而且可以把CAD的输出(即设计文档)作为CAM设备的输入,所以将CAD系统与CAM系统相结合能够实现无图纸加工,使得设计和制造过程的部分工作实现自动化,进一步提高生产的自动化水平。

3) CIMS

CIMS是将计算机技术集成到制造工厂的整个制造过程中,使企业内的信息流、物流、能量流和人员活动形成一个统一协调的整体。CIMS的对象是制造业,手段是计算机信息技术、实现的关键是集成,集成的关键核心是数据库管理。在CIMS中,利用计算机将接收订单、产品设计、生产制造、入库与销售以及经营管理的整个过程连接起来,形成一个自动的流水线,从而建立企业现代化的生产管理模式。

4) CAI

CAI所涉及的层面很广,从校园网到Internet,从CAI课件的制作到远程教学,从儿童的智力到中小学教学以及大学的教学,从辅助学生自学到辅助教师备课,从计算机辅助实验到学校教学管理等,都可以在计算机的辅助下进行,从而可以提高教学质量和学校管理水平与工作效率。在计算机辅助教育中使用的主要技术有多媒体技术、校园网技术、Internet与Web技术、数据库与管理系统技术等。

5. 人工智能

人工智能(Artificial Intelligence,AI)是计算机模拟人类的智能活动,诸如感知、判断、理解、学习、问题求解和图像识别等。人工智能研究领域包括模式识别、景物分析、自然语言理解、自然语言生成、博弈、自动定理证明、自动程序设计、专家系统和机器人等。

其中最具有代表性和最尖端的两个领域是专家系统和机器人等。

专家系统是以计算机为基础，收集存储专家们所具有的广泛经验，以及处理问题的专门知识，然后专家系统用专家推理方法的计算机模型来解决实际问题，并且得到的结论和专家相同，例如，能模拟高水平医学专家进行疾病诊疗的专家系统。专家系统的重要部分是推理，正是由于这一点，使专家系统不同于一般的资料库系统和知识库系统。一般的系统只是简单地存储答案，然后在其中直接搜索答案。而在专家系统中所存储的不是答案，而是进行推理的规则与知识。

人工智能研究日益受到重视的另一个分支是具有一定思维能力机器人学，其中包括对操作机器装置程序的研究、从机器人手臂的最佳移动到实现机器人目标的动作序列的规划方法研究以及视觉信息处理研究等。目前，正在工业上运行的成千上万台机器人，都是一些按预先编好的程序执行某些重复作业的简单装置，大多数是“盲人”。而某些机器人能够用摄像机来“看”并且能够识别可见景物的实体和阴影，甚至能够辨别出两幅图像间的细小差别，例如，无人驾驶飞机、水下机器人、太空探测机器人等。

6. 电子商务

电子商务(Electronic Commerce，EC 或 Electronic Business，EB)是指利用计算机和网络进行商务活动，具体地说，是指综合利用 LAN(局域网)、Intranet(企业网)和 Internet(因特网)进行商品交易服务、金融汇兑、网络广告或提供娱乐节目等商业活动。电子商务是一种比传统商务更好的商务方式，它旨在通过网络完成核心业务，改善售后服务，缩短周转周期，从有限的资源中获得更大的收益，从而达到销售商品的目的，它向人们提供新的商业机会、市场需求以及各种挑战。

电子商务随着其应用领域的不断扩大和信息服务方式的不断创新，电子商务模式也层出不穷，主要可以分为以下 4 种类型。

(1) 企业与消费者之间的电子商务(Business to Consumer，B2C)，如京东商城。

(2) 企业与企业之间的电子商务(Business to Business，B2B)，如阿里巴巴。

(3) 消费者与消费者之间的电子商务(Consumer to Consumer，C2C)。C2C 商务平台就是通过为买卖双方提供一个在线交易平台，使卖方可以主动提供商品上网拍卖，而买方可以自行选择商品进行竞价，如淘宝网。

(4) 线下商务与互联网之间的电子商务(Online to Offline，O2O)。即将线下商务的机会与互联网结合在一起，让互联网成为线下交易的前台。这样线下服务就可以用线上来揽客，消费者可以用线上来筛选服务，还可以在线结算。O2O 的特点是把信息流、资金流放在线上进行，而把物流和商流放在线下。最直观地看，那些无法通过快递送达的有形产品要应用电子商务，适合 O2O。像音乐下载、在线视频这样的产品，就很难发挥 O2O 作用。

7. 多媒体技术应用

多媒体(Multimedia)是 20 世纪 80 年代发展起来的一种新技术，由于多媒体一开始就被用于教学，许多人都从教学的角度来理解它。认为“多媒体是将两种以上的媒体源融合在一起的教学系统”。时至今日,多媒体在医疗、教育、商业、银行、保险、行政管理、军事、工业、广播和出版等领域中均得到广泛应用。多媒体是以交互方式将视频、音频、图像等多种媒体信息,经过计算机进行综合处理后,再以单独或合成的形式表示出来的一种技术和方法。通过多媒体使得人们非常生动和更加直观地接受用来表达客观事物的信息。

多媒体是一种综合性技术,它包括数字化信息处理技术、音频和视频技术、图形和图像技术、人工智能和模式识别技术、数字与模拟数据通信技术和计算机技术。多媒体技术是一种以计算机技术为主体的跨学科的综合性高新技术。

1.2 计算机系统组成

计算机系统由两大部分组成,一部分是存储数据并执行各种运算和处理的电子设备,称为计算机的硬件;另一部分是指挥计算机一步一步完成任务的指令序列,称为计算机的软件。

1.2.1 计算机硬件结构

现代计算机是一个自动化的信息处理装置,它之所以能实现自动化信息处理,是由于采用了“存储程序”工作原理。这一原理是 1946 年由冯·诺依曼和他的同事们在一篇题为《关于电子计算机逻辑设计的初步讨论》的论文中提出并论证,存储程序工作原理确立了现代计算机的基本组成和工作方式。

计算机硬件系统一般由运算器、控制器、存储器、输入设备和输出设备 5 个基本部件组成(见图 1-4)。

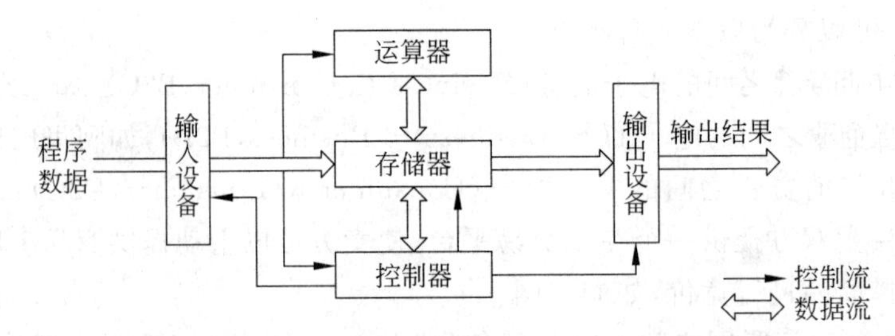

图 1-4 计算机基本硬件组成及简单工作原理

计算机硬件的五大部件中每一个部件都有相对独立的功能,分别完成不同的工作,其他 4 个部件都是在控制器的控制下协调统一地工作,其工作原理如下:首先,把表示计算步骤的程序和计算中需要的原始数据,在控制器输入命令的控制下,通过输入设备送入计算机的存储器存储;其次当计算开始时,在取指令作用下把程序指令逐条送入控制器,控制器对指令进行译码,并根据指令的操作要求向存储器和运算器发出存储、取数命令和运算命令,经过运算器计算并把结果存放在存储器内。在控制器的取数和输出命令作用下,通过输出设备输出计算结果。

五大部件结合形成计算机硬件结构如图 1-5 所示。

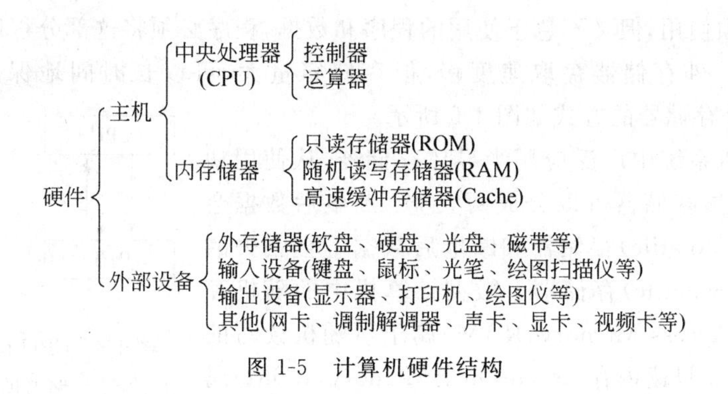

图 1-5 计算机硬件结构

其中：中央处理器(CPU)＝运算器＋控制器。

主机＝中央处理器＋内存储器。

五大部件的功能和作用如下。

1. 运算器

运算器也称为算术逻辑单元(Arithmetic Logic Unit,ALU),它的功能是完成算术运算和逻辑运算。算术运算是指加、减、乘、除及它们的复合运算,逻辑运算是指"与"、"或"、"非"等逻辑比较和逻辑判断等操作。在计算机中,任何复杂运算都转化为基本的算术与逻辑运算,然后在运算器中完成。

2. 控制器

控制器(Controller Unit,CU)是计算机的指挥系统,一般由指令寄存器、指令译码器、时序电路和控制电路组成。它的基本功能是从内存取指令和执行指令。指令是指示计算机执行某种操作的命令,由操作码(操作方法)及操作数(操作对象)两部分组成。控制器通过地址访问存储器、逐条取出选中单元指令,分析指令,并根据指令产生的控制信号作用于其他各部件来完成指令要求的工作。上述工作周而复始,保证计算机能自动连续地工作。

通常将运算器和控制器统称为中央处理器(Central Processing Unit,CPU),它是整个计算机的核心部件,是计算机的"大脑"。它控制了计算机的运算、处理、输入和输出等工作。微机中的CPU部件又称为微处理器,微处理器(Micro processor)是由特殊集成电路组成,其所有元件固化到一块或数块集成电路内。

3. 存储器

存储器(Memory)是计算机的记忆装置,它的主要功能是存放程序和数据。程序是计算机操作的依据,数据是计算机操作的对象。

根据存储器与CPU联系的密切程度可分为内存储器(主存储器)和外存储器(辅助存储器)两大类。内存储器在计算机主机内,它直接与运算器、控制器交换信息,容量虽小,但存取速度快,一般只存放那些正在运行的程序和待处理的数据。为了扩大内存储器的容量,引入外存储器,外存储器作为内存储器的延伸和后援,间接和CPU联系,用来存放一些系统必须使用,但又不急于使用的程序和数据,程序必须将这部分程序和数据调入内存方可执行。外存储器存取速度慢,但存储容量大,可以长时间地保存大量信息。CPU 访问内、外存储器的方式如图 1-6 所示。

现代计算机系统中广泛应用半导体存储器,从使用功能角度看,半导体存储器可以分成两大类:断电后数据会丢失的易失性(Volatile)存储器和断电后数据不会丢失的非易失性(Non-volatile)存储器。微型计算机中的随机存储器(Random Access Memory,RAM)属于可随机读写的易失性存储器,而只读内存(Read-Only Memory,ROM)属于非易失性存储器。

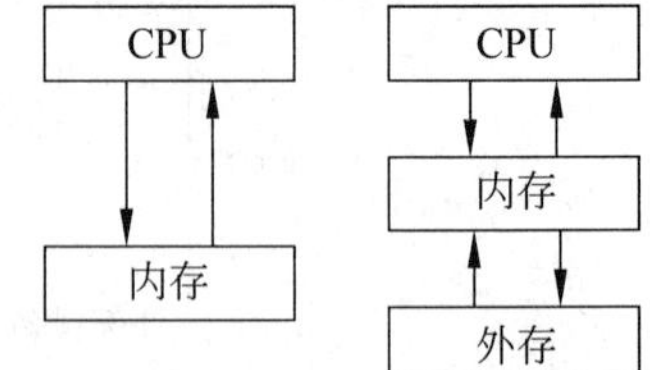

图 1-6 CPU 访问内、外存储器的方式

4. 输入设备

输入设备是从计算机外部向计算机内部传送信息的装置。其功能是将数据、程序及其他信息,从人们熟悉的形式转换为计算机能够识别和处理的形式输入到计算机内部。常用的输入设备有键盘、鼠标、光笔、扫描仪、数字化仪和条形码阅读器等。

5. 输出设备

输出设备是将计算机的处理结果传送到计算机外部供计算机用户使用的装置。其功能是将计算机内部二进制形式的数据信息转换成人们所需要的或其他设备能接受和识别的信息形式。常用的输出设备有显示器、打印机、绘图仪等。通常将输入设备和输出设备统称为 I/O 设备(Input/Output),它们都属于计算机的外部设备。

1.2.2 计算机软件

“软件”一词在 20 世纪 60 年代初传入我国。国际标准化组织(ISO)将软件定义为电子计算机程序及运用数据处理系统所必需的手续、规则和文件的总称。对此定义,一种公认的解释是软件由程序和文档两部分组成。程序由计算机最基本的指令组成,是计算机可以识别和执行的操作步骤;文档是指用自然语言或者形式化语言所编写的用来描述程序的内容、组成、功能规格、开发情况、测试结构和使用方法的文字资料和图表。程序是具有目的性和可执行性的,文档则是对程序的解释和说明。

程序是软件的主体。软件按其功能可分为系统软件和应用软件两大类型,如图 1-7 所示。

软件系统
- 系统软件
  - 操作系统——Windows、UNIX、Linux、OS/2、DOS
  - 语言处理系统——C、Pascal、FORTRAN、Visual Basic、Java
  - 数据库管理系统——Oracle、SQL Server、DB2、Access
  - 服务程序——诊断程序、调试程序、工具软件、编辑程序
- 应用软件——字处理软件、表格处理软件、媒体播放器、浏览器、企业管理信息系统

图 1-7 计算机软件系统组成

1. 系统软件

常见的系统软件主要指操作系统，当然也包括语言处理程序(汇编和编译程序等)、服务性程序(支撑软件)和数据库管理系统等。

1) 计算机操作系统

操作系统(Operating System，OS)是管理计算机硬件与软件资源的程序，同时也是计算机系统的内核与基石。操作系统是控制其他程序运行，管理系统资源并为用户提供操作界面的系统软件的集合。它具备5个方面的功能，即CPU管理、作业管理、存储器管理、设备管理及文件管理。主流操作系统分为四大类，分别是微软公司开发的视窗化操作系统Windows系列、为企业用户使用的UNIX系列、苹果机专用MAC系列和开源Linux系列。

2) 语言处理程序

在介绍语言处理程序之前，很有必要先介绍一下计算机程序设计语言的发展。程序是用计算机语言来描述的指令序列。计算机语言是人与计算机交流的一种工具，这种交流称为计算机程序设计。程序设计语言按其发展演变过程可分为3种：机器语言、汇编语言和高级语言，前两者统称为低级语言。

(1) 机器语言(Machine Language)是直接由机器指令(二进制)构成的，因此由它编写的计算机程序不需要翻译就可直接被计算机系统识别并运行。这种由二进制代码指令编写的程序最大的优点是执行速度快、效率高，同时也存在着严重的缺点：机器语言很难掌握，编程烦琐、可读性差、易出错，并且依赖于具体的机器，通用性差。

(2) 汇编语言(Assemble Language)采用一定的助记符号表示机器语言中的指令和数据，是符号化的机器语言，也称为"符号语言"。汇编语言程序指令的操作码和操作数全都用符号表示，大大方便了记忆，但用助记符号表示的汇编语言，它与机器语言归根到底是一一对应的关系，都依赖于具体的计算机，因此都是低级语言。同样具备机器语言的缺点，如缺乏通用性、烦琐、易出错等，只是程度上不同罢了。用这种语言编写的程序(汇编程序)不能在计算机上直接运行，必须首先被一种称为汇编程序的系统程序"翻译"成机器语言程序，才能由计算机执行，如图1-8所示。任何一种计算机都配有只适用于自己的汇编程序。

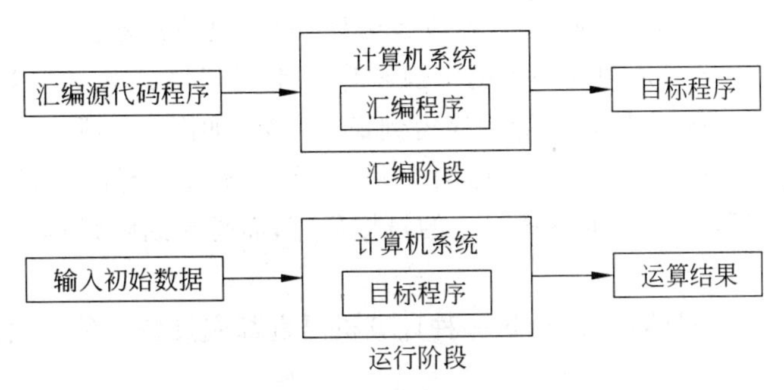

图1-8　计算机系统执行汇编源程序的过程

(3) 高级语言又称为算法语言,它与机器无关,是近似于人类自然语言或数学公式的计算机语言。高级语言克服了低级语言的诸多缺点,它易学易用、可读性好、表达能力强(语句用较为接近自然语言的英文来表示)、通用性好(用高级语言编写的程序能使用在不同的计算机系统上)。但是,对于高级语言编写的程序仍不能被计算机直接识别和执行,它也必须经过某种转换才能执行。

高级语言种类很多,功能很强,常用的高级语言有面向过程的 Basic、用于科学计算的 FORTRAN、支持结构化程序设计的 Pascal、用于商务处理的 COBOL、支持现代软件开发的 C 语言;现在又出现了面向对象的 VB(Visual Basic)、VC++(Visual C++)、Delphi、Java 等语言,使得计算机语言解决实际问题的能力得到很大提高。

① FORTRAN 语言在 1954 年提出,1956 年实现。适用于科学和工程计算,它已经具有相当完善的工程设计计算程序库和工程应用软件。

② Pascal 语言是结构化程序设计语言,适用于教学、科学计算、数据处理和系统软件开发等,目前逐渐被 C 语言取代。

③ C 语言是美国 Bell 实验室开发成功的,是一种具有很高灵活性的高级语言。C 语言程序简洁、功能强,适用于系统软件、数据计算、数据处理等。

④ Visual Basic 是在 Basic 语言的基础上发展起来的面向对象的程序设计语言,它既保留了 Basic 语言简单易学的特点,同时又具有很强的可视化界面设计功能,能够迅速开发 Windows 应用程序,是重要的多媒体编程工具语言。

⑤ C++ 是一种面向对象的语言。面向对象的技术在系统程序设计、数据库及多媒体应用等诸多领域得到广泛应用。专家们预测,面向对象的程序设计思想将会主导今后程序设计语言的发展。

⑥ Java 是一种新型的跨平台分布式程序设计语言。Java 以它简单、安全、可移植、面向对象、多线程处理和具有动态等特性引起世界范围的广泛关注。Java 语言是在 C++ 的基础上发展起来的,其最大的特色在于"一次编写,处处运行",它已逐渐成为网络化软件的核心语言。

语言处理程序的功能是将除机器语言以外,利用其他计算机语言编写的程序,转换成机器所能直接识别并执行的机器语言程序。可以分为 3 种类型,即汇编程序、编译程序和解释程序。通常将汇编语言及各种高级语言编写的计算机程序称为源程序(Source Program),而把由源程序经过翻译(汇编或者编译)而生成的机器指令程序称为目标程序(Object Program)。语言处理程序中的汇编程序与编译程序具有一个共同的特点,即必须生成目标程序,然后通过执行目标程序得到最终结果,如图 1-9 所示。而解释程序是对源程序进行解释(逐句翻译),翻译一句执行一句,边解释边执行,从而得到最终结果,如图 1-10 所示。解释程序不产生将被执行的目标程序,而是借助解释程序直接执行源程序本身。

应该注意的是,除机器语言外,每一种计算机语言都应具备一种与之对应的语言处理程序。

3) 服务性程序(支撑软件)

服务性程序(支撑软件)是指为了帮助用户使用与维护计算机,提供服务性手段,支持

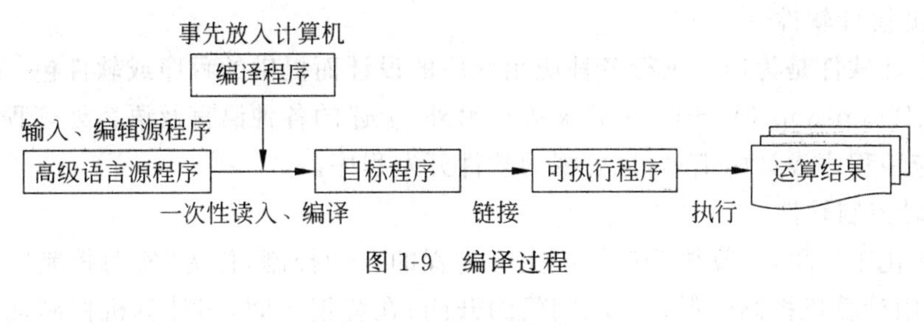

图 1-9　编译过程

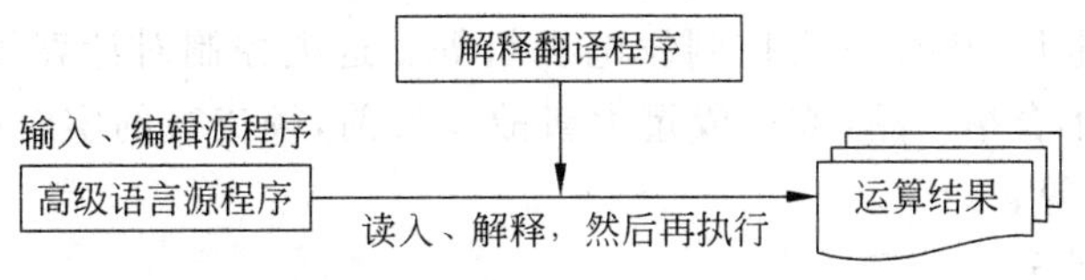

图 1-10　解释程序的执行过程

其他软件开发而编制的一类程序。此类程序内容广泛，主要有以下几种。

(1) 工具软件。工具软件主要是帮助用户使用计算机和开发软件的软件工具。例如，Visual Studio 是目前最流行的 Windows 平台应用程序开发环境，美国 Sybase 公司开发的 Power Designer 开发工具则是用来对管理信息系统进行分析设计。

(2) 编辑程序。编辑程序能够为用户提供一个良好的书写环境。例如，UltraEdit、写字板等。现在一般的开发工具都自带编辑程序，而 UltraEdit 是一种专业的文本编辑器，一般大家喜欢用它来修改 EXE 或 DLL 文件，使用它甚至能编辑超过 4GB 的超大型文件。

(3) 调试程序。调试程序用来检查计算机程序有哪些错误以及错误位置，以便于修正，如 DEBUG。现在一般的开发工具软件都自带调试程序。

(4) 诊断程序。诊断程序主要用于对计算机系统硬件进行检测和维护，能对 CPU、内存、软硬驱动器、显示器、键盘及 I/O 接口的性能和故障进行检测。

4) 数据库管理系统

数据库技术是计算机技术中发展最快、用途广泛的一个分支。可以说，在今后的各项计算机应用开发中都离不开数据库技术。数据库管理系统是对计算机中所存放的大量数据进行组织、管理和查询的大型系统软件。主要分为两类，一类是基于微型计算机的小型数据库管理系统，如 MySQL 和 Visual FoxPro；另一类是大型数据库管理系统，如 Oracle、DB2 数据库等。

2. 应用软件

应用软件是指在计算机各个应用领域中，为解决各类实际问题而编制的程序，它用来帮助人们完成在特定领域中的各种工作。应用软件主要包括如下。

1) 字处理软件

字处理软件是用来进行文字录入、编辑、排版、打印输出的程序，如 Microsoft Word、WPS 等。

2) 电子表格处理软件

电子表格处理软件是用来对电子表格进行计算、加工、打印输出的程序，如 Excel 等。

3）辅助设计软件

辅助设计软件是为用户进行各种应用程序的设计而提供的程序或软件包。常用的有AutoCAD、Photoshop、3D Studio Max等。另外，上述的各种语言及语言处理程序也为用户提供了应用程序设计的工具，也可视为软件开发程序。

4）实时控制软件

在现代化工厂里，计算机普遍用于生产过程的自动控制，称为"实时控制"。例如，在化工厂中，用计算机控制配料、温度、阀门的开闭；在炼钢车间，用计算机控制加料、炉温、冶炼时间等；在发电厂，用计算机控制发电机组等。这类控制对计算机的可靠性要求很高，否则会生产出不合格产品，或造成重大事故。目前，较流行的实时控制软件有iFIX、InTouch、Lookout等。

5）用户应用程序

用户应用程序是指用户根据某一具体任务，使用上述各种语言、软件开发程序而设计的程序。例如，银行存取款软件、税收征管软件、网上购物管理软件、人事档案管理程序、计算机辅助教学软件和各种游戏程序等。

1.3 计算机信息处理基础

目前，计算机能够处理文本、图像、音频、视频等多种信息和数据，这些信息都是以二进制编码表示的，之所以使用二进制编码表示，是因为二进制易于用电子器件实现。本节将介绍计算机数制、二进制的运算规则、不同进制数之间的转换，以及常见的信息编码。

1.3.1 数制

按进位的原则进行计数称为进位计数制，简称数制。在日常生活中最常用的数制是十进制。此外，也使用许多非十进制的计数方法。例如，计时采用六十进制，即60秒为1分，60分为1小时；1星期有7天，是七进制；1年有12个月，是十二进制。由于在计算机中是使用电子器件的不同状态来表示数的，而电信号一般只有两种状态，如导通与截止，通路与断路等。因此在计算机采用的是二进制。由于二进制数书写起来不方便，因此常常根据需要使用八进制数和十六进制数。

1. 十进制数

十进制使用数字0、1、2、3、4、5、6、7、8、9来表示数值，且采用"逢十进一"的进位计数制。因此十进制数中处于不同位置上的数字代表不同的值。例如，小数点左面第1位为个位，小数点左面第2位为十位，小数点左面第3位为百位等；而小数点右面第1位则为1/10，小数点右面第2位则为1/100等，这称为数的位权。每一个数字的位权是由10的幂次决定的，这个10称为十进制的基数。例如，2897.56可表示为

$$2897.56=2\times10^3+8\times10^2+9\times10^1+7\times10^0+5\times10^{-1}+6\times10^{-2}$$

事实上，无论哪一种数制，其计数和运算都具有共同的规律与特点。采用位权表示的数制具有以下3个特点。

(1) 数字的总个数等于基数，如十进制数使用10个数字(0～9)。

(2) 最大的数字比基数小1，如十进制中最大的数字为9。

(3) 每个数字都要乘以基数的幂次，该幂次由每个数字所在的位置决定，基数的幂次称为位权。

一般地，对于N进制而言，基数为N，使用N个数字表示数值，其中最大的数字为$N-1$，任何一个N进制数A：

$$A = A_nA_{n-1}A_{n-2}\cdots A_1A_0A_{-1}A_{-2}\cdots A_{-m}$$

均可表示为如下形式：

$$\begin{aligned} A &= A_nA_{n-1}A_{n-2}\cdots A_1A_0A_{-1}A_{-2}\cdots A_{-m} \\ &= A_n \times N^n + A_{n-1} \times N^{n-1} + A_{n-2} \times N^{n-2} + \cdots + A_1 \times N^1 \\ &\quad + A_0 \times N^0 + A_{-1} \times N^{-1} + \cdots + A_{-m} \times N^{-m} \\ &= \sum_{i=n}^{0} A_i \times N^{-1} + \sum_{i=-1}^{-m} A_i \times N^i \\ &= \sum_{i=n}^{-m} A_i \times N^i \end{aligned}$$

2. 二进制数

二进制使用数字0、1来表示数值，且采用“逢二进一”的进位计数制。二进制数中处于不同位置上的数字代表不同的值。每一个数字的权由2的幂次决定，二进制数的基数为2。二进制数也具有以下与十进制数相类似的3个特点。

(1) 数值的总个数等于基数，即二进制数仅使用0和1两个数字。

(2) 最大的数字比基数小1，即二进制中最大的数字为1，最小的数字为0。

(3) 每个数字都要乘以基数的幂次，该幂次由每个数字所在的位置决定。例如，二进制数$(1101.1011)_2$可表示为

$$\begin{aligned} (1101.1011)_2 &= 1 \times 2^3 + 1 \times 2^2 + 0 \times 2^1 + 1 \times 2^0 + 1 \times 2^{-1} \\ &\quad + 0 \times 2^{-2} + 1 \times 2^{-3} + 1 \times 2^{-4} \end{aligned}$$

二进制的表示方式是“逢二进一”，即每位计数满2时向高位进1，对于二进制数，小数点向右移一位，数就扩大2倍，反之，小数点左移一位，数就缩小2倍。例如：

$$1101.1011 = 110.11011 \times 10$$

$$1011.011 = 10110.11 \times 1/10$$

注意：*上式中等号右边的10是二进制数，等于十进制数的2，而不是十进制数的10。*

这个性质与十进制类似，只不过在十进制中，小数点右移一位，数就扩大10倍；反之小数点左移一位，数就缩小10倍。

二进制的加法和乘法运算规则如下。

(1) 加法运算规则：

$$0+0=0 \quad 1+0=1 \quad 0+1=1 \quad 1+1=10$$

(2) 乘法运算规则:

$$0\times0=0 \quad 1\times0=0 \quad 0\times1=0 \quad 1\times1=1$$

例如:

```
       1111
   ×   1101
   --------
       1111
      0000
     1111
    1111
   --------
   11000011
```

即 1111×1101=11000011,等价于十进数 15×13=195。

3. 八进制数

八进制使用数字 0、1、2、3、4、5、6、7 来表示数值,且采用“逢八进一”的进位计数制。八进制数中处于不同位置上的数值代表不同的值。每一个数字的权由 8 的幂次决定,八进制数的基数为 8。例如,八进制数$(235.056)_8$可表示为

$$(235.056)_8 = 2\times8^2+3\times8^1+5\times8^0+0\times8^{-1}+5\times8^{-2}+6\times8^{-3}$$

4. 十六进制数

十六进制数使用数字 0、1、2、3、4、5、6、7、8、9、A、B、C、D、E、F 来表示数值,其中 A、B、C、D、E、F 分别表示数字 10、11、12、13、14、15。十六进制数的计数方法为“逢十六进一”十六进制数中处于不同位置上的数值代表不同的值。每一个数字的权由 16 的幂次决定,十六进制数的基数为 16。

例如,十六进制数的$(73A6)_{16}$可表示为

$$(73A6)_{16} = 7\times16^3+3\times16^2+10\times16^1+6\times16^0$$

以上介绍的几种常用数制的特点如表 1-2 所示。

表 1-2 计算机中几种常用进位计数制的特点

进位制	十进制	二进制	八进制	十六进制
基数	$N=10$	$N=2$	$N=8$	$N=16$
数字符号	0,1,2,3,4,5,6,7,8,9	0, 1	0,1,2,3,4,5,6,7	0,1,2,3,4,5,6,7,8,9,A,B,C,D,E,F
位权	10^i	2^i	8^i	16^i
规则	逢十进一	逢二进一	逢八进一	逢十六进一
缩写字母	D (Decimal)	B (Binary)	O(Octal)	H (Hexadecimal)

1.3.2 数制间的转换

将数由一种数制转换为另一种数制称为数制之间的转换。由于日常生活中通常使用

的是十进制数，而计算机中使用的是二进制数，所以，在使用计算机时必须将输入的十进制数转换成计算机所能接受的二进制数，计算机在运行结束后，再将二进制数转换为人们所习惯的十进制数输出，不过，这两个转换过程完全由计算机系统自行完成而不需要人的参与。在计算机中引入八进制和十六进制的目的是为了书写和表示上的方便，在计算机内部信息的存储和处理仍然采用二进制数。

1. 十进制数转换为非十进制数

将十进制数转换为非十进制数分为整数和小数两部分进行转换。

1）十进制整数转换为非十进制整数

将十进制整数转换为非十进制整数采用"除基取余法"，即将十进进制数逐次除以需转换为数制的基数，直到商为0为止，然后将所得的余数由下而上排列即可。

【例 1-1】 将十进制数77转换为二进制数。

【解】 对77用除2取余：

```
        余数
2|77     1   ↑
2|38     0   |
2|19     1   |
2|9      1   |
2|4      0   |
2|2      0   |
2|1      1   |
  0
```

结果为：$(77)_{10}=(1001101)_2$。

【例 1-2】 将十进制数77转换为八进制数。

【解】 对77用除8取余：

```
        余数
8|77     5   ↑
8|9      1   |
8|1      1   |
  0
```

结果为：$(77)_{10}=(115)_8$。

【例 1-3】 将十进制数77转换为十六进制数。

【解】 对77用除16取余：

```
         余数
16|77     D   ↑
16|4      4   |
   0
```

结果为：$(77)_{10}=(4D)_{16}$。

2）十进制小数转换为非十进制小数

将十进制小数转换为非十进制小数采用"乘基取整法"，即将十进制小数逐次乘以需转换为数制的基数,直到小数的当前值等于0或满足所要求的精度为止,最后将所得到的乘积的整数部分从上到下排列即可。

【例1-4】 将十进制小数0.625转换成二进制小数。

【解】 对0.625用乘2取整:

$$
\begin{array}{rl}
0.625 & \text{整数} \\
\times \quad 2 & \\
\hline
1.25 & 1 \\
\times \quad 2 & \\
\hline
0.50 & 0 \\
\times \quad 2 & \\
\hline
1.00 & 1 \downarrow
\end{array}
$$

结果为:$(0.625)_{10}=(0.101)_2$。

通常,一个非十进制小数能够完全准确地转换成十进制数,但一个十进制小数并不一定能完全准确地转换成非十进制小数。在这种情况下,可以根据精度要求只转换到小数点某一位为止,这就是该小数的近似值。

【例1-5】 将十进制小数0.32转换成二进制小数。

【解】 对0.32用乘2取整:

$$
\begin{array}{rl}
0.32 & \text{整数} \\
\times \quad 2 & \\
\hline
0.64 & 0 \\
\times \quad 2 & \\
\hline
1.28 & 1 \\
\times \quad 2 & \\
\hline
0.56 & 0 \\
\times \quad 2 & \\
\hline
1.12 & 1 \downarrow \\
\cdots &
\end{array}
$$

结果为:$(0.32)_{10}=(0.0101\cdots)_2$。

如果一个数既有整数部分又有小数部分,应将整数部分和小数部分分别进行转换,然后把两者相加便得到结果。

【例1-6】 将十进制数77.625转换为二进制数。

【解】

因为

$$(77)_{10}=(1001101)_2$$
$$(0.625)_{10}=(0.101)_2$$

所以

$$(77.625)_{10}=(1001101.101)_2$$

2. 非十进制数转换为十进制数

非十进制数转换为十进制数采用“位权法”,即把各非十进制数按权展开,然后求和,便可得到转换的结果。例如,任何一个N进制数A:

$$A = A_nA_{n-1}A_{n-2}\cdots A_1A_0A_{-1}A_{-2}\cdots A_{-m}$$

转换方式如下公式表示：

$$\begin{aligned}A &= A_nA_{n-1}A_{n-2}\cdots A_1A_0A_{-1}A_{-2}\cdots A_{-m}\\ &= A_n\times N^n + A_{n-1}\times N^{n-1} + A_{n-2}\times N^{n-2} + \cdots + A_1\times N^1\\ &\quad + A_0\times N^0 + A_{-1}\times N^{-1} + \cdots + A_{-m}\times N^{-m}\end{aligned}$$

【例 1-7】 将二进制数 1101011.101 转换为十进制数。

【解】

$$\begin{aligned}(1101011.101)_2 &= 1\times2^6+1\times2^5+0\times2^4+1\times2^3+0\times2^2+1\times2^1\\ &\quad +1\times2^0+1\times2^{-1}+0\times2^{-2}+1\times2^{-3}\\ &= 64+32+0+8+0+2+1+0.5+0+0.125\\ &= (107.625)_{10}\end{aligned}$$

【例 1-8】 将八进制数 3027 转换为十进制数。

【解】

$$\begin{aligned}(3027)_8 &= 3\times8^3+0\times8^2+2\times8^1+7\times8^0\\ &= 1536+0+16+7\\ &= (1559)_{10}\end{aligned}$$

【例 1-9】 将十六进制数 2B3E 转换为十进制数。

【解】

$$\begin{aligned}(2B3E)_{16} &= 2\times16^3+11\times16^2+3\times16^1+14\times16^0\\ &= 8192+2816+48+14\\ &= (11070)_{10}\end{aligned}$$

3. 二进制数与其他进制数之间的转换

1）二进制数与八进制数之间的转换

由于 3 位二进制数恰好是一位八进制数，所以把二进制数转换为八进制数是以小数点为界，将整数部分自右向左、小数部分自左向右分别按每 3 位为一组（不足 3 位用 0 补足），然后将各个 3 位二进制数转换为对应的一位八进制数，即得到转换的结果。反之，若把八进制数转换成二进制数，只要把每一位八进制数转换为对应的 3 位二进制数即可。

【例 1-10】 将二进制数 10011110111101.10111011 转换为八进制数。

【解】

$$\begin{aligned}(10011110111101.10111011)_2 &= (\underset{2}{\underline{010}}\ \ \underset{3}{\underline{011}}\ \ \underset{6}{\underline{110}}\ \ \underset{7}{\underline{111}}\ \ \underset{5}{\underline{101}}\ .\ \underset{5}{\underline{101}}\ \ \underset{6}{\underline{110}}\ \ \underset{6}{\underline{110}})_2\\ &= (23675.566)_8\end{aligned}$$

【例 1-11】 将八进制数 375.146 转换为二进制数。

【解】

$$\begin{aligned}(375.146)_8 &= (\underset{3}{\underline{011}}\ \ \underset{7}{\underline{111}}\ \ \underset{5}{\underline{101}}\ .\ \underset{1}{\underline{001}}\ \ \underset{4}{\underline{100}}\ \ \underset{6}{\underline{110}})_2\\ &= (11111101.00110011)_2\end{aligned}$$

2) 二进制数与十六进制数之间的转换

由于4位二进制数恰好是一位十六进制数,所以把二进制数转换为十六进制数是以小数点为界,将整数部分自右向左、小数部分自左向右分别按每4位为一组(不足4位用0补足),然后将各个4位二进制数转换为对应的一位十六进制数,即得到转换的结果。反之,若把十六进制数转换成二进制数,只要把每一位十六进制数转换为对应的4位二进制数即可。

【例 1-12】 将二进制数 10011110111101.1011101 转换为十六进制数。

【解】

$$(10011110111101.10111011)_2=(\underset{2}{\underline{0010}}\ \underset{7}{\underline{0111}}\ \underset{B}{\underline{1011}}\ \underset{D}{\underline{1101}}\ .\ \underset{B}{\underline{1011}}\ \underset{A}{\underline{1010}})_2$$

$$=(27BD.BA)_{16}$$

【例 1-13】 将十六进制数 3AF.16C 转换为二进制。

【解】

$$(3AF.16C)_{16}=(\underset{3}{\underline{0011}}\ \underset{A}{\underline{1010}}\ \underset{F}{\underline{1111}}\ .\ \underset{1}{\underline{0001}}\ \underset{6}{\underline{0110}}\ \underset{C}{\underline{1100}})_2$$

$$=(1110101111.0001011011)_2$$

表1-3列出了二进制、八进制、十进制和十六进制的对应关系,借助该表可以方便地进行数制之间的转换。

表 1-3 二进制、八进制、十进制和十六进制换算表

二进制数	八进制数	十进制数	十六进制数	二进制数	八进制数	十进制数	十六进制数
0000	0	0	0	1001	11	9	9
0001	1	1	1	1010	12	10	A
0010	2	2	2	1011	13	11	B
0011	3	3	3	1100	14	12	C
0100	4	4	4	1101	15	13	D
0101	5	5	5	1110	16	14	E
0110	6	6	6	1111	17	15	F
0111	7	7	7	10000	20	16	10
1000	10	8	8	…	…	…	…

1.3.3 计算机中数的表示

在十进制数中,可以在数字前面加上"+"、"-"号来表示正、负数,由于计算机不能直接识别"+"、"-"号,因此在计算机中规定用0表示"+",用1表示"-",这样数的符号也就可以数字化了。

在计算机中,通常将二进制的首位(最左边的哪一位)作为符号位,若二进制数是正的,则其首位是0;若二进制数是负的,则其首位是1。符号也数码化的二进制数称为"机器数"。例如:

十进制	+78	−78
二进制(真值)	+1001110	−1001110
计算机内(机器数)	01001110	11001110

机器数在计算机内也有3种不同的表示方法,这就是原码、反码和补码。

1. 原码

原码表示法规定:用符号位和数值表示带符号数,正数的符号位用0表示,负数的符号位用1表示,数值部分用二进制形式表示。

【例1-14】 设带符号的真值 $X=+78, Y=-78$,则它们的原码分别为

$$(X)_{原}=01001110 \quad (Y)_{原}=11001110$$

原码简单易懂,与真值转换起来很方便。但若是两个异号的数相加或两个同号的数相减就要做减法,就必须判别这两个数哪一个绝对值大,用绝对值大的数减去绝对值小的数,运算结果的符号就是绝对值大的哪个数的符号,这些操作比较麻烦,运算的逻辑电路实现起来比较复杂。于是为了将加法和减法运算统一成只做加法运算就引入了反码和补码。

2. 反码

反码表示法规定:正数的反码与其原码相同,负数的反码为对该数的原码除符号位外,其余各位按位取反,即0变为1,1变为0。反码使用得比较少,它只是补码的一种过渡。

【例1-15】 设带符号的真值 $X=+78, Y=-78$,则它们的原码和反码分别为

$$(X)_{原}=01001110 \quad (X)_{反}=01001110$$
$$(Y)_{原}=11001110 \quad (Y)_{反}=10110001$$

3. 补码

补码表示法规定:正数的补码与其原码相同,负数的补码是它的反码加1。

【例1-16】 设带符号的真值 $X=+78, Y=-78$,则它们的原码、反码和补码分别为

$$(X)_{原}=01001110 \quad (X)_{反}=01001110 \quad (X)_{补}=01001110$$
$$(Y)_{原}=11001110 \quad (Y)_{反}=10110001 \quad (Y)_{补}=10110010$$

引入了补码以后,两个数的加减法运算可以统一用加法运算来实现,此时两数的符号位也当成数值直接参加运算,并且有这样一个结论,即两数的补码之"和"等于两数"和"的补码,即可证明

$$[X]_{补}+[Y]_{补}=[X+Y]_{补}$$

例如,计算39与45的差,可以化成计算39与45的和,其中39与45都用补码表示,即

$$(39)_{10}-(45)_{10}=(39)_{10}+(-45)_{10}$$

因为

$$(39)_{10}=(00100111)_{原}=(00100111)_{反}=(00100111)_{补}$$

$$(-45)_{10}=(10101101)_{原}=(11010010)_{反}=(11010011)_{补}$$

所以

$$(00100111)_{补}+(11010011)_{补}=(11111010)_{补}$$

即

$$(11111010)_{补}=(11111001)_{反}=(10000110)_{原}=(-6)_{10}$$

在计算机中一般采用补码来表示带符号的数。

1.3.4 信息的几种编码

由于计算机内部采用的是二进制的方式计数，因此输入到计算机中的各种数字、文字、符号或图形等数据都是用二进制数编码的。不同类型的字符数据其编码方式不同，编码的方法也很多。下面介绍最常用的BCD码、ASCII码、汉字编码和图像编码。

1. BCD码

BCD(Binary Coded Decimal)码是用若干位二进制数码表示一位十进制数的编码，简称二—十进制编码。

二—十进制编码的方法很多，使用最广泛的是8421码，8421码采用4位二进制数表示1位十进制数，即每1位十进制数用4位二进制编码表示，这4位二进制数各位权由高到低分别是2^3、2^2、2^1、2^0，即8、4、2、1。

【例1-17】 将十进制数3879转换为BCD码。

【解】 十进制数：　3　　8　　7　　9

对应的BCD码：　0011　1000　0111　1001

即十进制数3879的BCD码为0011 1000 0111 1001。

【例1-18】 将BCD码1001 0111 0101 0110转换为十进制数。

【解】 BCD码：1001　0111　0101　0110

对应的十进制：　9　　7　　5　　6

即BCD码1001 0111 0101 0110的十进数为9756。

2. ASCII码

ASCII码是由美国国家标准委员会制定的一种包括数字、字母、通用符号、控制符号在内的字符编码，全称为美国国家信息交换标准代码(American Standard Code for Information Interchange)。

ASCII码能表示128种国际上通用的西文字符，只需用7个二进制位($2^7=128$)表示。ASCII码采用7位二进制表示一个字符时，为了便于对字符进行检索，把7位二进制数分为高3位($b_7b_6b_5$)和低4位($b_4b_3b_2b_1$)。7位ASCII编码如表1-4所示。利用该表可查找数字、运算符、标点符号以及控制字符与ASCII码之间的对应关系。例如，数字8的ASCII码为0111000，大写字母B的ASCII码为1000010，小写字母a的ASCII码为1100001，字符A～Z对应的十进制ASCII码为65～90，字符a～z对应的十进制ASCII

码为 97～122，即小写字母的 ASCII 码值大于大写字母的 ASCII 码值。

表 1-4　7 位 ASCII 码编码表

$b_4b_3b_2b_1$ \ $b_7b_6b_5$	000	001	010	011	100	101	110	111
0000	NUL	DLE	SP	0	@	P	、	p
0001	SOH	DC1	!	1	A	Q	a	q
0010	STX	DC2	“	2	B	R	b	r
0011	ETX	DC3	#	3	C	S	c	s
0100	EOT	DC4	$	4	D	T	d	t
0101	ENQ	NAK	%	5	E	U	e	u
0110	ACK	SYN	&	6	F	V	f	v
0111	BEL	ETB	‘	7	G	W	g	w
1000	BS	CAN	(	8	H	X	h	x
1001	HT	EM	)	9	I	Y	i	y
1010	LF	SUB	*	:	J	Z	j	z
1011	VT	ESC	+	;	K	[	k	{
1100	FF	FS	,	<	L	\	l	|
1101	CR	GS	−	=	M	]	m	}
1110	SO	RS	.	>	N	↑	n	～
1111	SI	US	/	?	O	↓	o	DEL

表中高 3 位为 000 和 001 的两列是一些控制符。例如，NUM 表示空白，STX 表示文本开始，ETX 表示文本结束，EOT 表示发送结束，CR 表示回车，CAN 表示作废，SP 表示空格，DEL 表示删除等。

在计算机中一个字节为 8 位，为了提高信息传输的可靠性，在 ASCII 码中把最高位(b_8)作为奇偶校验位。奇偶校验位是指代码传输过程中，用来检验是否出现错误的一种方法，一般分为奇校验和偶校验两种。偶校验规则为：若 7 位 ASCII 码中 1 的个数为偶数，则校验位置 0；若 7 位 ASCII 码中 1 的个数为奇数，则校验位置 1。校验位仅在信息传输时有用，在对 ASCII 码进行处理时校验位被忽略。

3. 汉字编码

计算机在处理汉字时也要将其转换为二进制码，这就需要对汉字进行编码，通常汉字有两种编码：国标码和机内码。

1）国标码

我国根据有关国际标准于 1980 年制定并颁布了中华人民共和国国家标准信息交换用汉字编码 GB 2312—80，简称国标码。国标码的字符集共收录 6763 个常用汉字和 682 个非汉字图形符号，其中使用频度较高的 3755 个汉字为一级字符，以汉语拼音为序排列；使用频度稍低的 3008 个汉字为二级字符，以偏旁部首进行排列。682 个非汉字字符主要包括拉丁字母、俄文字母、日文假名、希腊字母、汉语拼音符号、汉语注音字母、数字、常用符号等。

2) 汉字机内码

汉字的机内码是计算机系统内部对汉字进行存储、处理、传输统一使用的代码,又称为汉字内码。由于汉字数量多,一般用 2 个字节来存放一个汉字的内码。在计算机内汉字字符必须与英文字符区别开,以免造成混乱,英文字符的机内码是用一个字节来存放 ASCII 码,一个 ASCII 码占一个字节的低 7 位,最高位为 0,为了区分,汉字机内码中 2 个字节的每个字节的最高位置为 1。

3) 汉字输入码

汉字主要是从键盘输入,汉字输入码是计算机输入汉字的代码,是代表某一个汉字的一组键盘符号。汉字输入码也称为外部码(简称外码)。现行的汉字输入方案众多,常用的有拼音输入和五笔字型输入等。每种输入方案对同一汉字的输入编码都不相同,但经过转换后存入计算机的机内码均相同。

4) 汉字字形码

存储在计算机内的汉字在屏幕上显示或在打印机上输出时,必须以汉字字形输出,才能被人们所接受和理解。汉字字形是以点阵方式表示汉字。就是将汉字分解成由若干个"点"组成的点阵字形,将此点阵字形置于网状方格上,每一小方格就是点阵中的一个"点"。以 24×24 点阵为例,网状横向划分为 24 格,纵向也分成 24 格,共 576 个"点",点阵中的每个点可以有黑、白两种颜色,有字形笔划的点用黑色,反之用白色,用这样的点阵就可以描写出汉字的字形了。图 1-11 是汉字"跑"的字形点阵。

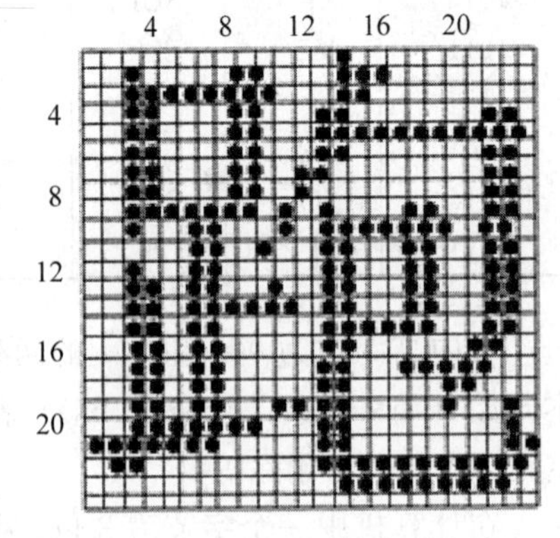

图 1-11 汉字"跑"的字形点阵

根据汉字输出精度的要求,有不同密度点阵。汉字字形点阵有 16×16 点阵、24×24 点阵、32×32 点阵。汉字字形点阵中每个点的信息用一位二进制码来表示,1 表示对应位置处是黑点,0 表示对应位置处是空白。

字形点阵的信息量很大,所占存储空间也很大。例如 16×16 点阵,每个汉字要占 32B;24×24 点阵,每个汉字要占 72B。因此字形点阵只用来构成"字库",而不能用来代替机内码用于机内存储,字库中存储了每个汉字的字形点阵代码,不同的字体对应不同的字库。在输出汉字时,计算机要先到字库中找到它的字形描述信息,然后输出字形。汉字信息处理过程如图 1-12 所示。

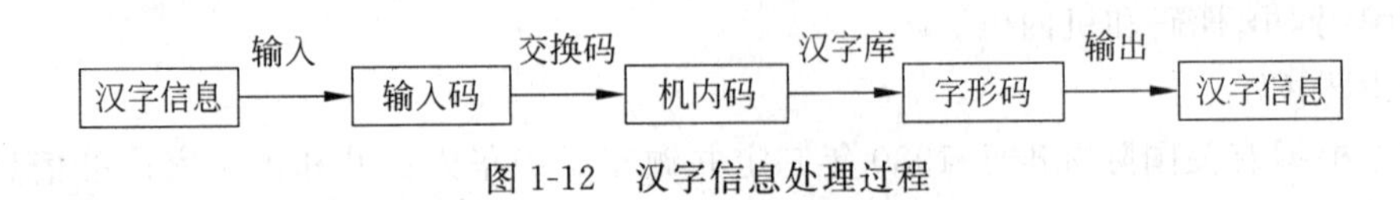

图 1-12 汉字信息处理过程

4. 图像编码

计算机中表示图像的方法有两种,位图方法和矢量方法,由此形成两种图像——位图图像和矢量图像。两种图像在图像的质量、图像存储空间的大小、图像传送的时间和图像修改的难易程度等方面存在很大的差别。

1）位图图像

将图像划分成均匀的网格状，如 640 列×480 行＝307200 个单元格，每个单元格称为像素，图像即可视为这些像素的集合。对每个像素进行编码，即可得到整个图像的编码。

对只有黑、白两种颜色的单色图像而言，像素的颜色只有两个：黑色和白色。用 1 表示白色，用 0 表示黑色，就得到了像素的 1 位编码。每一行像素的编码构成一个 0、1 序列，按顺序将所有行的编码连起来，就构成了图像的编码。

对灰度图像而言，像素的颜色除了黑、白两种之外，还有介于两者之间的不同程度的灰色，所以 1 位编码不足以表达颜色信息。计算机中通常用 256 级灰度来表示灰度图像，每个像素可以是白色、黑色或 254 级灰色中的任何一个，用 11111111 表示白色，用 00000000 表示黑色，按灰度由深到浅，用 00000001～11111110 来表示其余 254 种颜色，这样就得到了灰度图像的每个像素的 8 位编码，所有像素的编码的集合即构成整个图像的编码。

对彩色图像而言，像素的颜色更丰富。计算机中经常使用的显示方法的有 16 色、256 色、24 位真彩色。16 色和 256 色是以红、绿、蓝 3 种主色调合成 16 种或 256 种颜色，因此 16 色的像素编码是 4 位，256 色的像素编码是 8 位。对 24 位真彩色图像来说，每个像素使用 3 个字节编码，每个字节的值分别代表像素中红、绿、蓝颜色的强度。例如，按红、绿、蓝顺序，11111111 00000000 00000000 表示红色，11111111 11111111 11111111 表示白色。24 位编码可以表达的颜色共有 $2^{24}=1677216$ 种，颜色之多，人的肉眼根本无法识别临近颜色的差别。

2）矢量图像

矢量图像是把图像分解为曲线和直线的组合，用数学公式定义这些曲线和直线，这些数学公式是重构图像的指令，计算机存储这些指令，需要生成图像的时候，只要输入图像的尺寸，计算机会按照这些指令，根据新的尺寸形成图像。

位图图像和矢量图像的表示方法各有优劣，位图图像的质量高，数码相机中使用的就是这种方法。矢量图像看起来没有位图图像真实，但是当放大或缩小时，能够保持原来的清晰度，不失真，而位图图像则会变得模糊。同时，矢量图像的存储空间比位图图像小。矢量图像适用于艺术线条和卡通绘画，计算机辅助设计系统采用也是矢量图像技术。

对位图图像来说，追求高质量的图像，意味着要采用更多位的编码，这不仅要占用更多的存储空间，而且在图像处理过程中要花费更多的时间。通常解决的办法是根据具体要求采用不同的编码方法，基本原则是在满足最低图像质量要求的前提下，尽可能减小图像的大小。位图图像的每一种编码方式对应着一种文件格式，Windows 操作系统中采用的位图图像文件格式有以下几种。

(1) BMP(Bit Map)格式。BMP 是在 Windows 中广泛使用的格式，通常采用非压缩方式存储不太大的图像文件；

(2) TIFF(Tag Image File Format)格式。TIFF 是最普遍应用的图形图像格式之一，它广泛应用于桌面发布、传真、3D 应用程序和医学图像应用程序中。

(3) GIF(Graphics Interchange Format)格式。GIF 图形交互格式被许多 Internet 用

户用作标准的图像格式,在GIF图像中使用LZW压缩算法,使得它具有很高的压缩比且为无损压缩。GIF的缺点是只支持8位,即256色图。

(4) JPEG(Joint Photographic Experts Group)。目前绝大多数的数码相机都使用JPEG格式压缩图像,这是一种有损压缩算法,压缩比很大并且支持多种压缩级别的格式,当对图像的精度要求不高而存储空间又有限时,JPEG是一种理想的压缩方式。JPEG的缺点是不适合打印高质量的图像。

1.4 微型计算机硬件组成

从外观上来看,微型计算机由主机箱和外部设备组成。主机箱内主要包括主板、CPU、内存、硬盘驱动器、光盘驱动器、各种扩展卡、连接线和电源等;外部设备包括鼠标、键盘、显示器和音箱等,这些设备通过接口和连接线与主机相连。

1. 主板

主板又称为主机板(Mainboard)、系统板(Systemboard)或母板(Motherboard),它安装在机箱内,是微型计算机最基本的也是最重要的部件之一。主板一般为矩形电路板,上面安装了组成计算机的主要电路系统,其中包括BIOS芯片、I/O控制芯片、键盘和面板控制开关接口、指示灯插接件、扩充插槽、主板及插卡的直流电源供电接插件等元件(见图1-13)。

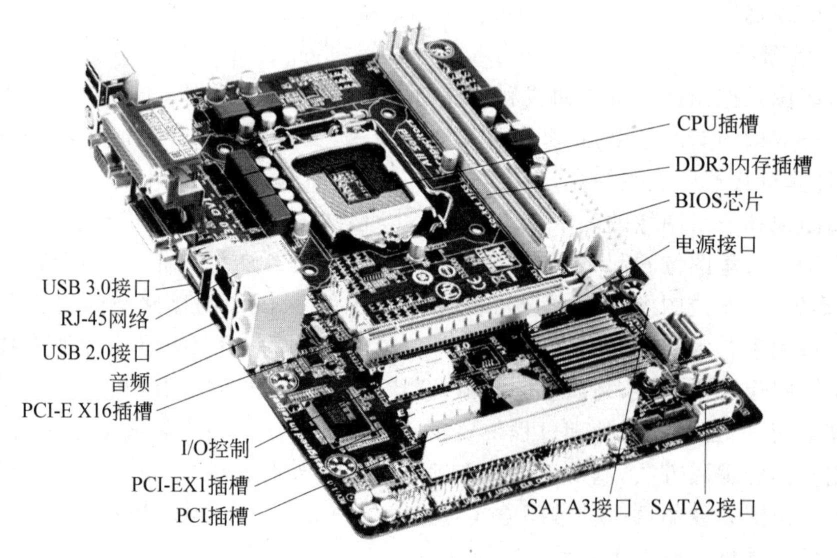

图1-13　主板结构图

根据支持CPU的不同,主板主要分为Intel系列和AMD系列两大类。

主板上最重要的部分是芯片组(Chipset),分为南桥芯片和北桥芯片两部分。芯片组的种类非常多,主要有Intel、AMD(ATi)、VIA(威盛)、SiS(矽统)、Ali(扬智)和Nvidia(英伟达)。芯片组的名称就是以北桥芯片的名称来命名的。北桥芯片决定了主板所支持的

CPU类型、主板的系统总线频率、内存类型、显卡插槽规格;南桥芯片组决定了扩展槽的种类与数量、扩展接口的类型和数量(如USB、IEEE 1394、串口、并口)等。考虑到总体的兼容性,一般建议当采用Intel的CPU时尽量选用Intel芯片组的主板,而选用AMD的CPU时,则可以综合考虑。特别提示当操作系统安装完毕时,应安装主板附带的芯片组驱动程序,以保证系统运行的稳定。

现在越来越多的主板生产厂商都在强调高集成化的产品,包含显卡、声卡、网卡等功能的主板产品在市场上已经比比皆是。在选购这类集成主板产品时,还应当考虑使用者自身的需求,因为这些集成控制芯片在性能上还是要略逊于同类产品的中高端的产品,所以如果消费者在某一方面有较高需求的话,还是应该选购相对应的板卡来实现更高的性能。

需要注意的是,高端主板的性价比并不高,因此主板的选择一般没有必要追求高端。选购的时候还应该考虑其稳定性和扩展能力,以满足未来内存扩容、新设备连接等需求。主板的扩展能力表现在应具有尽可能多的内存插槽和板卡插槽及外围设备接口等。

2. CPU

CPU(Central Processing Unit)即中央处理器,它是计算机的最核心的部件。目前市场上主要有两家CPU的生产商——Intel和AMD(见图1-14),由于设计理念不同,AMD比较侧重于实用性上的速度优化,而Intel则相反,比较注重与在实用性上的速度与稳定的平衡发展。可以理解为,AMD的CPU性价比较高,游戏性能出色,而Intel的CPU网络功能和多媒体较强。目前Intel的在市场占有率上占有绝对优势。Intel公司有自己的芯片组支持,能够很好地发挥其CPU的性能,各厂商也努力向其兼容。早先AMD公司没有芯片组生产能力,但是自2006年AMD公司并购以生产显卡闻名的ATI公司后,也具有芯片组的生产能力。

图1-14 Intel和AMD主流CPU和CPU插槽

CPU的主要性能指标有主频、外频、前端总线(FSB)频率、倍频系数及缓存等。主频=外频×倍频系数,主频和实际的运算速度存在一定的关系,但并不是一个简单的线性关系,CPU的运算速度还要看CPU的流水线、总线等各方面的性能指标。前端总线(FSB)频率(即总线频率)决定了CPU与内存直接数据交换速度。CPU内缓存的运行频率极高,一般是和处理器同频运作,工作效率远远大于系统内存和硬盘。缓存可以分为

L1 Cache、L2 Cache、L3 Cache共3个层次。

Intel的CPU主要技术具有如下特点：超线程（Hyper-Threading，HT）技术利用特殊的硬件指令，把两个逻辑内核模拟成两个物理芯片，让单个处理器都能使用线程级并行计算，进而兼容多线程操作系统和软件，减少了CPU的闲置时间，提高了CPU的运行效率。多核心，也称为单芯片多处理器（Chip Multiprocessors，CMP），该技术将大规模并行处理器中的SMP（又称为多处理器）集成到同一芯片内，各个处理器并行执行不同的进程。现在通常指CPU纳米制作工艺，实际上指的是一种工艺尺寸，代表在一块硅晶圆片上集成数以万计的晶体管之间的连线宽度。CPU生产厂商通过不断地减小晶体管间的连线宽度，以提高在单位面积上所集成的晶体管数量。

微处理器是衡量微机档次、区分微机型号的主要部件，可以说微机是随着微处理器的发展而前进的（见表1-5）。

表1-5 微机与微处理器的发展历程

微机发展阶段	起始时间	典型CPU型号	CPU内部晶体管数	制造工艺	最大主频
第一代	1981	8088	2.9万		8MHz
第二代	1985	80286	3万		20MHz
第三代	1987	80386	27.5万		40MHz
第四代	1989	80486	120万		50MHz
第五代	1993	奔腾	450万	0.5～0.35μm	75～233MHz
第六代	1998	奔腾Ⅱ、至强	650～1900万	0.35～0.25μm	450～733MHz
第七代	2003.9	速龙、酷睿	2130万～14亿	0.25μm～22nm	1.6～3.2GHz

3. 内存

内存（Memory）也称为内存储器（见图1-15），其作用是用于暂时存放CPU中的运算数据，以及与硬盘等外部存储器交换数据。内存一般采用半导体存储单元，包括随机存储器（RAM）、只读存储器（ROM）和高速缓存（Cache），其中RAM是最重要的存储器。早期的内存多采用同步动态随机存取存储器（SDRAM），SDRAM内存为168脚，型号分为PC100、PC133，工作主频分别是100MHz、133MHz，这是奔腾早期机型经常使用的内存。后来发展出现了DDR SDRAM（Double Data Rate SDRAM，DDR），DDR内存又发展了3代，分别是DDR、DDR2、DDR3，目前在显卡上已经开始应用DDR5的内存。DDR的工作频率从DDR-200到DDR-400，DDR2从DDR2-400到DDR2-800，DDR3从DDR3-800到DDR3-1600。

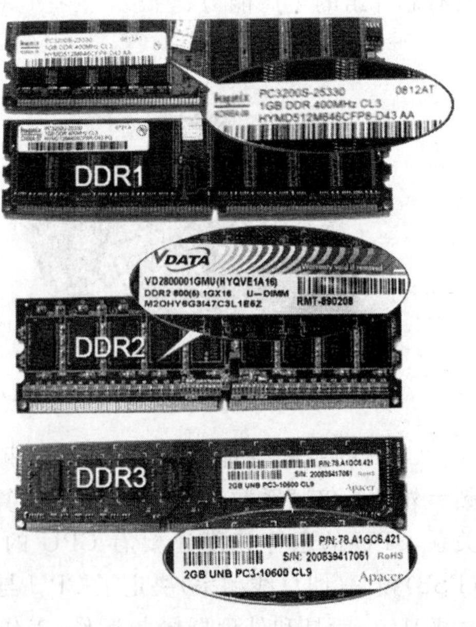

图1-15 内存

4. 硬盘

硬盘(Hard Disc Drive,HDD)是计算机主要的存储媒介之一(见图 1-16)。硬盘分为固态硬盘(SSD)和机械硬盘(HDD)。SSD 采用闪存颗粒来存储,HDD 采用磁性碟片来存储。HDD 的碟片外覆盖有铁磁性材料,被永久性地密封固定在硬盘驱动器中。混合硬盘(Hybrid Hard Disk,HHD)是把磁性硬盘和闪存集成到一起的一种硬盘。

图 1-16 硬盘内部结构

硬盘接口分为 IDE、SATA、SCSI 和光纤通道(Fiber Channel,FC)4 种。电子集成驱动器(Integrated Drive Electronics,IDE)也可称为集成设备电路,该接口硬盘多用于家用产品中,目前已经被 SATA 接口所替代。SATA(Serial ATA,串行 ATA)接口主要应用于家用市场,目前有 SATA、SATA2、SATA3 三种,是现在的市场主流。小型计算机系统接口(Small Computer System Interface,SCSI)的硬盘主要应用于服务器市场,SCSI 借助串行传输技术现在已经发展出了 SAS(Serial Attached SCSI),即串行连接 SCSI。光纤通道硬盘,俗称 FC 硬盘,只应用在高端服务器或者专用存储设备上,价格昂贵。

硬盘的主要指标有硬盘容量、转速、平均寻址时间、传输速率和缓存 5 种。

(1) 硬盘容量从早期的兆字节(Mega Byte,MB)为单位,发展为千兆字节(Giga Byte,GB)为单位,目前容量超百万兆字节(Tera Byte,TB)的硬盘已经出现。

(2) 硬盘的转速单位是 RPM(Revolutions Per Minute),是指每分钟多少转。目前常用硬盘的转速一般有 5400RPM、7200RPM 两种。服务器硬盘多为 10000RPM,现在已经出现了 15000RPM 的产品。家用硬盘转速多为 5400RPM、7200RPM 两种。

(3) 平均寻址时间(Average Access Time)是指磁头从起始位置到达目标磁道位置,并且从目标磁道上找到要读写的数据扇区所需的时间。目前硬盘的平均寻址时间通常在 8ms(毫秒)到 12ms 之间,而 SCSI 硬盘则应小于或等于 8ms。

(4) 传输速率(Data Transfer Rate)是指硬盘读写数据的速度,单位为兆字节每秒(MB/s)。硬盘数据传输率分为内部数据传输率和外部数据传输率。内部传输率(Internal Transfer Rate)主要依赖于硬盘的转速,外部传输率(External Transfer Rate)是系统总线与硬盘缓冲区之间的数据传输率,外部数据传输率与硬盘接口类型和硬盘缓存的大小有关。目前常用的 SATA 硬盘传输速率为 150MB/s,SATA2 的传输速率为 300MB/s,SATA3 的传输速率达到了惊人的 6GB/s,需要注意的是这只是该接口支持的理论最大值，目前常用硬盘的实测传输速率多在50MB/s左右。

(5) 缓存(Cache Memory)是硬盘控制器上本身携带的一块内存区域，是硬盘内部存储和外界接口之间的缓冲器。缓存容量越大，提升传输速度效果越好，目前常见硬盘的缓存容量多介于8～64MB之间。

5. 显卡

显卡的全称为显示接口卡(Video Card或Graphics Card)，简称显卡(见图1-17)。显卡的用途是将计算机系统所需要的显示信息进行转换驱动，并向显示器提供行扫描信号，控制显示器的正确显示，是连接显示器和个人电脑主板的重要元件，是"人机对话"的重要设备之一。显卡分为GPU、显存、显卡BIOS和PCB板。显卡最主要的部分是图形处理器(Graphic Processing Unit，GPU)，其功能类似主板上的CPU。使用GPU是为了减少对CPU的依赖，并加快显示速度。显存的主要功能就是暂时储存显示芯片要处理的数据和处理完毕的数据。显卡BIOS(Basic Input Output System)类似主板BIOS，主要用于存放显示芯片与驱动程序之间的控制程序，另外还存有显示卡的型号、规格、生产厂家及出厂时间等信息。显卡PCB(Printed Circuit Board)板即显卡的印刷电路板。

图1-17 显卡

显卡可以分为集成显卡、独立显卡和核心显卡3种。

(1) 集成显卡是在主板上集成显卡的功能，共享系统中的内存作为显存使用。集成显卡一个最大的优点是减少了接插件，工作比独立显卡要稳定。缺点是不易于升级，需要占用内存空间，其显示性能多处于同类显卡的中档水平。

(2) 独立显卡是将显示芯片、显存及其相关电路单独做在一块板卡上，需要占用主板的扩展槽。独立显卡的优点是不占用系统内存，升级较方便，显示性能一般较集成显卡出色。缺点是需要额外资金开销，发热量大。

(3) 核心显卡是Intel新提出的技术，将图形核心与处理核心整合在同一块处理器中，从而优化了处理核心、图形核心、内存及内存控制器间的数据周转时间，能够大幅度提升图形显示的性能。核心显卡的优点是低功耗，缺点是价格昂贵，以后会逐步得到普及。

常见独立显卡按照接口类型可以分为PCI、AGP、PCI-E 3种，目前市场上的显卡多为PCI-E接口。PCI(Peripheral Component Interconnect)是Intel公司1991年定义的标准，最初的PCI总线工作在33MHz频率之下，传输带宽达到133MB/s(33.33MHz×32b/s)，基本上满足了当时处理器的发展需要。后来发展出64b的PCI总线，后来又提出把PCI总线的频率提升到66MHz，但PCI接口的速率最高也只有266MB/s。至1998年PCI被加速图像处理端口(Accelerate Graphical Port，AGP)接口代替，后来依次发展出了AGP 1.0(AGP1X/2X)、AGP 2.0(AGP4X)和AGP 3.0(AGP8X)，最新的AGP8X其理论带宽为2133MB/s。如今AGP又被PCI Express(简称PCI-E)接口基本取代，PCI-E采用了点对点串行连接，比起PCI以及更早期的计算机总线的共享并行架构，每个设备都有自己的专用连接，不需要向整个总线请求带宽，从而把数据传输率提高到一个很高的频率。PCI-E分为X1、X2、X4、X8、X12、X16和X32共7种通道规格，X1支持的传输速率250MB/s，X2为500MB/s，其他以此类推，目前显卡所用的多为X16接口，传输速度达到了5GB/s

民用显卡图形芯片供应商主要包括AMD(ATI)和NVIDIA(英伟达)两家。ATI公司的主要品牌Radeon(镭龙)系列，NVIDIA公司的主要品牌GeForce系列，它们是目前市场上的主流显卡芯片。

6. 光驱

光驱是计算机用来读写光碟内容的设备，也是在台式机和笔记本便携式电脑里比较常见的一个部件(见图1-18)。随着多媒体的应用越来越广泛，使得光驱在计算机诸多配件中已经成为标准配置。不同光碟的容量差别很大，普通CD容量为650～700MB，普通单面DVD为4.3GB，普通单面蓝光DVD则在20GB左右。光驱根据安装方式分为外置光驱和内置光驱两种，外置光驱一般通过USB、1394接口连接计算机，常见的光驱类型主要有以下几种。

(1) CD-ROM光驱。又称为致密盘只读存储器，是一种只读的光存储介质。它是利用原本用于音频CD的CD-DA(Digital Audio)格式发展起来的。

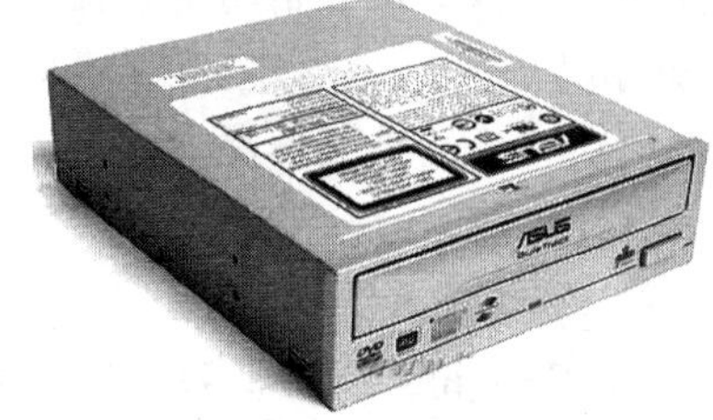

图1-18　DVD光驱

(2) DVD光驱。是一种可以读取DVD碟片的光驱，除了兼容DVD-ROM、DVD-VIDEO、DVD-R、CD-ROM等常见的格式外，对于CD-R/RW、CD-I、VIDEO-CD、CD-G等都能很好地支持。

(3) COMBO光驱。“康宝”光驱是人们对COMBO光驱的俗称。COMBO光驱是一种集合了CD刻录、CD-ROM和DVD-ROM为一体的多功能光存储产品。

(4) 刻录光驱。包括CD-R、CD-RW和DVD刻录机等，其中DVD刻录机又分DVD+R、DVD-R、DVD+RW、DVD-RW(W代表可反复擦写)和DVD-RAM。刻录机的外观和普通光驱差不多，只是其前置面板上通常都清楚地标识着写入、复写和读取3种速度。

(5) 蓝光刻录光驱。即能读写蓝光光盘的光驱，可以播放或刻录蓝光高清视频，向下兼容DVD、VCD和CD等格式。蓝光(Blu-ray)或称蓝光盘(Blu-ray Disc，BD)利用波长较短(405nm)的蓝色激光读取和写入数据，并因此而得名。而传统DVD需要光头发出红色激光(波长为650nm)来读取或写入数据，通常来说波长越短的激光，能够在单位面积上记录或读取更多的信息。

目前光驱常用的数据接口有USB接口、ATA/ATAPI接口、SATA接口、1394接口等类型。USB接口具有支持热插拔，即插即用的优点，现在计算机通常都有几个USB接口，特别是U盘、移动硬盘、外置式光驱、数码等设备通过USB接口使用起来非常方便，内置光驱也可连接USB接口。USB接口有3个标准：USB 1.1、USB 2.0和USB 3.0，USB 1.1标准传输速率最大为12Mb/s，已经被淘汰。USB 2.0标准是目前的主流，其传输速率达到了480Mb/s，即60MB/s。USB 3.0的传输速度达到4.8Gb/s，但受主板、存储介质的速度限制,实际上达不到。计算机上的 USB 2.0 与 USB 3.0 接口通用,但 USB 3.0 外观是蓝色的。支持 USB 3.0 的移动硬盘、U 盘及数码设备,其发展很快,一般光驱设备都能支持 USB 2.0 接口,国内市场上支持 USB 3.0 的蓝光刻录光驱也已经面市。

7. 显示器

显示器又称为监视器(Monitor),作为计算机最主要的输出设备之一,显示器是用户与计算机交流的主要渠道。随着显示器技术的不断发展,显示器的分类也越来越明细。主要包括 CRT 显示器、LCD 显示器、LED 显示器及等离子显示器等。

1) CRT 显示器

CRT 显示器是一种使用阴极射线管(Cathode Ray Tube)的显示器,阴极射线管主要由五部分组成:电子枪(Electron Gun)、偏转线圈(Deflection Coils)、荫罩(Shadow Mask)、荧光粉层(Phosphor)及玻璃外壳。它是目前应用最广泛的显示器之一,CRT 纯平显示器具有可视角度大、无坏点、色彩还原度高、色度均匀、可调节的多分辨率模式、响应时间极短等 LCD 显示器难以超过的优点,而且现在的 CRT 显示器价格要比 LCD 显示器便宜。显像管尺寸指的是显像管对角线的尺寸,是指显像管的大小,常见的有 14 英寸、15 英寸、17 英寸。显像管是显示器生产技术变化最大的环节之一,同时也是衡量一款显示器档次高低的重要标准,按照显像管表面平坦度的不同可分为球面管、平面直角管、柱面管和纯平管。

2) LCD 显示器

LCD(Liquid Crystal Display)显示器即液晶显示屏,优点是机身薄,占地小,辐射小,给人以一种健康产品的形象。LCD 的构造是在两片平行的玻璃当中放置液态的晶体,两片玻璃中间有许多垂直和水平的细小电线,通过通电与否来控制杆状水晶分子改变方向,将光线折射出来产生画面。还可以更加形象地来理解 LCD,它的核心结构类似于一块"三明治",两块玻璃基板中间充斥着运动的液晶分子。显示屏由众多像素点构成,每个像素好像一个可以开关的晶体管,这样就可以控制显示屏的分辨率。如果一台 LCD 的分辨率可以达到 1024×768(XGA),代表它由 1024×768 个像素点可供显示。

3) LED 显示器

LED 是发光二极管(Light Emitting Diode)的英文缩写,它集微电子技术、计算机技术、信息处理技术于一体,以其色彩鲜艳、动态范围广、亮度高、寿命长、工作稳定可靠等优点,成为最具优势的新一代显示媒体。目前,LED 显示器已广泛应用于大型广场、商业广告、体育场馆、信息传播、新闻发布、证券交易等,可以满足不同环境的需要。LED 显示器通过发光二极管芯片的适当连接(包括串联和并联)和适当的光学结构,构成发光显示器的发光段或发光点。由这些发光段或发光点可以组成数码管、符号管、米字管、矩阵管和电平显示器等。

4) 等离子显示器

等离子显示技术的成像原理是在显示屏上排列上千个密封的小低压气体室,通过电流激发使其发出肉眼看不见的紫外光,然后紫外光碰击后面玻璃上的红、绿、蓝 3 色荧光体发出肉眼能看到的可见光,以此成像。等离子显示器的优越性是厚度薄、分辨率高、占用空间少且可作为家中的壁挂电视使用，代表了未来计算机显示器的发展趋势。等离子显示器的特点如下。

(1) 高亮度、高对比度。等离子显示器具有高亮度和高对比度，对比度达到500∶1，完全能满足眼睛需求；亮度也很高，所以其色彩还原性非常好。

(2) 纯平面图像无扭曲。等离子显示器的RGB发光栅格在平面中呈均匀分布，这样就使得图像即使在边缘也没有扭曲的现象发生。而在纯平CRT显示器中，由于在边缘的扫描速度不均匀，很难控制到不失真的水平。

(3) 超薄设计、超宽视角。由于等离子技术显示原理的关系，使其整机厚度大大低于传统的CRT显示器，与LCD相比也相差不大，而且能够多位置安放。

(4) 具有齐全的输入接口。

(5) 环保无辐射。

显示器接口是指显示器和主机之间的接口，通常有DVI、HDMI和VGA三种(见图1-19)。

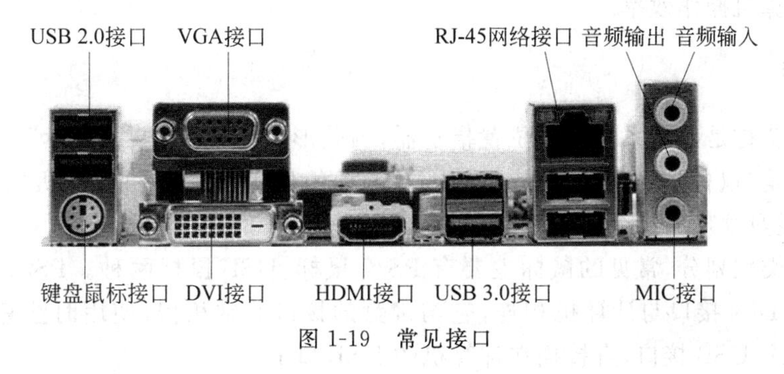

图1-19 常见接口

① DVI数字输入接口：DVI(Digital Visual Interface，数字视频接口)是近年来随着数字化显示设备的发展而发展起来的一种显示接口。

② HDMI数字输入接口。HDMI(High Definition Multimedia Interface)的中文意思是高清晰度多媒体接口。HDMI接口可以提供高达5Gb/s的数据传输带宽，可以传送无压缩的音频信号及高分辨率视频信号。同时无须在信号传送前进行数/模或者模/数转换，可以保证最高质量的影音信号传送。

③ VGA输入接口。CRT彩显因为设计制造上的原因，只能接受模拟信号输入，最基本的包含R\G\B\H\V(分别为红、绿、蓝、行、场)5个分量，不管以何种类型的接口接入，其信号中至少包含以上这5个分量。

8. 键盘

键盘属于计算机硬件的一部分，它是计算机输入指令和操作计算机的主要设备之一，中文汉字、英文字母、数字符号以及标点符号就是通过键盘输入计算机的。键盘的款式有很多种，人们通常使用的有101键、104键和108键等的键盘。无论是哪一种键盘，它的功能和键位排列都基本分为功能键区、主键盘区(打字键区)、编辑键区、辅助键区(小键盘区)和状态指示区5个区域(见图1-20)。

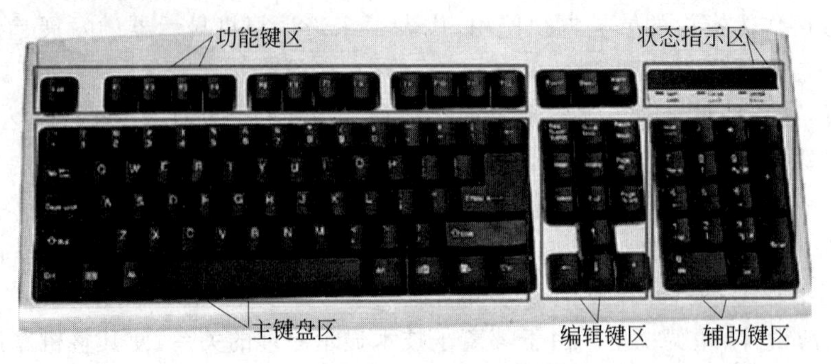

图 1-20 键盘

要养成正确的键盘使用方法,否则不但影响输入速度而且容易疲劳,甚至会影响身体健康,引发各种疾病。正确使用键盘包括正确的坐姿和正确的按键指法。金山打字通是国内金山软件公司推出的优秀免费产品,它能指导你采取正确坐姿,快速掌握盲打指法,从而提高计算机操作效率。

9. 鼠标

鼠标的全称是显示系统纵横位置指示器,因其形似老鼠而得名"鼠标"。"鼠标"的标准称呼应该是"鼠标器",英文名是 Mouse。鼠标的使用是为了使计算机的操作更加简便,来代替键盘烦琐的指令。

按接口类型划分,常见的鼠标主要有 PS/2 鼠标、USB 鼠标两种。PS/2 鼠标通过一个六针微型 DIN 接口与计算机相连,它与键盘的接口非常相似,使用时注意区分;USB 鼠标通过一个 USB 接口,直接插在计算机的 USB 口上。

鼠标按其工作原理的不同可以分为机械鼠标和光电鼠标。机械鼠标主要由滚球、辊柱和光栅信号传感器组成。当拖动鼠标时,带动滚球转动,滚球又带动辊柱转动,装在辊柱端部的光栅信号传感器产生的光电脉冲信号反映出鼠标器在垂直和水平方向的位移变化,再通过计算机程序的处理和转换来控制屏幕上光标箭头的移动。光电鼠标器是通过检测鼠标器的位移,将位移信号转换为电脉冲信号,再通过程序的处理和转换来控制屏幕上鼠标箭头的移动。光电鼠标用光电传感器代替了滚球,USB 光电鼠标是目前主要的使用类型。

另外,鼠标还可按键数分为两键鼠标、三键鼠标和新型的多键鼠标。目前主流鼠标是三键滚轮鼠标,包含左右键加上下滚动的滚轮,滚轮含中键功能。

1.5 计算机常用术语及 20 世纪信息技术领域十大产品

1.5.1 计算机常用术语

1. 软件

软件(Software)是计算机可以执行的程序与执行程序所需要数据与文档资料。

2. 硬件

硬件(Hardware)是构成计算机系统的物质实体,如芯片、网线、机箱、线路板等。

3. 位

一个二进制位称为一个位(bit),位是计算机的最小操作运算和存储单位。

4. 字节

8个二进制位称为一个字节(Byte),字节是计算机的最小存储单元。

5. 存储单位

计算机的基本存储单位一般用字节(B)表示,是存放指令和数据的存储空间的基本单元。

1KB=1024B,1MB=1024KB,1GB=1024MB,1TB=1024GB,…,1BB=1024YB。

6. 内存地址

存储器的容量是指它能存放多少个字节的二进制信息,1KB代表1024B,64KB就是65 536B。内存储器由若干个存储单元组成,每个单元有一个唯一的序号以便识别,这个序号称为内存地址,即内存地址是指内存储器中用于区分、识别各个存储单元的标示符。通常一个存储单元存放一个字节,64KB总共就有65 536个存储单元。要有65 536个地址,从0号编起,最末一个地址号为65 536-1=65 535,即十六进制FFFF。注意地址的编号都从0开始,因此最高地址等于总个数减1。

7. 字与字长

字(Word)指的是CPU进行数据处理和运算的单位,字长(Word Length)则是字的长度,即CPU一次能够直接处理的二进制数据的位数。通常称处理字长为8位数据的CPU叫8位CPU,32位CPU就是在同一时间内处理字长为32位的二进制数据。字长是计算机的重要技术性能指标,决定计算机运算的精度。字长越长,计算机的运算精度越高;字长越长,存放数据的存储单元数越多,寻找地址的能力越强。

8. 运算速度

运算速度是衡量计算机性能的一项重要指标。通常所说的计算机运算速度(平均运算速度)是指每秒钟所能执行的指令条数,单位通常用MIPS(百万条指令每秒)表示,即"百万条指令/秒"(Million Instruction Per Second,MIPS)来描述。同一台计算机,执行不同的运算所需时间可能不同,因而对运算速度的描述常采用不同的方法。常用的有CPU时钟频率(主频)、每秒平均执行指令数等。

9. 容量

容量是指计算机存储容量。存储容量的基本单位是字节(B)，一般用多少KB、MB、GB、TB、PB、EB、ZB、YB、BB等表示实际存储容量。

10. 主频

主频指计算机的时钟频率，其单位是兆赫兹(MHz)。例如，Pentium/133的主频为133MHz，Pentium Ⅲ/800的主频为800MHz，Pentium 4/1.5G的主频为1.5GHz。一般说来，主频越高，运算速度越快。

11. 存取周期

存储器完成一次读或写信息操作所需的时间称存储器的存取或访问时间。连续两次读(或写)所需的最短时间，称为存储器的存取周期或存储周期。

12. 传输速率

传输速率是指每秒传送的位数，单位是b/s(位/秒)、Kb/s(千位/秒)、Mb/s(兆位/秒)等。

13. 版本

版本原是一种商业标志，不应算作计算机的技术指标，但是计算机的软件和硬件是以版本序号标识推出时间的先后、功能多少、档次高低和性能的优劣。

14. 可靠性

可靠性是针对系统而定的，通常用平均无故障时间(MTBF)来表示，主要指硬件故障，不是指用户误操作引起的故障。

15. 带宽

带宽主要是针对网络通信中计算机的数据传输速率，反映计算机的通信能力。

1.5.2 20世纪信息技术领域十大产品

1. ENIAC

世界上第一台电子计算机，1946年2月10日诞生，8英尺高，3英尺宽，100英尺长，总质量为30T。

2. IC

全球第一片IC(集成电路)诞生于1958年，并迅速成为所有电子器件的核心部分。

3. Modem

“调制解调器”俗称“猫”，1960 年诞生，用于计算机的数字信号和电话网络中的模拟信号的转换。

4. Basic

1964 年诞生的一种计算机高级语言，彻底打破了计算机语言的专业知识和技能垄断。

5. Intel 4004

“英特尔 4004 芯片”，1971 年诞生的世界上第一个微处理器。

6. Apple Ⅱ

“苹果 2 型”，1977 年 4 月诞生的世界上第一台有彩色图像界面的微计算机。

7. PC

“个人计算机”，1981 年诞生的个人电脑，在设计时第一次采纳“兼容机”的思想。

8. Windows

1985 年 Windows 1.0 版本问世，1995 年 Windows 95 面世时，4 天内售出 100 万套。

9. Java

“以平台为内核的程序设计语言”，具有面向用户、动态交互操作与控制、动画显示等优点。

10. Mosaic

世界上第一款网络“浏览器软件”，使互联网变成了每个用户的计算平台。

1.6 信息科学技术的长期发展趋势

1.6.1 对信息科学技术认识的转变

经过半个多世纪的研究和实践，科技界对信息科学技术的认识已发生重大转变，新的认识包括以下几点。

1. 从重视信息科学技术的内涵转到更加重视其外延

20 世纪上半叶，发生了以量子力学和相对论为核心的物理学革命，加上其后的宇宙大爆炸模型、DNA 双螺旋结构、板块构造理论、计算机科学，这六大科学理论的突破，共同确立了现代科学体系的基本结构,计算机科学是现代科学体系的主要基石之一。现在,信息已成为最活跃的生产要素和战略资源,信息技术正深刻影响着人类的生产方式、认知方式和社会生活方式,信息技术和应用水平已是衡量一个国家综合竞争力的重要标志。信息科学技术已经是一种典型的通用技术,它不再是与数、理、化、天、地、生平行的一门学科,而是与很多学科相关的横向型科学技术。信息科学技术已不再是主要以研究信息获取、存储、处理等为主的一门单独的学科,而是更加强调与社会、健康、能源、材料等其他领域的紧密联系。21世纪的信息领域更像能源领域,它的外延涉及各个学科(见图1-21)。以美国工程院列出的21世纪工程科技重大挑战为例,其有关信息技术的内容包括"促进医疗信息科学发展、保障网络空间安全、提高虚拟现实技术、促进个性化学习和大脑逆向工程"等,几乎都不是单独的信息处理和通信技术,而是信息领域与其他领域的交义。

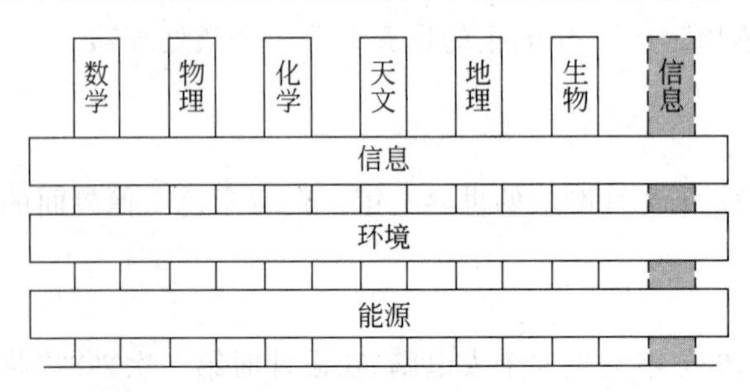

图1-21　信息科学技术的外延涉及所有学科

21世纪信息技术发展的新取向是在继续发展工程技术的规模效益的同时,将更加重视信息技术的多样性、开放性和个性化,更加重视信息技术惠及大众;在重视信息技术的市场竞争能力及经济效益的同时,将更加重视生态和环境影响,探索对有限自然资源和无限知识资源的分享、共享和持续利用。在重视对周围世界的认识和改善的同时,更加重视医学及与人类健康有关的信息科学技术;在重视技术作为生产力决定性因素的同时,将更加重视信息科学的研究探索,特别是与纳米、生命、认知等科学的交叉研究;在继续科学与技术的紧密结合的同时,更加重视信息技术与人文艺术的结合,更加重视信息技术伦理道德方面的研究和对信息技术社会作用的法制化管理与监督。

2. 从狭义工具论转到计算思维

长期以来,计算机和信息网络被社会看成是一种高科技工具,信息科学技术也被构造成一门专业性很强的工具学科,这种社会认知很容易导致负面的狭义工具论。"高科技"意味着认知门槛高、成本高,"工具"意味着它是一种辅助性学科,并不是能够满足国家经济社会发展、满足人民经济文化需求的主业。这种狭隘的认知是信息科技向各行各业渗透的最大障碍,对信息科技的全民普及极其有害。

信息科技的普及实际上是在全社会传播计算思维(Computational Thinking)。计算思维是运用计算机科学的基本概念求解问题、设计系统和理解人类的行为。问题求解首先需要解决的是问题的表示,如编码/解码和建模等都是典型的例子。只有这样才能够建立计算环境所能理解的基本计算对象,进而为基于计算环境的问题求解提供可能。进一步需要设计问题求解过程，典型的方法有约简、嵌入、转化、仿真、递归、并行、启发式推理、平衡与折中等。最后需要验证以确定计算过程的正确性与效率，典型方法有预防、保护、冗余、容错、纠错等，其中还需要多维度（时间、空间、简洁、社会、成本）考量计算的效率。因此，从本质上说，计算思维的核心方法是“构造”（Construct）。这里面包括 3 种构造形态：对象构造、过程构造和验证构造。对象构造是面向计算过程中的各种对象，例如，指令、硬件系统、数据组织、程序函数/组件、系统软件等；过程构造是基于对象的计算形态的构造，例如，指令的执行、算法（涉及数据组织和语言）、计算资源调度、分布式处理、软件工程等；验证构造则是针对前述两个构造的有效性分析，包括测试与分析、系统安全性、可靠性及对社会的影响等。因此，计算思维能力的重要表现就在于培养其构造能力。

例如，计算机网络是将分布在小同地理位置上的具有独立工作能力的计算机用通信设备和通信线路连接起来，以实现资源共享和信息传递的系统。因此，网络系统需要解决的核心问题有收发端的识别（谁收发信息）、内容识别（收发什么信息）、信息传递路径（路由选择）、信息传递的安全性和完整保障（容错技术、校验技术、身份认证）等。收发端的识别的最主要思路就是“约定”，不同机器之间有了统一的约定之后就可以方便地识别谁发送了什么信息。这种约定在网络技术里就是各种各样的协议。所以，在网络技术中最为经典的表述就是“有网络必有通信，有通信必有协议”。为了减少网络协议设计的复杂性，网络设计者并不是设计一个单一、巨大的协议来满足所有的网络通信要求，而是采用把通信问题划分为许多个小问题，并相应设计单独的协议，使得每个协议的设计、分析、编码和测试都比较容易。网络分层模型就是这种思想的体现，也体现了约简、分解、调度、折中等计算思维的思想。

计算思维是一种普适的思维，是每个人的基本技能。正如印刷出版促进了阅读、写作和算术（Reading，wRiting and aRithmetic，3R）的传播；计算机的普及也将以类似的正反馈促进计算思维的传播。计算思维强调一切皆可计算，从物理世界模拟到人类社会模拟再到智能活动，都可认为是计算的某种形式（见图 1-22）。

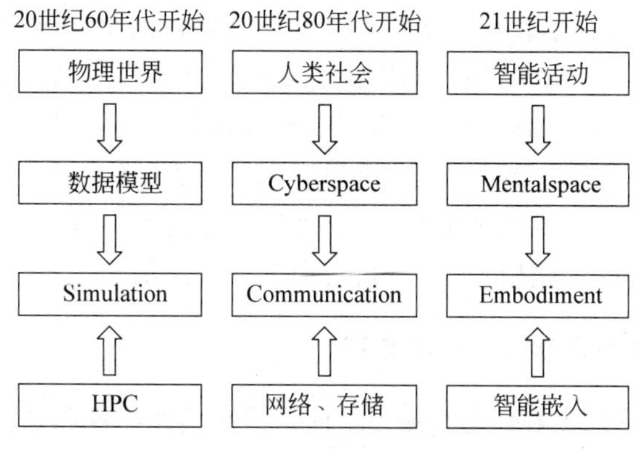

图 1-22 一切皆可计算

3. 从人机共生思想转到基于三元社会模式的新信息世界观

目前使用的信息系统，在很大程度上仍然根基于 40 多年前提出的人机共生思想：人做直觉的、有意识的事,计算机做无意识的、确定的、机械性的操作;人确定目标和动机,计算机处理琐碎细节,执行预定流程。然而,今天的信息世界已经与一人一机组成的、分工明确的人机共生系统不同,是一个多人、多机、多物组成的动态开放的网络社会,即物理世界、信息世界、人类社会组成三元世界(见图 1-23),这是一种新的信息世界观。

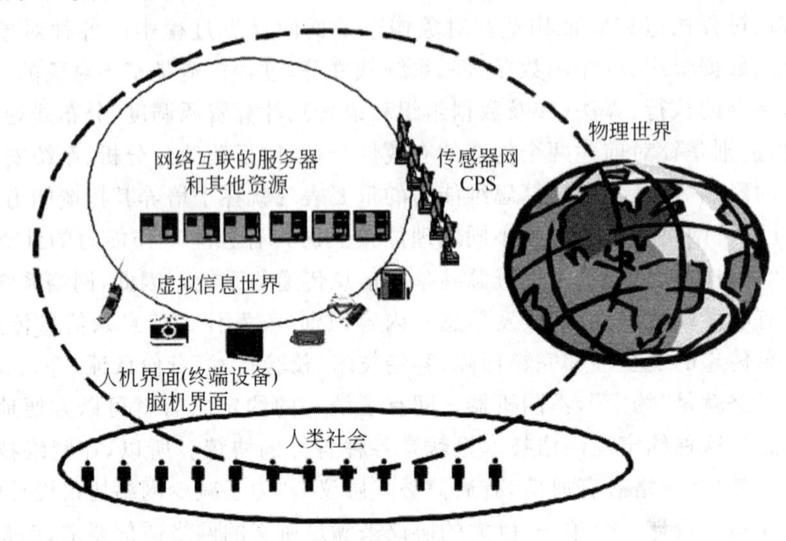

图 1-23 人机物组成的三元社会模式

这个跃变促使信息科学发生本质性的变化。信息科学应当成为研究人机物社会中的信息处理过程。我们需要回答下列基本问题:万维网能被看成一台计算机系统吗?什么是万维网的可计算性?什么是物联网计算机的指令集?人机物社会中的“计算”如何定义?它还是图灵计算吗?等等。为了研究人机物三元世界的计算问题,传统算法科学的集中式假设、确定起始假设、机械执行假设、精确结果假设等可能都需要突破,也将改变图灵计算模型不可突破的观念。

目前的主流计算机科学教科书认为:图灵机不能做的事情将来的计算机也不能做。实际上,图灵模型把计算看作从输入到输出的函数,不终止的计算被认为是无意义的。而在网络环境中,计算主体(进程)在与外界不断交互的过程中完成所指定的计算任务。对于这类交互式的并发计算,传统的基于“函数”的计算理论不再适用。如何为实际并发系统的设计与分析提供坚实的理论基础,在今后几十年内是计算机科学面临的重大挑战。算法研究的重点将从单个算法的设计分析转向多个算法的交互与协同。

4. 信息科学技术重点研究方向的改变

长期以来,信息科学技术研究的主要目标是提高信息器件和系统的性能,摩尔定律指引的研究方向主要是提高半导体器件的集成度,从而提高主频和性能。现在 CMOS 器件的主频提高已受到功耗的限制,在厂商追求超额利润的驱使下迫使用户不断买升级的局面必将改变。今后发展信息技术的主要致力方向将是降低功耗、成本和体积(占地面积),提高易用性、效率和性能(见图 1-24),即从图 1-24 的左下方向右上方移动。

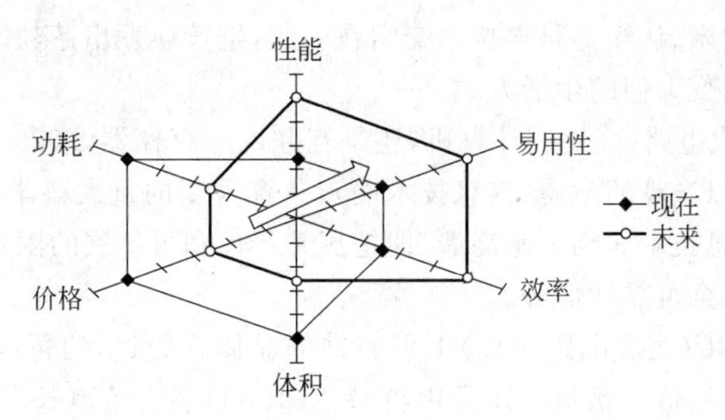

图 1-24　信息科学技术研究方向的改变趋势

1.6.2　信息科学技术面临重大突破

1. 信息科学技术面临新的革命

在过去几十年中，信息技术一直走在信息科学的前面，无论是图灵机理论、冯·诺依曼计算机模型，还是香农信息论，都是在 20 世纪 30 年代至 20 世纪 40 年代建立起来的。半个多世纪过去了，尽管信息技术迅速发展，但许多重要的信息科学基本理论问题仍没有得到解决。根据经济学家康德拉季耶夫提出的经济长波理论，预计 21 世纪上半叶信息科学将取得突破性发展，而下半叶将出现一次基于科学突破的新的信息技术革命(见图 1-25)。

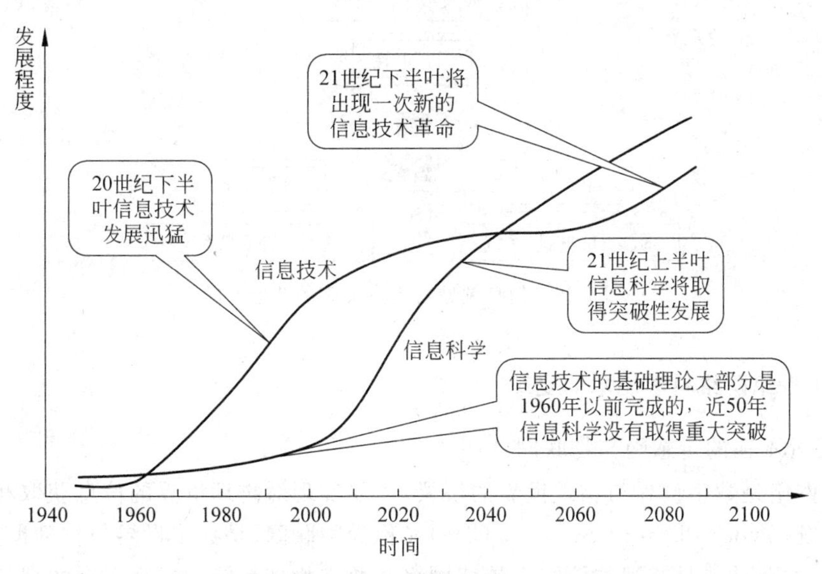

图 1-25　20 世纪和 21 世纪信息科学与技术发展态势示意图

中国科学院信息领域战略研究组通过一年多的战略研究工作，得出的最基本的判断如下。

(1) 信息技术不会像机械和电力技术一样，经过半个世纪的高速发展以后，变成以增量改进为主的传统产业技术，而是面临一次新的信息科学革命；在整个 21 世纪，信息科学与技术将与生物、纳米、认知等科学技术交织在一起，继续焕发出蓬勃的生机，引领和支撑国民经济的发展，改变人们的生活方式。

(2) 无论是集成电路、高性能计算机，还是互联网和存储器，2020 年前后都会遇到只靠延续现有技术难以逾越的障碍(信息技术墙)，孕育着新的重大科学问题的发现和原理性的突破。当前信息技术面临三座高墙，即挖掘并行性和可扩展的困难、信息处理的高功耗、复杂信息系统安全可靠性低等。

摩尔定律是指 IC(集成电路芯片)上可容纳的晶体管数目，约每隔 18 个月便会增加一倍，性能也将提升一倍。摩尔定律是由英特尔(Intel)名誉董事长戈登·摩尔(Gordon Moore)经过长期观察发现得之。到 2020 年左右，摩尔定律将不再有效，集成电路正在逐步进入“后摩尔时代”，人们必须更多地从 Beyond CMOS 中寻找新的出路。计算机也正逐步进入“后 PC 时代”，终端设备将从“高大全”向“低小专”(“专”指个性化)转变，降低功耗是首要目标。2020 年以后，超级计算机的“千倍定律”将失效，只在现有的技术基础上做改进，到 2030 年将无法制造出 Zettaflops 级(10^{21} flops)水平的计算机。进入“后 IP”时代是不可避免的发展过程，可能需要 15～20 年时间才能真正突破 TCP/IP 的局限。

信息领域的技术在以下 3 个方向必须有革命性的突破：在扩展性方面，要可扩展到亿级甚至百亿千亿级并行度，惠及数十亿用户；在低功耗方面，性能功耗比要提高几个数量级；在可靠安全方面，要致力于研制自检测、自诊断、自修复的高可信系统(见图 1-26)。

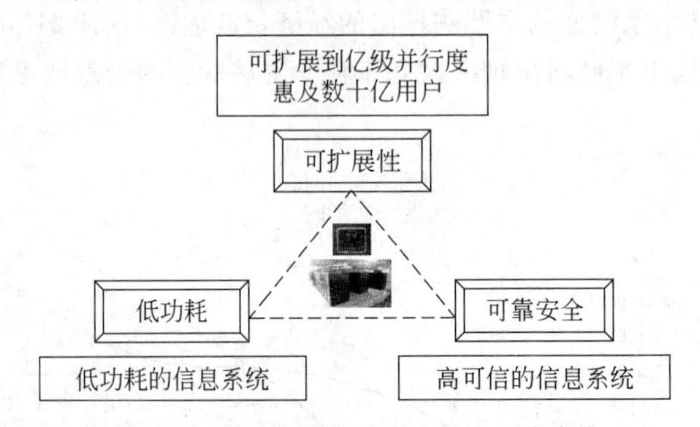

图 1-26　信息领域需重点突破的 3 个方向

2. 21 世纪网络科学技术的变革

1) 无处不在的传感网与物联网

传感网络是数字世界与物理世界的桥梁，主要实现对物理世界的信息获取和处理，数字物理系统(Cyber Physical System，CPS)又称为物联网，是数字世界与物理世界交互的网络系统，主要功能是监视与控制。传感网络和数字物理系统的研究重合的部分很大、但侧重各有不同，前者重点在感知与网络，后者在计算与控制，它们都是未来泛在网的重要组成部分。传感网和物联网是典型的多学科交叉的综合研究，涉及通信、光学、微机械、化学、生物等诸多领域。

如果把手机比喻成自然界的鱼类(约 3 万种)，PC 比喻成比鱼类还高级的各种生物(约 2 万种)，物联网的终端(包括各种贴有 RFID 标签的物品)就类似自然界的昆虫(约

100万种),那么有如下公式:

物联网终端∶手机∶PC=100∶3∶2

物联网的普及将使上网设备成百倍地增长。但必须指出,将来也不会出现像手机网和PC网一样庞大的统一的物联网,每一种应用的物联网可能都是一个规模不太大的网络,每一种传感器或RFID可能都是Niche Market,但累计起来规模巨大。发展物联网需要与发展手机和PC不同的思路。随着大量的嵌入式设备和传感器纳入信息系统,每个服务器的客户端设备数量可达到几万个之多,对这些嵌入式设备和传感器发送的海量信息进行存储、搜索、校对、汇总和分析,将是21世纪信息领域新的挑战任务。

2) 云计算的出现具有一定的历史必然性

古人云:天下大势,分久必合,合久必分。信息技术领域宏观上也呈现一种长周期现象,即每隔15~20年,计算模式会出现集中—分散交替主导的现象,这种现象称为“三国定律”(见图1-27)。

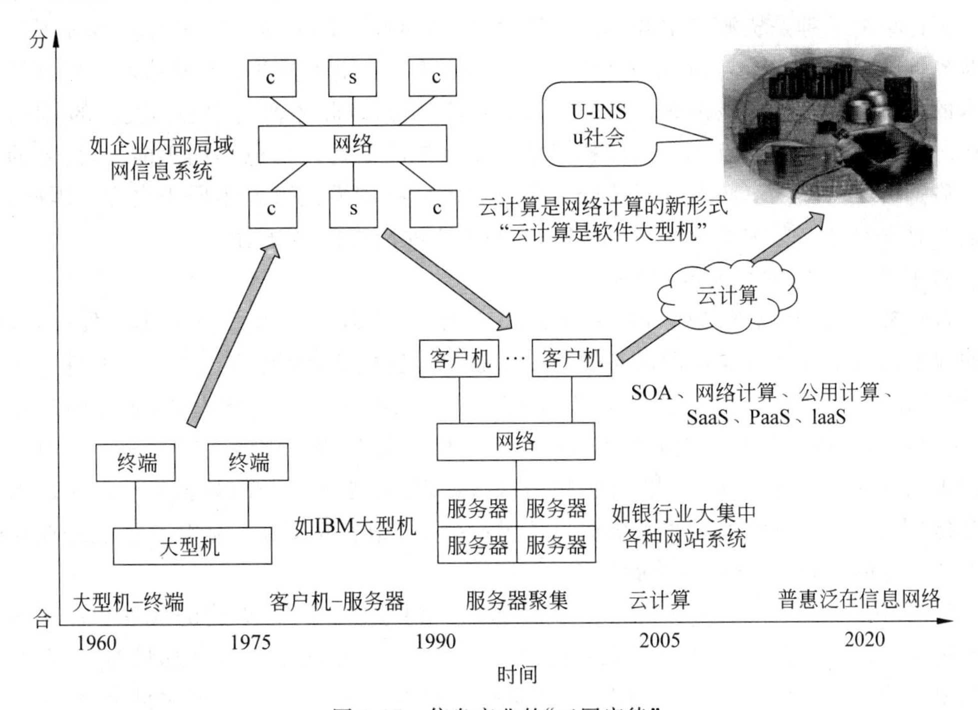

图1-27　信息产业的“三国定律”

美国电气化过程,在1880—1900年期间,美国和英国只有小电站,每个工厂、每条电车道都有自己的发电设备,银行和股市支持私人发展电力。这导致20世纪初,伦敦的电力有10种不同的频率、32种不同的电压、70种不同的电价。为了实现电力系统的融合,美国规定地方政府可控制的地区只允许用公共电力,私人电力公司可在城市之间发展,逐渐实现供电方式和价格等的统一,近几年国外又在探讨分布式的热电联产的绿色智能电网系统,第一代能源系统成为21世纪能源工业结构调整的方向之一。目前相当分散的信息中心与上世纪初美国电气化开始阶段的情景极其类似,信息网络与电力网络一样,都要经历分散—集中—分散的螺旋式发展过程。

云计算符合“三国定律”的宏观规律,有一定必然性。它是网络计算的一个新阶段,既有集中又有分散,尚未完成下一个“集中、分散”转折,有专家称“云计算是软件大型机”。云计算也是我国走向信息社会的一个必经阶段。云计算适应用户的需求和软件转向服务的发展趋势,体现了信息系统聚集的趋势——集中服务模式。

云计算“火”起来的原因有三:一是互联网的普及,如带宽的保证,不仅是带宽越来越宽,而且保证24小时不间断的连接;二是存储成本下降非常快;三是互联网改变了人们的传统思维习惯,比如人们从习惯于一切自建到逐渐习惯于付费的网上订阅服务。云计算“火”起来的真正推手则是需求,用户无须购买服务器、存储设备,也无须建设数据中心,根据使用收费,想用多少就用多少,这些好处对用户无疑具有相当的诱惑力。分布式处理技术和虚拟化技术的进步是云计算的重要推动力,特别是在以VMware为代表的虚拟化技术供应商们的大力推动下,x86平台的虚拟化技术逐渐成熟并普及,使得数据中心的整合不再成为一件费时费力的事情,这也为云计算平台的搭建提供条件。

云计算的关键是资源集中和虚拟化技术,应当引起人们的重视。云计算涉及国家信息基础设施的基本安全问题,不能掉以轻心,必须建立自主可控的云计算中心。网络信息技术的长远发展目标应该是真正以用户为中心,而不是以服务商为中心。变相的Client/Server结构或虚拟的Mainframe结构可能不是理想的结构。信息不同于能量,信息的根本性质是可无限次共享而本身不减少。理想的信息服务模式可能不同于电力。因此,我们需要寻求符合信息本质规律、真正以用户为中心的网络体系结构。

3) 信息社会的网络大数据时代

近年来,随着互联网、物联网、云计算、三网融合等IT与通信技术的迅猛发展,数据的快速增长成了许多行业共同面对的严峻挑战和宝贵机遇,因而信息社会已经进入了大数据(BigData)时代。大数据的涌现不仅改变着人们的生活与工作方式、企业的运作模式,甚至还引起科学研究模式的根本性改变。一般意义上,大数据是指无法在一定时间内用常规机器和软硬件工具对其进行感知、获取、管理、处理和服务的数据集合。网络大数据是指“人、机、物”三元世界在网络空间(Cyberspace)中彼此交互与融合所产生并在互联网上可获得的大数据,简称网络数据。

当前,网络大数据在规模与复杂度上的快速增长对现有IT架构的处理和计算能力提出挑战。据著名咨询公司IDC发布的研究报告,2011年网络大数据总量为1.8ZB,预计到2020年,总量将达到35ZB。IBM将大数据的特点总结为3个V,即大量化(Volume)、多样化(Varity)和快速化(Velocity)。

首先,网络空间中数据的体量不断扩大,数据集合的规模已经从GB、TB到了PB,而网络大数据甚至以EB和ZB(10^{21})等单位来计数。IDC的研究报告称,未来10年全球大数据将增加50倍,管理数据仓库的服务器的数量将增加10倍以迎合50倍的大数据增长。其次,网络大数据类型繁多,包括结构化数据、半结构化数据和非结构化数据。在现代互联网应用中,呈现出非结构化数据大幅增长的特点,至2012年末非结构化数据占有比例达到互联网整个数据量的75%以上。这些非结构化数据的产生往往伴随着社交网络、移动计算和传感器等新技术的不断涌现和应用。再次,网络大数据往往呈现出突发涌现等非线性状态演变现象,因此难以对其变化进行有效评估和预测。另一方面,网络大数据常常以数据流的形式动态、快速地产生，具有很强的时效性，用户只有把握好对数据流的掌控才能充分利用这些数据。

近几年，网络大数据越来越显示出巨大的影响作用，正在改变着人们的工作与生活。目前，eBay 的分析平台每天处理数据量高达 100PB，超过了纳斯达克交易所每天的数据处理量。为了准确分析用户的购物行为，eBay 定义了超过 500 种类型的数据，对顾客的行为进行跟踪分析。2012 年的双十一，中国互联网再次发生了最大规模的商业活动：淘宝系网站的销售总额达到 191 亿元人民币。淘宝之所以能应对如此巨大的交易量和超高并发性的分析需求，得益于其对往年的情况，特别是用户的消费习惯、搜索习惯以及浏览习惯等数据所进行的综合分析。

网络大数据给学术界也同样带来了巨大的挑战和机遇。网络数据科学与技术作为信息科学、社会科学、网络科学和系统科学等相关领域交叉的新兴学科方向正逐步成为学术研究的新热点，倘若能够更有效地组织和使用这些数据，人们将得到更多的机会发挥科学技术对社会发展的巨大推动作用。

第2章　Windows 7 操作系统

操作系统是配置在计算机硬件上的第一层软件，实现了对硬件的首次扩充，是用户使用和管理计算机硬件和软件的“窗口”，在计算机系统中占据着特别重要的地位，除了用户通过操作系统使用计算机资源以外，其他的应用软件也需要操作系统的支持。本章将介绍操作系统基本知识、Windows 7 操作系统的安装与操作界面、Windows 7 的基本操作、Windows 7 的主要功能和 Windows 7 的系统设置。

2.1　操作系统基础

第一代计算机是没有操作系统的，所有的操作均由人工手动完成，以 ENIAC 为例，为了完成一次计算任务需要几十名工作人员通过手动方式完成设置，然后才可以启动计算机，而要完成下一项计算任务时需要重新启动对应设备。尽管 ENIAC 以后的机器在操作方面有不少的进步，但是总体来说都是由人工完成，操作复杂，资源利用率低，低效的人工操作严重降低了高效的计算机的能力，这就是“人机矛盾”。

随着计算机技术的不断发展和计算机的普及，人机矛盾变得日趋严重，计算机要进一步发展必须解决人机矛盾，满足 3 个基本要求。

(1) 统一进行资源管理，提高计算机资源的利用率。

(2) 方便用户操作。

(3) 适应计算机硬件的不断更新。

为此计算机操作系统的概念被提出来，1956 年世界上第一款操作系统 GM-NAA I/O 在 IBM701 上启用，从此操作系统不断发展和完善，成为现代计算机系统中最主要、最核心的软件。

2.1.1　操作系统的概念与作用

操作系统是一组控制和管理计算机硬件和软件资源，合理组织计算机的工作流程，支持程序运行，为用户提供交互界面，方便用户使用计算机的大型软件系统。

现代计算机系统一般被分为 4 个层次——硬件系统、操作系统、其他系统软件和应用软件。操作系统介于硬件系统与其他软件之间，它一方面通过核心程序对计算机中的硬件资源和软件资源进行管理，提高系统的资源利用率；另一方面操作系统为其他软件和用户提供服务与接口，充当硬件与硬件使用者之间协调工作的“中转站”(见图 2-1)，用户通过操作系统可以方便地管

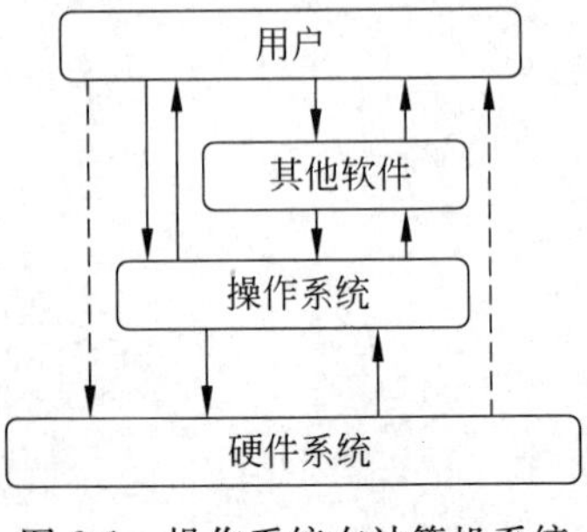

用户
其他软件
操作系统
硬件系统

图 2-1　操作系统在计算机系统中担任“中转站”

理系统中的资源，而不必了解其细节；此外在计算机上配置操作系统后，明显比裸机使用方便，从使用计算机的角度来看，感觉更加方便，功能更强，似乎计算机的能力得到加强，通常这称为逻辑上扩充机器，这样的计算机称为扩充机器或者虚机器。

2.1.2 操作系统的主要功能

计算机系统所包含的硬件系统与软件系统，在操作系统中均称为资源。其中硬件系统也称为设备资源，包括计算机的处理器、存储设备、输入输入设备等；软件系统也称为信息资源，包括用户文件、系统软件和应用软件等。操作系统的主要功能就是管理这些资源，并为用户提供良好的用户界面，实现用户需求。

1. 处理机管理

处理机由中央处理器(CPU)、主存、输入输出接口组成，是计算机硬件的核心部分。在多任务系统中，每个任务被分解成一个或者多个进程，每个进程是一个任务的一次运行，处理机的分配和运行一般是以进程为基本单位。处理机管理就是对进程的管理。其主要功能是创建和撤销进程，对各进程的运行进行协调，以及按照一定的算法把处理机分配给进程。

2. 存储器管理

存储器是指计算机的主存，存储器管理的主要任务是为多任务系统中各任务的运行提供良好的环境，方便用户使用存储器，提高存储的利用率并从逻辑上扩充内存。主要包括内存分配、内存保护和内存扩充等功能。

3. 设备管理

设备管理的主要任务是对计算机中所有的输入输出设备和设备管理器进行管理，为用户提供良好的设备管理界面和接口。主要包括响应用户输入输出请求，进行设备分配，设置缓冲区提高硬件使用效率，配置设备驱动程序，在主机与设备之间进行协调。

4. 文件管理

在计算机系统中，程序和数据都是以文件的形式存储在磁盘上的，操作系统文件管理的主要功能就是对用户文件和系统文件进行管理，以方便用户使用。主要包括文件存储空间的管理、目录管理、文件读写管理及文件共享与保护等。

5. 用户接口

为方便用户使用计算机系统，操作系统需向用户提供友好、便捷的操作界面，用户通过此界面可以方便地使用操作系统提供的服务，而无须了解系统的内部原理和细节，操作界面称为“用户接口”。

操作系统的用户接口一般分为3种。

(1) 命令接口和图形接口。用户用这两种接口采用交互方式实现操作，本章采用的Windows 7就是图形接口操作系统，在本章后边的内容中将进行详细介绍；经典的命令接口操作系统包括DOS系统和UNIX系统，通过输入命令来实现相应操作，图2-2是MS-DOS命令界面，通过输入“mkdir mydir”命令，按Enter键后将在D盘下建立一个名为mydir的文件夹。

图2-2 MS-DOS命令操作界面

(2) 程序接口。程序接口也称为应用编程接口(Application Programming Interface，API)，应用程序通过调用操作系统的API使操作系统去执行相应的命令，使用系统提供的各种服务。

2.1.3 操作系统的分类

分类标准不同，分类的结果也不同，除了上面介绍的系统操作界面可以作为分类标准以外，通常操作系统还可以根据以下3个标准来进行分类。

1. 内存中的任务数

根据系统内存中的任务数可以分为单任务操作系统和多任务操作系统。单任务操作系统在内存中只存放一个任务，比较典型的是DOS；多任务操作系统在内存中同时存放多个任务，这些任务共享系统的各种资源，在操作系统的控制下协调工作，现代操作系统，如Windows系列、UNIX、Linux等都属于多任务操作系统。

2. 系统支持的用户数

根据系统允许多少用户同时在系统中操作，可以分为单用户操作系统和多用户操作系统。单用户操作系统只允许一个用户进行操作，比如DOS、Windows等；多用户操作系统允许有多个用户同时登录到系统，在互不干扰的情况下完成各自的操作，如UNIX、Linux等。其中值得注意的是Windows系列，尽管允许注册多个用户，但是只允许一个用户操作计算机，所以Windows系列仍然属于单用户操作系统。

3. 任务处理方式

根据任务处理方式的不同,可以分为批处理操作系统、分时系统和实时系统。其中批处理操作系统资源利用率最高,而实时系统对用户请求的响应最及时。如果一个系统具备了以上两种或两种以上的任务处理方式,则该系统称为通用操作系统。

2.1.4 典型操作系统介绍

自操作系统的概念被提出以来,在不同的时期,不同平台上诞生了大量的操作系统版本,以下是最经典的几款操作系统。

1. DOS

DOS是Disk Operation System(磁盘操作系统)的简称,是一个基于磁盘管理的命令界面的单用户单任务操作系统。由于早期的DOS系统是由微软公司(Microsoft)为IBM的个人计算机(Personal Computer)开发的,也称为PC-DOS,又以其公司命名为MS-DOS。

DOS系统操作简单,界面友好,一度是个人计算机操作系统的首选,早期(1981—1995)的个人计算机采用的基本都是DOS操作系统。但是DOS系统采用命令界面,用户需要记忆大量的英文命令,且只能支持单用户单任务,后来微软公司开发了使用更方便,且无须记忆大量命令的Windows操作系统,DOS随即被Windows取代。

2. Windows 系列

1985年11月20日,微软公司发布了Windows(视窗)系列的第一款产品Windows 1.0,但是并不成功,真正被用户认同的是1992年4月发布的Windows 3.1,此后又发布了Windows 95、Windows 98、Windows XP、Windows Vista、Windows 7等。

Windows系列操作系统属于多任务操作系统,其最大的特点是操作方便,界面友好,这受到用户极大欢迎,使Windows成为个人计算机操作系统的首选。但是Windows系列是不开源的,开源就是公开源代码的意思,任何人都可以得到开源软件的源代码,加以修改和学习,甚至在版权限制范围之内重新发放。不开源也导致了Windows系列稳定性、安全性远远不及其他操作系统。

3. UNIX 与 Linux

UNIX操作系统是一套强大的多用户、多任务的命令界面操作系统,诞生于1969年的贝尔实验室,由于其强大的功能和优良的性能,成为业界公认的工业化标准的操作系统。UNIX能够在各种不同的计算机硬件平台上运行,而且具有高稳定性和高安全性的网络功能,使得UNIX在金融、保险等行业广泛应用。

UNIX衍生了很多个不同的操作系统版本,例如,System V、BSD、FreeBSD、OpenBSD、SUN公司的Solaris等,但是最著名的一个操作系统是由芬兰赫尔辛基大学计算机系学生 Linus Torvalds 开发的 Linux,这是一款脱胎于 UNIX,与 UNIX 完全兼容的类 UNIX 操作系统。

Linux 是一个源代码公开的免费操作系统,任何用户都可以得到最新的和最原始的 Linux 源代码,例如,目前最新的 Linux 内核可以登录到 https://www.kernel.org/下载,任何人可以使用、改写和重新发布。开源给了 Linux 强大的生命力,各种各样的 Linux 版本如 Redhat、Debain、Suse、Ubuntu、Slackware 和 Redflag 等纷纷涌现,无数计算机爱好者为 Linux 贡献了自己的智慧,这使得 Linux 具有极高的稳定性和安全性,目前世界上许多著名的 Internet 服务提供商已将 Linux 作为主推操作系统之一。

4. Android

Android 是一种以 Linux 为基础的开放源代码操作系统,主要用于便携设备,通常称为"安卓",其实这并不是一个正式的命名。

2003 年 10 月 Andy Rubin 开发了 Android 操作系统,2005 年被谷歌(Google)收购,2007 年 11 月由 Google 正式发布,并组建开放手机联盟开发改良,逐渐扩展到平板电脑及其他领域上。2011 年第一季度,Android 在全球的市场份额首次超过塞班系统,跃居全球第一。2012 年 11 月数据显示,Android 中国市场占有率为 90%。

5. COS

2014 年 1 月 15 日,中国科学院软件研究所与上海联彤网络通信技术有限公司(简称联彤)在北京钓鱼台国宾馆联合发布了具有自主知识产权的操作系统 COS(China Operating System),该系统是一款非开源操作系统,面向 PC、智能手机、平板电脑、机顶盒和智能家电领域。

2.2 Windows 7 的安装与操作界面

Windows 7 是微软公司继 Windows 98、Windows XP、Windows Vista 之后发布的一款全新的操作系统,与以前版本相比,界面更加华丽,操作更加方便,功能更全面。目前为止共发布了 6 个版本,按照功能从少到多依次为初级版(Windows 7 Starter)、家庭普通版(Windows 7 Home Basic)、家庭高级版(Windows 7 Home Premium)、专业版(Windows 7 Professional)、企业版(Windows 7 Enterprise)以及旗舰版(Windows 7 Ultimate)。本教材所采用的是旗舰版,该版本包含目前已发布的所有功能。

2.2.1 安装 Window 7 操作系统

Windows 7 的安装有两种方式,一种是升级安装,一种是全新安装。升级安装允许从原有的 Windows 7 系统或 Windows Vista 系统升级到更高版本的 Windows 7 操作系统,同时保留原有系统的应用程序、用户账户、用户配置文件等,鉴于大多数用户目前很少使用升级安装,所以在本教材中不予介绍。

全新安装可以从光盘、移动存储设备和本地硬盘进行安装，本教材以光盘安装为例介绍 Windows 7 的安装步骤。

1. 了解 Windows 7 的运行环境，确保计算机硬件配置达到要求

表 2-1 中列出安装 Window 7 的推荐配置，但并不是基本配置，例如，内存推荐位 1GB，实际上 512MB 的内存也可以运行 Windows 7，只是速度要慢得多。

表 2-1　安装 Windows 7 系统推荐配置

设　　备	推 荐 配 置
处理器	1GHz 32 位或 64 位处理器
内存	推荐使用 1GB 系统 RAM
磁盘空间	16GB 可用磁盘空间
显示适配器	支持 DirectX 9 图形，具有 128MB 显存(为了支持 Aero 主题)
光驱动器	DVD-R/W 驱动器，或 U 盘启动盘，或 WINPE for Vista＋本地磁盘安装

2. 安装步骤

(1) 将安装光盘放入光驱，启动计算机，等待出现“Press any key to boot from CD or DVD…”，按任意键。

如果该界面未出现，则需要选择第一驱动盘(First Boot Device)为 DVD-R/W，具体设置方法如下。

① 如果是 PC，在开机时长按 Del 或者 F2 功能键，进入如图 2-3 所示的 BIOS 参数设置界面，选择“Advanced BIOS Features”，选择“First Boot Device”，设置为“DVD-R/W”。注意在 BIOS 设置界面下不可以使用鼠标，只能使用键盘完成操作。

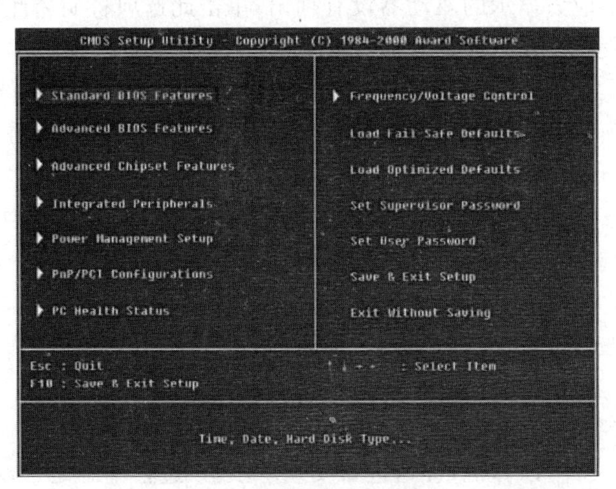

图 2-3　标准 BIOS 设置界面

② 大部分的笔记本电脑在开机时按 F12 功能键，可以直接选择第一启动盘，无须进入 BIOS 设置界面。

(2) Windows 加载引导文件,开启安装的操作界面,需要用户选择安装语言,阅读并同意许可条款。

(3) 当出现“你想进行何种类型的安装”时,该界面有两种选择,一种是自定义安装,另一种是升级安装。本教材使用自定义安装。

(4) 选择“您想将 Windows 安装在何处?”,在此步骤中将选择目标磁盘或分区,在具有单个空硬盘驱动器的计算机上只需单击“下一步”按钮执行默认安装,如图 2-4 所示。

图 2-4 安装驱动器的选择

本界面中有 3 个重要选项。

① 刷新。如果应该显示的驱动器没有列出,单击此选项将刷新此视图。

② 加载驱动程序。在可移动介质中查找存储控制器驱动程序。如果有一个随机驱动程序不支持的磁盘控制器,将需要此选项。

③ 驱动器选项(高级)。如果需要配置分区,单击此选项可以查看其他驱动器和分区管理选项。

a. 删除。此选项可以删除一个分区。

b. 扩展。此选项可将一个分区扩展到驱动器上的未分配空间。

c. 格式化。此选项可格式化某个分区。

d. 新建。此选项可在未分配空间中创建一个分区。

通常情况下重新安装操作系统一般都是先删除一个分区,然后新建分区,选中新建的分区,单击“下一步”按钮,系统将自动格式化该分区,并开始安装。

(5) 复制系统文件,计算机重启,进入安装阶段,该过程基本是自动的,用户只需进行几个简单的输入和设置,如输入序列号、管理员用户名、密码,设置系统时间等即可完成安装,如图 2-5 所示。

(6) 系统安装完成,显示“欢迎使用 Windows”,进入系统登录界面。

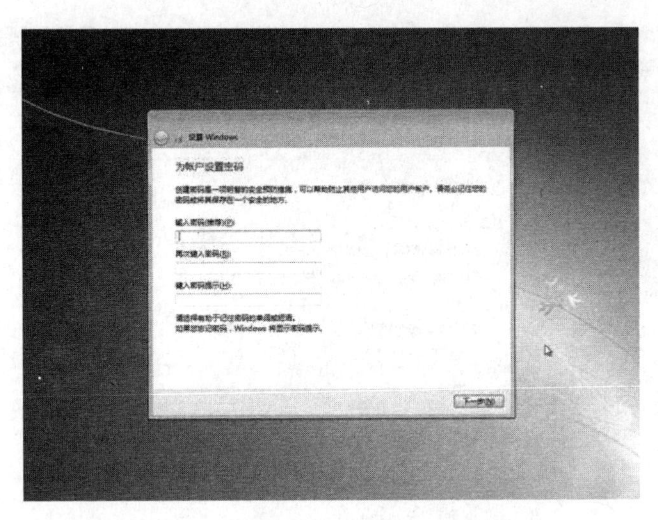

图 2-5　设置管理员用户密码和密码提示

3. 为系统硬件配置驱动程序

系统安装完成后，要使系统正常运行，通常需要为已连接到计算机的设备配置驱动程序。设备驱动程序是系统与硬件的桥梁，操作系统是通过驱动程序去访问和控制硬件系统的，任何连接到计算机的硬件都必须正确配置驱动程序才可以正常工作。

Windows 7 系统支持即插即用(Plug and Play，PnP)，就是将设备连接到计算机后，无须手动配置驱动程序就可以使用。但是这并不是说设备不需要驱动程序，而是操作系统自动检测设备并为其配置驱动程序，关于非即插即用设备驱动程序的配置请参考 2.3.5 节。

4. 创建系统备份与恢复

系统安装完成后，为防止使用过程中中病毒或者误操作破坏计算机系统，造成计算机无法正常工作，一般都在驱动程序配置完成后为系统进行备份。系统备份的工具很多，其中最著名的就是“Ghost 一键还原”，“Ghost 一键还原”操作方便，性能优良，被广大用户认可，但是该工具也存在一个严重的问题，它所制作的系统映像很容易被杀毒软件误识别而删除，导致“一键还原”失效。

Windows 7 也提供了系统备份功能，通过依次单击“开始”→“控制面板”，打开控制面板窗口，选择查看方式为小图标，双击“备份和还原”命令，启动系统备份页面，如图 2-6 所示。

在此界面下选择“创建系统映像”，选择备份所要保存的位置，选择所要备份的驱动器(默认为 C 盘，也可以添加其他驱动器)，开始备份。

备份完成后，用户有两种方式恢复系统，一是在系统运行时，打开备份与还原窗口，按提示完成操作；另外一种方法是在开机时长按 F8 功能键，在系统选项中选择“恢复计算机”。完成该过程大概需要 10～30min，明显比重新安装系统设备驱动要快得多。

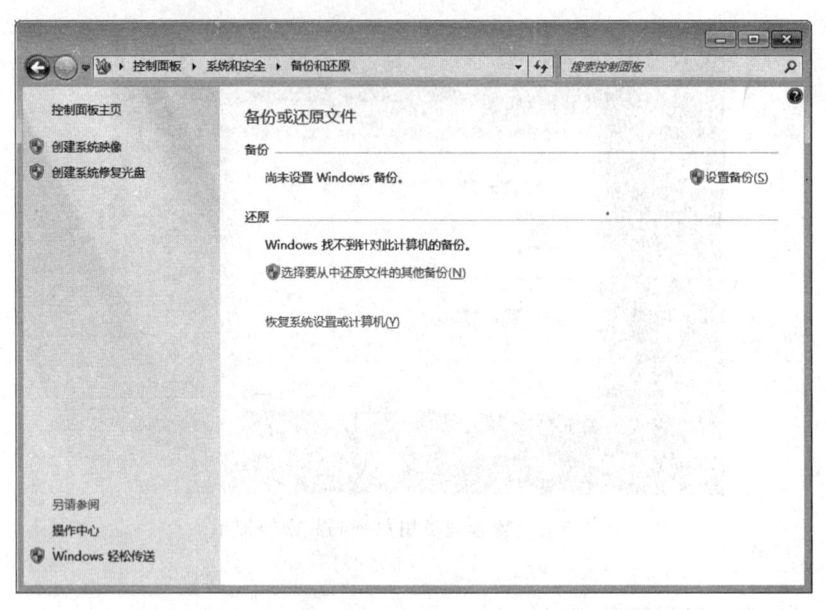

图 2-6　Windows 7 系统备份与还原窗口

2.2.2　Windows 7 的启动与退出

1. Windows 7 的启动

按下计算机电源后，启动程序自动将操作系统的内核程序从硬盘调入内存开始运行，屏幕上将弹出登录对话框让用户选择用户名和录入登录密码，正确登录后进入 Windows 7 桌面，完成启动。如果需要进入高级启动设置界面，需要在按下电源后长按 F8 功能键。

在 Windows 7 系统工作界面下，通过单击"开始"按钮，打开开始菜单，将鼠标指向"关机"按钮，打开级联菜单，在打开的对话框中选择重新启动，可以重启系统。

部分用户为了节省时间，通常会用复位启动来代替重启操作，即直接按下主机箱面板上的 Reset 按钮，但是这样的操作和下边介绍的断电关机一样，会使正在运行的程序遭到破坏或丢失文件，系统重新加载时会花较长时间运行自检程序尝试检查并修复错误，因此复位启动一般只在系统死机或者各种操作长时间无反应时使用。

2. Windows 7 的退出

当用户完成所要进行的操作，需要退出系统时，可以先保存已编辑过的文件，关闭当前正在操作的窗口，然后通过单击"开始"打开开始菜单，单击"关机"按钮，系统将关闭计算机。指向或单击"关机"按钮右侧的三角符号，会打开关机的级联菜单，该菜单有 6 个命令项，用户可以根据需要选择更高级的对应操作，如图 2-7 所示。

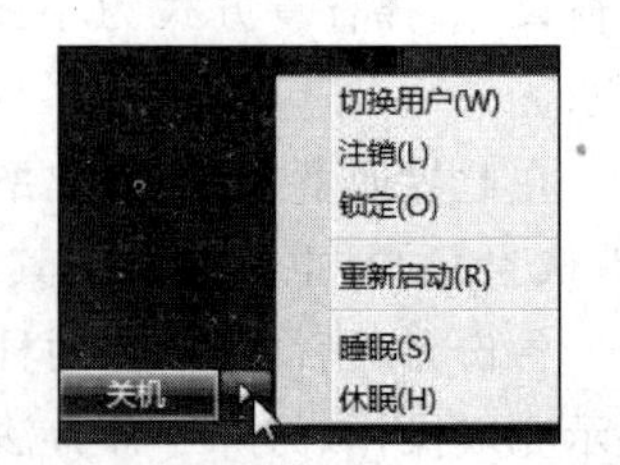

图 2-7　Windows 7 关机菜单项

1）注销

Window 7允许多个用户登录到同一台计算机，因此注销就是有必要的了，注销就是仅仅关闭当前用户，而不关闭计算机，这样其他登录到本计算机的用户不会被关闭。

2）切换用户

切换用户与注销类似，允许另一个用户登录计算机，但原有用户的操作依然被保留在计算机中，可以重新切换到前一个用户而不必重新登录，这样可保证多个用户互不干扰地使用计算机。

3）锁定

当用户需要暂时离开计算机时，可以选择锁定选项，当前用户进入锁定状态，系统将用户当前工作状态保存到内存中，然后切断主机箱里除内存外所有硬件设备的供电，屏幕被锁定在登录界面。当用户重新工作时，只需输入密码登录，系统便将内存中保存的用户操作状态恢复到用户界面，这比重新启动计算机手动恢复工作状态要快捷方便得多，而且由于频繁开机关机对硬件系统有一定损伤，所以锁定是非常必要的。

4）重新启动

即重新启动计算机。

5）休眠

锁定的工作状态保存在内存中，一旦在重新登录前发生了断电，则工作状态不可恢复，休眠可以看作更深层次的锁定，系统将当前用户的工作状态保存在硬盘上，同时切断包括内存在内的主机箱内的所有硬件设备的电源，显示器黑屏。当用户返回工作时，需要重新启动计算机，这个过程比锁定要慢得多，但是同样保留了离开时的工作状态，而且即便断电也不影响恢复效果。

6）睡眠

睡眠是锁定和休眠的结合体，如果重新登录前没有断电，则采用锁定方式恢复，如果在此期间发生了断电事件，则采用休眠方式恢复。

部分用户喜欢采用长按开机按钮切断电源的方式关闭计算机，参考前面的复位按钮重启所介绍的内容，可知这样的方式只应在极端的情况下采用。

2.2.3 Windows 7的操作方式

Windows 7属于图形界面操作系统，各种操作主要通过鼠标和键盘来完成，因此了解鼠标和键盘的使用对系统操作很有帮助。

1. 鼠标操作

鼠标操作主要有5种，操作名称、方法和作用如表2-2所示。

表2-2　鼠标操作

操作名称	操作方法	作　　用
指向	将鼠标的指针移动到某个对象并停留	显示该对象的相关提示信息
单击	将鼠标指向某对象后点一下左键	选中一个对象作为当前操作目标

续表

操作名称	操作方法	作用
双击	将鼠标指向某对象后快速单击两次	运行该对象所关联的程序，或者打开目标文件
右击	将鼠标指向某对象后单击右键一次	弹出与该对象相关联的快捷菜单
拖动	将鼠标指向某对象后按下左键不松开，移动鼠标到预定位置后松开左键	移动或者复制某对象到某一个特定位置

2. 键盘操作

利用键盘上的功能键(Ctrl、Alt 和 Shift 等)与其他键形成的快捷键，可以方便地完成一些操作。实际上大多数快捷键操作要比使用鼠标操作简便快捷得多，下边介绍在 Windows 7 中使用比较频繁的快捷键和部分功能键。

- Ctrl+Alt+Delete　　打开登录界面
- Ctrl+Shift+Esc　　打开任务管理器
- Alt+space　　窗口控制菜单
- Win　　打开开始菜单
- Ctrl+Space　　切换中英文输入法
- Ctrl+Shift　　切换输入法
- Alt+F4　　关闭当前窗口
- Shift+Delete　　彻底删除
- F1　　打开帮助文件
- Win+d　　显示桌面
- Ctrl+c　　复制
- Ctrl+v　　粘贴
- Ctrl+a　　全选
- Ctrl+x　　剪切
- Alt+Tab　　切换窗口
- Ctrl+Tab　　切换选项卡

熟练地使用快捷键和功能键对用户使用计算机的速度有明显的提高，当然以上快捷键只是一部分，要获取所有的快捷键，请参考 Window 7 的“帮助和支持中心”。

2.2.4 Windows 7 的桌面、任务栏和开始菜单

1. 桌面

启动 Window 7 后，用户首先看到的就是桌面，桌面是用户与计算机交流的窗口，用户通过对桌面上图标的操作可以方便地管理计算机。在第一次启动 Window 7 时，桌面上只有系统图标，用户可以按照自己的喜好和需要在桌面上添加各种快捷图标，这些图标

包括快捷方式、文件和文件夹等。使用鼠标双击这些图标对象可以打开对象对应的功能。

初次启动 Windows 7 时桌面上显示的系统图标包括当前用户文件夹图标、“计算机”图标、“网络”图标、“回收站”图标和 Internet Explorer 图标。

(1) 当前用户文件夹图标。双击该图标可以打开用户文件夹,用户文件夹以当前用户名来命名,是当前用户默认的文件保存位置,每个用户都有一个自己的当前用户文件夹。

(2) “计算机”图标。双击该图标可以打开“资源管理器”,用于查看和操作计算机中所有的驱动器及驱动器中的文件,实现对这些对象的管理。

(3) “网络”图标。用于访问网络上的计算机、打印机和其他网络资源。

(4) “回收站”图标。回收站的本质是存在于硬盘上的名为 Recycled 的隐藏文件夹,用来暂存从硬盘上删除的文件和文件夹,在这些对象被清空之前可以将这些文件还原,以避免误删除给用户带来的损失。对回收站具体的操作将在后续内容中予以详细介绍。

(5) Internet Explorer 图标。用于浏览互联网上的信息,用户双击该图标可以浏览网络资源。

如果用户对系统默认的桌面图标不满意,可以更改桌面图标。具体方法是选择桌面为当前窗口,右击打开桌面的快捷菜单,单击“个性化”命令,在“个性化窗口”中单击“更改桌面图标”命令,在打开的“桌面图标设置”对话框中完成各种设置,如图 2-8 所示。

图 2-8　桌面图标设置对话框

2. 排列和查看桌面图标

对于桌面上图标的位置,用户也可以根据自己的喜好进行重新排列,以使桌面保持整洁和富有条理。具体的操作方法是选择桌面为当前窗口,右击打开快捷菜单,单击“排列方式”命令，在其级联菜单中选择具体的排列方式(见图 2-9)。也可以通过单击桌面快捷菜单中的“查看”命令，在其级联菜单中更改图标的外观效果。

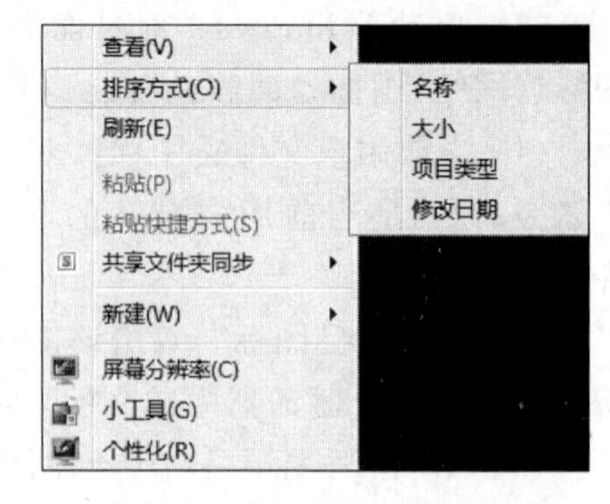

图 2-9 桌面图标的排列方式

3. 任务栏

桌面底端的长条称为“任务栏”(见图 2-10)，用于显示正在运行的程序和打开的窗口，以及系统时间等内容，Windows 7 的任务栏由“开始按钮”、“快速启动栏”、“任务控制区”、“语言栏”和“通知区域”几个部分组成。

(1) 开始按钮。单击打开“开始”菜单。

图 2-10 Windows 7 任务栏

(2) 快速启动栏。用于快速启动应用程序，用户可以把任何程序或者文件图标拖动到该区域，即可将对应程序或者文件添加到快速启动栏。

(3) 任务控制区。用于查看正在运行的程序或已经打开的窗口，通过单击对应图标可以实现当前窗口的选择，被选中的称为“前台运行”，其他称为“后台运行”。

(4) 语言栏。用于显示和设置输入法，语言栏是系统默认存放在任务栏上的。

(5) 通知区域。用于显示日期时间和一些快速访问程序的快捷方式，用户可以用鼠标指向的方法了解各图标的具体作用。

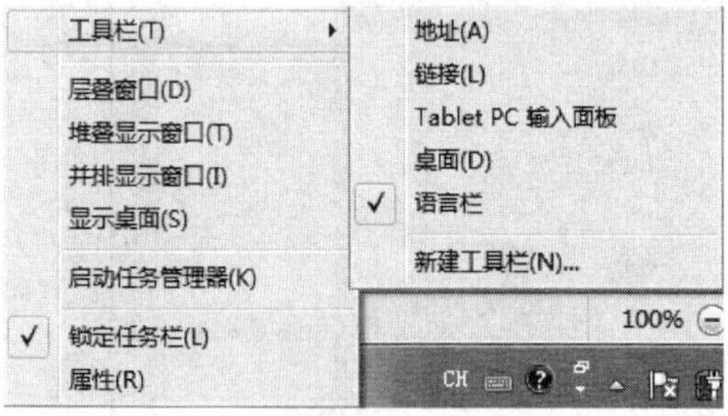

图 2-11 任务栏快捷菜单

在任务控制区空白处右击，会弹出如图 2-11 所示的快捷菜单，菜单包含以下项目。

(1) 工具栏。该命令的子菜单中可以设置工具栏中的快速启动图标(地址、桌面等)的显示和隐藏。

(2) 窗口排列方式。提供了“层叠”、“堆叠显示”、“并排显示”3 种窗口排列方式，方便用户同时查看多个窗口。

(3) 任务管理器。用于打开任务管理器。

(4) 锁定任务栏。当任务栏被锁定后，任务栏的大小和位置均不能更改。

(5) 属性。用于打开“任务栏和开始菜单”对话框，进行相应的外观设置。

4. 开始按钮和开始菜单

单击任务栏上的“开始”按钮可以打开“开始”菜单，“开始”菜单是 Windows 7 的应用程序入口，Windows 7 的大多数操作都是从“开始”菜单开始的。

如图 2-12 所示,"开始"菜单由 3 个部分组成。

(1) 左边的大窗格存放最近使用频率最高的常用程序列表和"所有程序"菜单,"所有程序"菜单包含安装到系统中的所有程序,用户可以展开该菜单选择对应程序运行,也可以从"所有程序"上方的程序列表中选择一个程序运行。

若用户需要把某个程序固定到开始菜单,可以在该程序上右击,选择"固定到开始菜单",固定到开始菜单上的程序不会因长期不运行而从常用程序列表中被刷新掉。若用户需要将某个程序从常用程序列表中删除,可以选中该程序,在快捷菜单中删除,此删除操作不会把将程序从系统中卸载。

(2) 左边窗格的底部是搜索框,可以对计算机上存放的文件和程序进行搜索。

图 2-12 "开始"菜单

(3) 右边窗格存放的图标提供了某些常用文件夹的访问,用户可以根据个人的喜好将某些项目添加到此窗格内,也可以将此窗格内的某些项目删除。

打开"任务栏和开始菜单"对话框,选择"开始菜单"选项卡,单击"自定义"按钮,在打开的对话框中选中需要添加的项目,或者在已选择的项目上单击,取消该项目的选中,单击"确定"按钮完成设置。

2.2.5 Windows 7 的窗口

窗口是 Windows 系列最基本的操作界面,用于显示文件的内容,为用户提供程序操作界面,默认情况下用户每打开一个程序或者文件,都会出现一个窗口。

1. 窗口的组成

因为打开的文件和程序不同,窗口的内容千差万别,但是它们都拥有几乎完全相同的组成结构。如图 2-13 所示,窗口的组成部分主要包括标题栏、地址栏、搜索栏、菜单栏、组织栏、工作区和细节窗格。

(1) 标题栏。标题栏位于窗口的最上端,实现对窗口的外观和位置的操作,部分标题栏还可以显示应用程序的名称和图标。

(2) 地址栏。地址栏位于标题栏的下方,用户可以查看当前程序在系统中的位置,也可以在地址栏中直接输入一个带有完整路径的程序或文件名,直接运行该程序或打开文件。

(3) 搜索栏。搜索栏在地址栏的右侧,用户在此输入要查找的文件或者程序,系统会

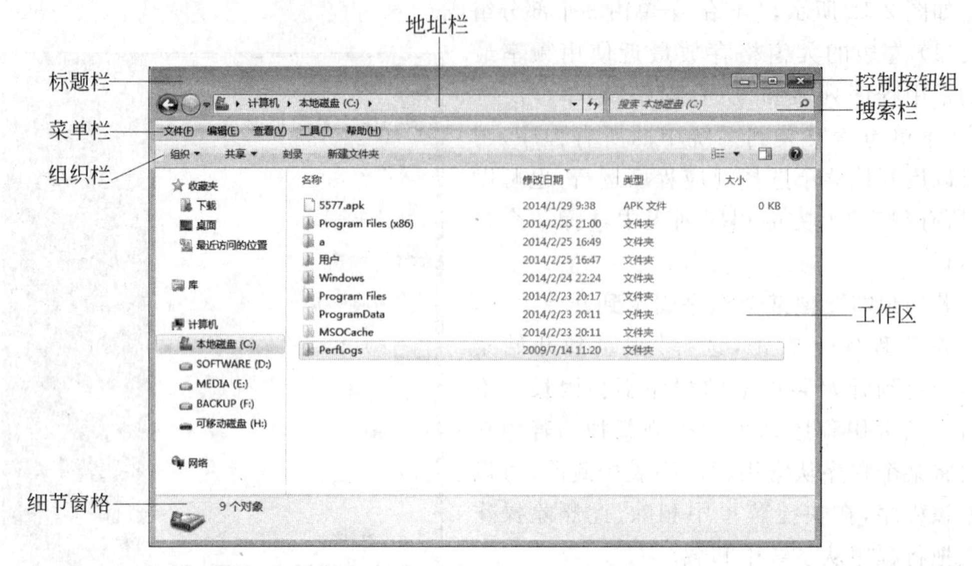

图 2-13　Windows 7 的窗口组成

在当前窗口地址栏所示的范围内自动查找目标。该搜索方式属于动态搜索,与开始菜单中的搜索稍有不同,当用户输入部分内容时,搜索工作已经开始,然后根据用户输入内容进行排除,因此搜索速度较前一种方式快一些;此外在窗口中的搜索栏进行搜索,搜索范围是当前窗口地址栏所示的驱动器或文件夹,在开始菜单搜索栏进行搜索,搜索范围是整个计算机的外存空间。

(4) 菜单栏。菜单栏位于地址栏的下方,包含当前窗口的菜单项,用户可以通过这些菜单项或者与之级联的子菜单项实现本程序窗口提供的各种操作。

(5) 组织栏。组织栏位于菜单栏的下方,分类存放当前窗口较常用的一些操作,用户可以选择不同的分类,点选本类提供的功能按钮,每个按钮对应一个操作命令,单击该按钮即可实现对应的操作。

(6) 工作区。工作区是窗口的主要区域,以各种方式显示窗口的内容,用户对对象的操作一般都是在工作区中进行的。

(7) 细节窗格。细节窗格位于窗口的底部,用于提示当前窗口或者所选定对象的细节信息。如图 2-13 所示,细节窗格显示当前窗口包含了 9 个对象,如果选中某一个对象,细节窗格将显示该对象的信息。

2. 窗口的基本操作

(1) 移动窗口。在窗口的标题栏空白处按下鼠标左键不放,如果此时窗口没有最大化,则窗口可以移动,拖动鼠标或者使用编辑键区的方向键均可移动窗口。

(2) 缩放窗口。将鼠标指针指向窗口的边框,鼠标将变成双向的箭头,此时按下鼠标左键不放,拖动鼠标可以在一个方向上改变窗口高度或者宽度,该操作应用在窗口 4 个边角上时可同时改变窗口的高度和宽度。

(3) 使用窗口控制按钮和控制菜单。在窗口的右上角提供 3 个窗口控制按钮,分别对应着最小化、最大化和关闭窗口操作；右击窗口标题栏或者使用快捷键 Alt＋Space 可以打开窗口控制菜单，如图 2-14 所示，除了实现控制按钮的功能外，还可以移动和改变窗口的大小。

(4) 窗口的切换。要将某个应用窗口设置为当前窗口，可以在其任意可见位置上单击，若该窗口不可见，可以在任务栏中单击该窗口对应的按钮或者使用 Alt＋Tab 快捷键，使用方法是，先按下 Alt 键不动，单击 Tab 键，窗口将会按照任务栏上的排列顺序依次切换，找到目标窗口后松开 Alt 键，目标窗口成为当前窗口。

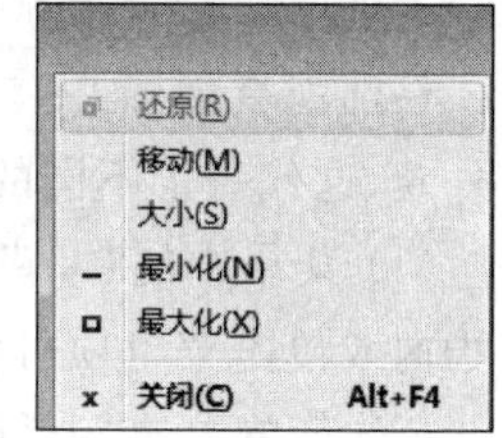

图 2-14 窗口控制菜单

(5) 关闭窗口。可以使用窗口控制按钮的关闭按钮，窗口控制菜单的"关闭"命令，右键点击任务栏上窗口对应图标在快捷菜单中关闭，也可以双击标题栏最左侧或者使用快捷键 Alt＋F4 等几种方法关闭当前窗口。

3. 窗口间的信息交换

Windows 7 是一个多任务操作系统，允许同时打开多个窗口，也就是同时运行多个程序，这些程序在运行中可能需要交换信息，例如，将 Word 2010 文档中的一段文字复制到文本文件中等，为此系统专门在内存中保留了一块存储区域用于在不同程序窗口间交换信息，这个区域称为剪切板。

当程序需要交换信息时，信息源先将信息存放到剪切板，然后目标程序再从剪切板中读取信息，通过对剪切板的共享操作，实现信息交换。

屏幕抓图是应用剪切板的经典例子，当用户需要将屏幕上显示的内容保存下来时，可以按下编辑键区的 Print Screen 键，将屏幕显示的内容作为一张位图放入剪切板，然后存放到画图板、Word 等需要的程序中。如果用户仅需保存当前窗口的内容，可以按组合键 Alt＋Print Screen 完成。

在 Windows 系列以前的版本中，可以通过运行 Clipbrd. exe 程序查看剪切板中的内容，但 Windows 7 已取消了这一功能。

2.2.6 Windows 7 的菜单

菜单是系统提供给用户的一组操作和命令的列表，包含了当前对象几乎所有的常用操作，除了前边已经介绍过的开始菜单、快捷菜单和窗口控制菜单以外，还包括窗口下拉菜单。默认情况下，Windows 7 窗口的菜单是不显示的，当用户需要使用下拉菜单时，可以按键盘上的 Alt 键显示。

1. 菜单操作

最常用的菜单操作是使用鼠标单击，此外几乎全部的菜单项都提供了热键，例如，复制(C)，括号内带有下划线的 C 即该菜单项的热键，用户可以在键盘上按下热键代替单击鼠标操作菜单。在部分菜单项上还提供了对应的快捷键，例如"复制 "命令的快捷键为

Ctrl+C,用户也可以采用快捷键进行操作。

2. 菜单项的显示外观与含义

仔细观察如图 2-15 所示的菜单,会发现菜单项拥有不同的外观,这代表了不同的含义。

(1) 菜单中的“▸”符号表示该项有下级子菜单,采用鼠标指向或单击菜单项可弹出子菜单。

(2) 菜单中的“…”符号代表单击该菜单项会弹出对应对话框。

(3) 菜单中的“√”符号表示该复选命令项在当前状态下有效。

(4) 菜单中的“·”符号表示该单选命令项在当前状态下有效。

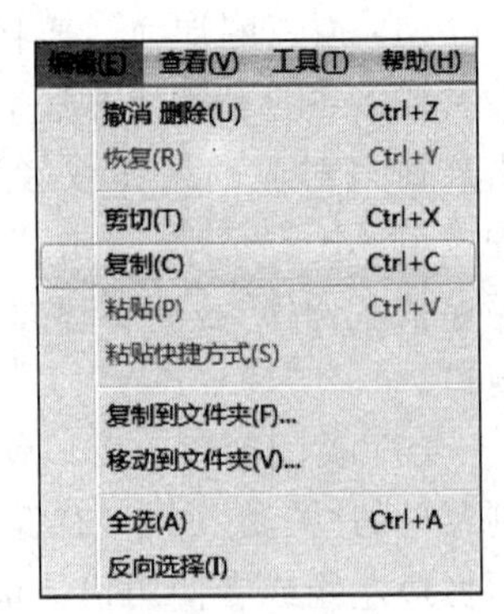

图 2-15 菜单

(5) 若某菜单项呈现为灰色字体,表示该菜单项在当前状态下不可用。

2.2.7 Windows 7 对话框

对话框是一种特殊形式的窗口,主要用来为用户提供一个更简洁,更直观的交互界面,它与一般窗口的区别在于对话框没有下拉菜单,没有改变大小(包括最大化、最小化)的操作,不会显示在任务栏上等。

对话框与窗口的另一个区别在于它包含各种特定的表单对象,包括选项卡、文本框、单选框、复选框、列表框、下拉框和命令按钮等,用户通过这些表单对象的操作实现与系统的交互。“系统属性”对话框及部分表单对象如图 2-16 所示。

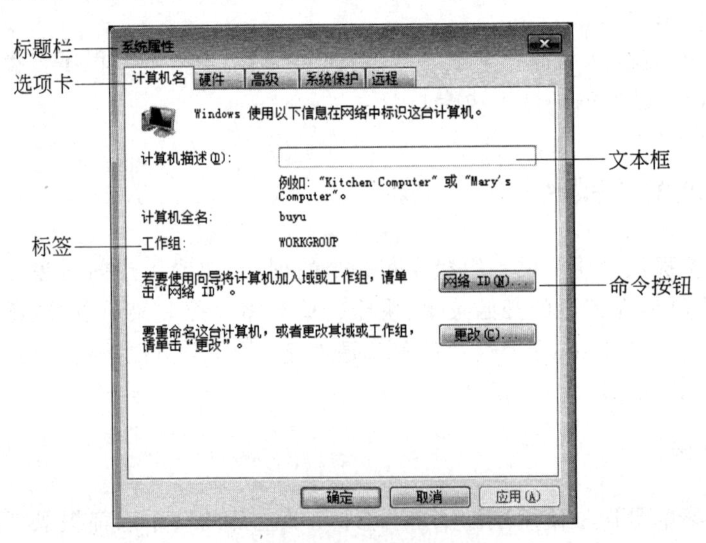

图 2-16 “系统属性”对话框及部分表单对象

除了几个细小的差别外，对话框的操作与窗口类似，在此不再重复介绍。

2.3 Windows 7 的主要功能

作为一种操作系统，Windows 7 主要有以下几个功能：文件和文件夹的管理、磁盘管理、程序管理、任务管理和设备管理等，本节将一一加以介绍。

2.3.1 文件和文件夹管理

在计算机系统中，所有的系统程序，应用程序，用户创建或存放的文档、图片、声音等都是以文件的形式存放在外存储设备上，为了便于用户管理，这些文件一般分门别类地组织和保存在不同的文件夹下，文件夹可以保存文件也可以保存子文件夹。

1. 文件和文件夹基础

1）文件名

任何文件都要有文件名，以标识一个文件，与其他文件相区别，文件名一般由主文件名和扩展名两部分组成，中间使用“.”来分割，例如 mywork.docx，mywork 是主文件名，docx 是扩展名。

主文件名是文件的标识，不允许省略，可以使用汉字、字母、数字及各种特殊符号，但是图 2-17 中所示的符号在系统中有特殊的含义或用途，不允许出现在文件名或者文件夹的命名中。

图 2-17　文件名中不能包含的英文半角符号

文件的扩展名用于表示文件的类型，也可以称为后缀名，系统根据文件扩展名来辨识一个文件的类型。值得注意的是如果在一个文件名中出现多个“.”，那么系统自动认定最后一个“.”是分割符，其他的“.”是文件主名中的字符，例如 mywork.docx.jpg，其扩展名是 jpg 而不是 docx.jpg。

一些常见的扩展名所对应的文件类型应该被掌握，这有利于快速识别文件，表 2-3 列出了常见扩展名和文件类型的对照，供读者参考。

表 2-3　常见扩展名与文件类型

扩展名	类型	扩展名	类型
exe 或 com	应用程序文件	bmp	位图文件
txt	文本文件	docx	Word 文档文件
sys	系统文件	hlp	帮助文件
ini	系统配置文件	xlsx	Excel 电子表格文件
htm 或 html	Web 页文件	pptx	Powerpoint 文件
wav、mp3、mid	声音文件	avi、mkv、mpeg	动态影像文件

此外需要注意的是在文件名中使用的英文字母是不区分大小写的，所以 mywork.

doc 和 Mywork. doc 在系统看来是同一个文件。

2）文件夹和文件组织

在现代计算机系统中通常都存放着大量文件，为了能够对这些文件实施有效的管理，必须对它们加以合理的组织，在 Windows 7 中，这种组织主要是通过文件夹来实现。

在文件组织中，各驱动器也被视为一个文件夹，称为“根目录”，用驱动器名加“\”表示，文件夹可以存放文件也可以存放子文件夹，这样在文件夹和被包含对象之间就形成了上下层关系，整个文件系统通过这样的组织形成了一种树形目录结构（见图 2-18）。

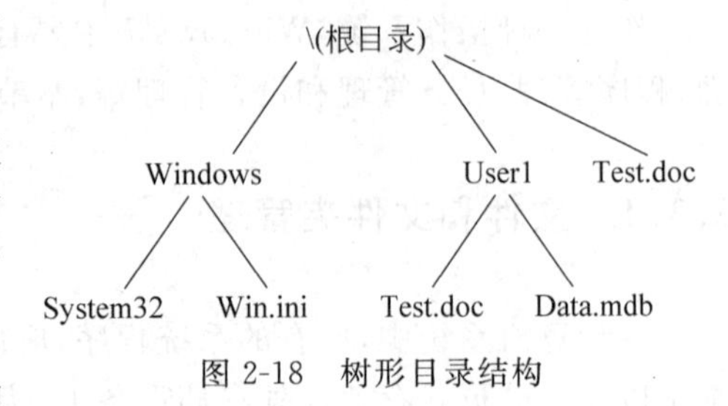

图 2-18 树形目录结构

在树形目录结构中，文件在目录结构中的位置称为路径，采用“\”表示包含关系，“.\”表示当前目录，“..\”表示上层目录，这样就确保了文件的唯一性，系统可以实现按名存取。例如，C:\User1\Test. doc 表示的是文件夹 User1 下的 Test. doc，可以与 C 盘下的同名文件相区分。

上例中从根目录开始依次嵌套文件夹到目标文件的路径称为绝对路径，但是假如在 Data. mdb 文件中使用绝对路径访问 Test. doc 文件，当人们将 User1 文件夹移动到其他驱动器（比如 D 盘）上时，该路径将无法找到目标文件。此时可以使用相对路径，相对路径即从当前目录开始依次经过若干个文件夹到目标文件的路径，在本例中，可以使用“.\Test. doc”或者“..\User1\Test. doc”来访问目标文件。

2. 文件的基本操作

1）Windows 7 资源管理器

资源管理器是一个特殊窗口，是进行文件和文件管理的基本界面，用户对文件和文件夹的操作基本上都是在资源管理器中进行的。在桌面上双击“计算机”图标或者从开始菜单的附件中选择“Windows 资源管理器”命令，可以打开如图 2-19 所示的“资源管理器”窗口。

资源管理器左侧为结构窗格，列出了收藏夹、库、磁盘和文件夹列表，右侧为内容窗格，用于显示结构窗格中所选对象的内容。

在结构窗格中，某些对象前边带有▷，代表该对象包含子文件夹，用户可以通过单击该图标展开子文件夹；展开的文件夹带有◢符号，单击该符号可以将文件夹折叠。

选中结构窗格中的一个对象，单击，可以在右侧内容窗格中查看该对象所包含的所有文件和文件夹，这个操作相对比在内容窗格中操作要快一些。

2）创建文件和文件夹

在“资源管理器”中，打开要创建文件的驱动器或文件夹，可以采用以下两种方法创建文件和文件夹。

① 使用菜单栏。单击“文件”菜单中的“新建”命令，在其级联菜单中，单击“文件”或“文件夹”命令，输入文件名按 Enter 键即可。

② 使用快捷菜单。在工作区空白处右击，在弹出的快捷菜单中选择“新建”，在其级

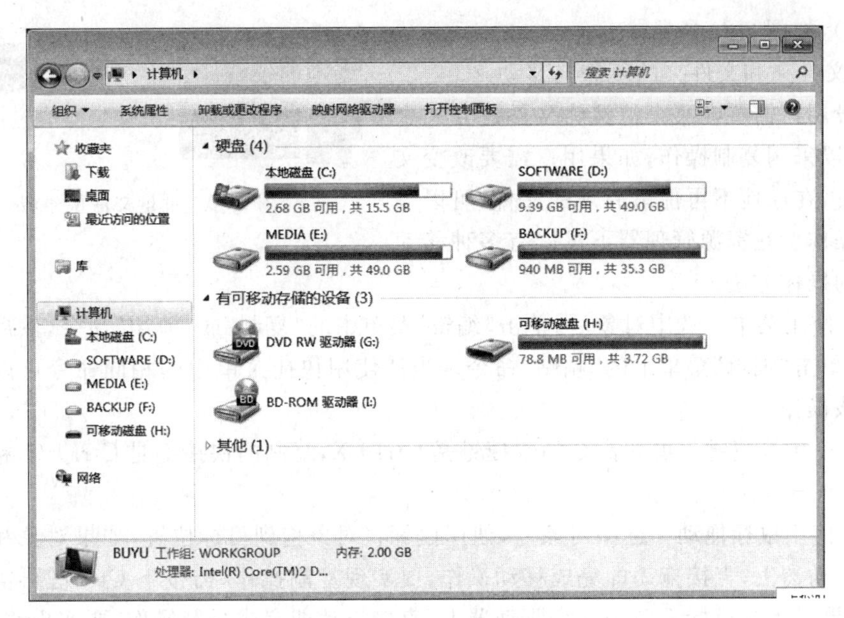

图 2-19　Windows 7 资源管理器

联菜单中选择“文件夹”用来新建文件夹或者选择某种类型的文件来建立文件。

3）选定文件和文件夹

图形界面操作系统的对象操作一般都是“先选中，后操作”，即在进行复制、移动、删除等操作时，需要先选中对象，选定操作同样在“资源管理器”进行。

（1）选中一个对象。只需单击该对象即可。

（2）选中多个连续的对象。选定第一个对象后按下 Shift 键不放，单击最后一个对象。

（3）选中一个矩形区域内的所有对象。在空白处按下鼠标并拖动鼠标，松开左键时可以选中一个连续的矩形区域。

（4）选定不连续的多个对象。选中第一个对象后按下 Ctrl 键不放，依次单击或者拖动鼠标选择其他对象。

（5）全选。单击“编辑”菜单中的“全选”命令，或者按 Ctrl＋A 组合键。

（6）释放已选定对象。如果要释放所有选中的对象，只需要在空白处单击，如果要释放个别对象，可按住 Ctrl 键并单击要释放的对象。

（7）反选。使用“编辑”菜单的“反向选择”命令可以释放当前所选对象，选中其余的所有对象。

4）文件和文件夹的重命名

用户可以根据需要更改文件或者文件夹的名称。

（1）单个文件的重命名。选中文件，使用“文件”菜单或快捷菜单中的“重命名”命令，输入新的文件名，按 Enter 键即可；也可以直接单击文件的文件名部分，直接修改。

（2）批量文件的重命名。选中多个文件，执行重命名操作，在第一个文件名区域输入新的文件名后按 Enter 键，第一个文件的文件名更新为新的文件名，其他文件名为新文件名(序号)，如图 2-20 所示。

图 2-20　批量文件重命名

5）文件夹和文件夹的复制与移动

假设用户需要在某个位置为文件建立一个副本，可以采用复制操作；如果用户需要改变文件的位置，在原地不再保留原来的文件，可以采用剪切操作。在资源管理器下可以有多种移动和复制的操作方法。

(1) 使用菜单。选中对象后，单击“编辑”菜单中的“复制”或“剪切”命令，然后找到目标位置，单击“编辑”菜单下的“粘贴”命令。当然使用快捷菜单中的相同命令可以更快捷的完成该操作。

(2) 使用快捷键。剪切命令的快捷键是 Ctrl＋X，复制的快捷键是 Ctrl＋C，粘贴的快捷键是 Ctrl＋V。

(3) 使用鼠标拖动。选中对象后，使用鼠标将对象拖到目标位置，如果对象和目标在同一个驱动器上，直接拖动即完成移动操作，要实现复制操作，需按下 Ctrl 键再实施拖动操作；如果对象和目标不在同一个驱动器上，直接拖动即完成复制操作，要实现移动操作，需在拖动时按住 Shift 键。

6）文件和文件夹的删除与回收站操作

当某些对象不再需要时，可以删除对象，删除操作非常简单，选中对象后可以采用“编辑”菜单、快捷菜单中的“删除”命令或者直接单击编辑键盘区的 Delete 键将其删除。

默认情况下，被删除的对象被临时保存到回收站中，回收站是硬盘上一个名为 recycled 的隐藏文件夹，其作用是暂时保存硬盘上删除的对象，直到被清空为止。回收站中的文件可以恢复，以避免误删文件给用户带来不必要的损失，当确认回收中的对象已无保存必要时，可以清除该对象，以实现彻底删除。

双击桌面回收站图标，打开回收站窗口，选中要操作的对象，使用“文件”菜单或者快捷菜单中的“还原”和“清除”命令，可以恢复和彻底删除对象，选择“清空回收站”命令可以将回收站中的所有对象彻底删除。

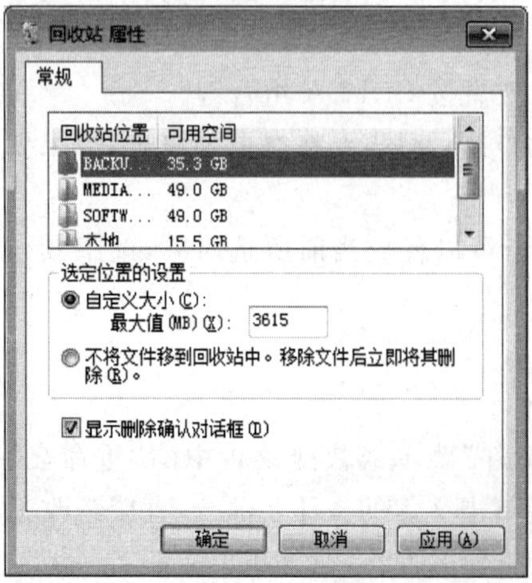

并不是所有的删除操作都将对象存放在回收站中，以下几种情况删除的对象不会进入回收站。

(1) 在执行删除操作时，按住 Shift 键，系统将给出是否删除的提示，单击“确认”按钮后，目标对象被彻底删除，不会进入回收站。

(2) 回收站是硬盘上的文件夹，因此移动存储设备上删除的文件是不进入回收站的。

(3) 默认情况下，回收站的最大存储空间是驱动器的 10%，选中回收站图标，右击并在快捷菜单中选择“属性”命令，可以对回收站的存储空间进行调整，如图 2-21 所示。当文件的大小超出回收站最大存储空间时，系统会给出是否

图 2-21　“回收站 属性”对话框

彻底删除的提示，单击“确认”按钮后，目标对象被彻底删除。

(4) 如果用户在“回收站 属性”对话框中选择了“不将文件移动到回收站中。移除文件后立即将其删除。”单选按钮，在删除时不进回收站，直接删除。

7) 设置文件属性

选中文件或文件夹，在“文件”菜单或者快捷菜单中选择“属性命令”，将弹出文件或文件夹的“属性”对话框，选择“常规”选项卡，显示如图 2-22 所示。

在此对话框中可以查看文件的名称、类型、位置、大小、所占空间及操作时间等信息，也可以更改文件的属性。

(1) 隐藏属性。被设置为隐藏的文件和文件夹在默认情况下是不显示的，也不会被鼠标选中，这有利于保存隐私和防止误操作。需要查看隐藏文件和文件夹时，可以单击“开始”按钮，单击“控制面板”，双击“文件夹选项”图标，打开“文件夹选项”对话框，在“查看”选项卡中进行选择，如图 2-23 所示。

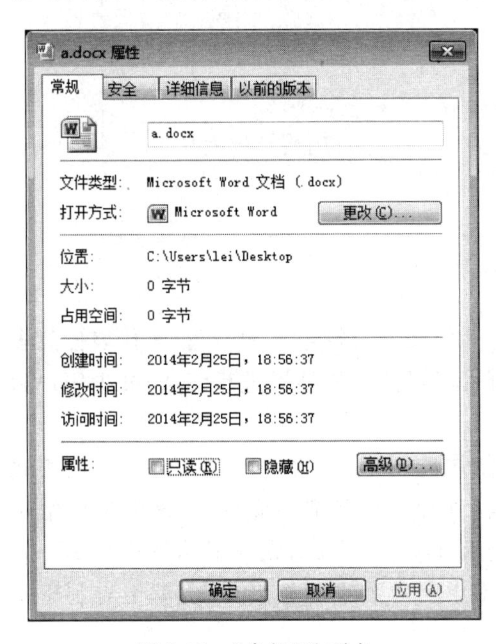

图 2-22 “常规”选项卡

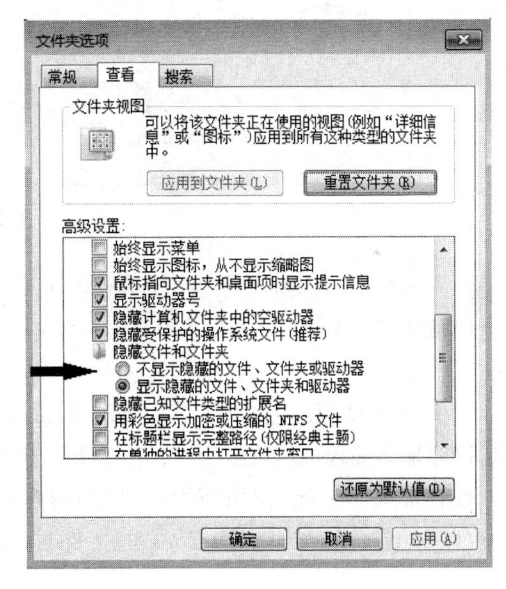

图 2-23 “查看”选项卡

(2) 只读属性。被设置为只读的文件和文件夹不允许修改，但是可以删除和移动。

(3) 存档。单击“高级”按钮，可以设置存档属性，设置了存档属性的文件和文件夹在备份程序进行备份时会被选择进行备份。

8) 搜索文件和文件夹

计算机系统中存放着大量文件，有时需要对某个文件进行操作时，却忘记文件存放的位置，有时甚至忘记部分或者完整的文件名，此时可以利用 Windows 7 提供的搜索文件和文件夹的功能迅速找到目标对象。

搜索可以在“资源管理器”搜索栏内进行，也可以单击“开始”按钮，在搜索栏内输入对象的全部或者部分文件名，开始搜索，两者的区别在于搜索范围不同，前者搜索范围为当前文件夹,后者的搜索范围是系统盘的 WINDOWS 文件夹。搜索到目标对象后,显示在图 2-24 所示的界面中,用户可以直接对目标对象进行操作,也可以选中对象,在快捷菜单中选择“文件位置”,打开直接包含目标对象的文件夹。

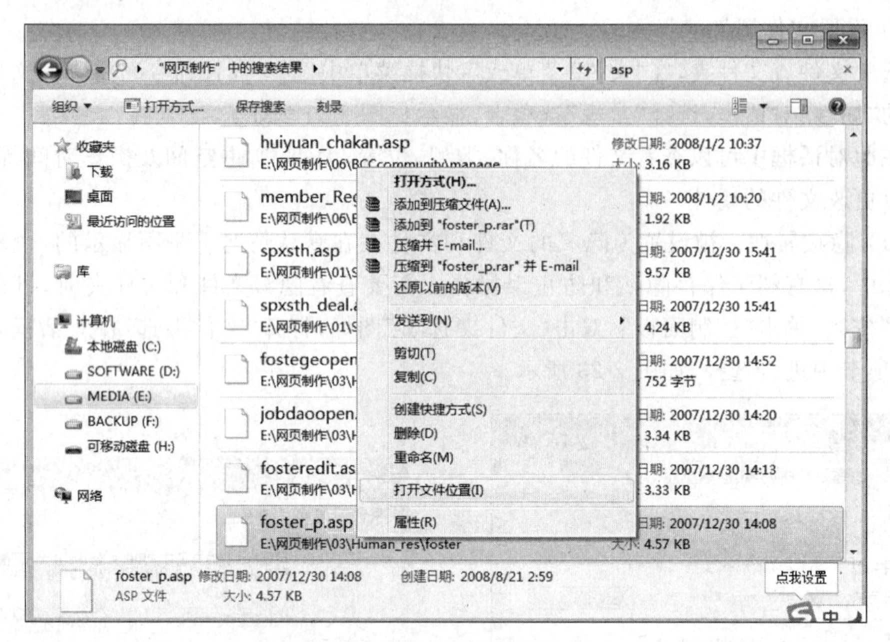

图 2-24 搜索文件和文件夹

Windows 7 搜索功能支持通配符,通配符包括西文半角符号 * 和“?”。 * 代表任意多个任意符号,“?”代表一个任意符号,使用通配符可以对搜索的结果进行筛选,减少用户后续工作量。

例如,用户希望搜索某个以 My 开头,以 k 结尾的,扩展名为 docx 的文件,不使用通配符时输入 My,搜索结果中所有以 My 开头的文件和文件夹都会显示,太多的文件给用户查看带来了不便;使用通配符可以在搜索栏输入 My * k. docx,则仅显示所有以 My 开头,以 k 结尾的,扩展名为 docx 的文件,搜索结果中文件数目明显更少,也就更有利于用户查看。

注意:对于文件名包含汉字的文件,只输入文件名的任意部分就可以进行搜索;但如果文件名全部由英文字母和数字组成,则在搜索栏中输入的必须是主文件名的前边部分,否则无法搜索到目标,例如上例中,输入 ywork 并不能搜索到 mywork. doc 文件。

9) 文件快捷方式

当需要对某些文件或者程序定期或频繁操作时,用户希望能够快速定位文件或直接打开文件,除了前边提到的将程序添加到开始菜单的方法以外,为对象建立快捷方式也是一个比较有效的方法。快捷方式是与计算机或网络上可访问对象建立链接的一种扩展名为 lnk 的特殊文件,通常情况下快捷方式的图标都带有图形。双击快捷方式可以迅速打开它所关联的对象,而不必打开资源管理器依次单击文件路径上的文件夹。对快捷方式的另一个常用操作是查找文件位置,在快捷方式的快捷菜单中选择“属性”命令,在打开的对话框中单击“查找目标”可以打开对象所在的文件夹。

可以为同一个文件或文件夹建立多个快捷方式，也可以为快捷方式建立快捷方式，但一个快捷方式只能指向一个目标文件，删除快捷方式对文件不会产生任何影响。

快捷方式可以建立在任何位置，在资源管理器中，先确定快捷方式存放的位置，然后单击文件菜单中的“新建”命令，选择“新建快捷方式”，在打开的对话框中单击“浏览”确定目标文件。也可以选中要建立快捷方式的对象，打开“文件”菜单或快捷菜单中，选择“创建快捷方式”命令，再将新创建的快捷方式移动或复制到目标位置。如果用户存放快捷方式的目标位置是桌面，还可打开对象快捷菜单，单击“发送到”子菜单中的“桌面快捷方式”，如图 2-25 所示。

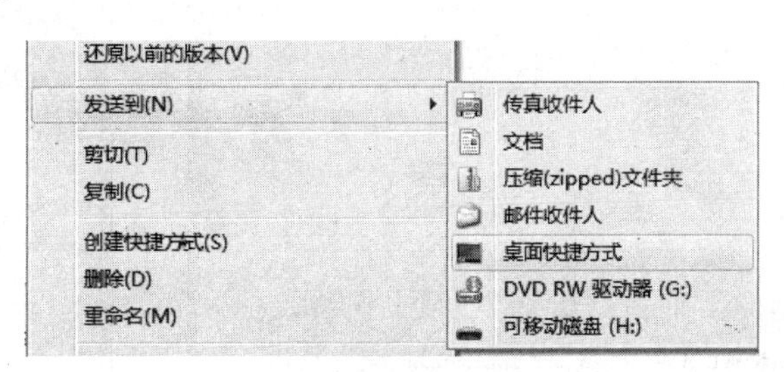

图 2-25　建立桌面快捷方式

10）文件打开方式

打开文件就是将文件从外存调入内存，然后调用相关程序来运行它。Windows 7 为常见的文件类型设置了默认的程序打开这些文件，这些程序称为关联程序，用户只需要双击文件或在快捷菜单中单击“打开”命令，即可启动关联程序，打开文件。

在不同的系统中与文件相关联的程序各不相同，例如，用户在资源管理器中双击一个扩展名为 mp3 的声音文件，有的系统使用百度影音打开，有的系统使用 Windows 7 自带的 Media Player 播放器打开。

用户可以根据个人喜好选择文件的关联程序，选中对象文件，在其快捷菜单中选择“打开方式”的级联菜单，选择“选择默认程序”命令，打开“打开方式”对话框，如图 2-26 所示选中关联程序，选中“始终使用选择的程序打开这种文件”，单击“确定”按钮。如果用户在列表中找不到需要的程序，可以单击“浏览”按钮，在系统中任意位置查找需要的程序。

2.3.2　磁盘管理

磁盘是个人计算机中最常用的外存设备，用于存储大量的数据、程序和文件，个人计算机中的磁盘一般是硬盘，掌握磁盘管理操作非常必要。磁盘管理主要包括磁盘格式化、磁盘检查、磁盘碎片整理、备份与还原 ，以及磁盘清理等。

1. 磁盘格式化

一块未经格式化的磁盘无法使用，在硬盘出厂前一般要进行低级格式化，为磁盘划分柱面、磁道和扇区；当用户使用时还要进行高级格式化，划分逻辑分区，清除磁盘原有数据,使用文件系统配置磁盘。

在资源管理器中选中要格式化的磁盘,在快捷菜单中选择“格式化”命令,打开如图 2-27 所示的“格式化”对话框,选择容量、文件系统和分配单元大小(以上设置一般采用默认值),设置完成后单击“开始”按钮后开始格式化。

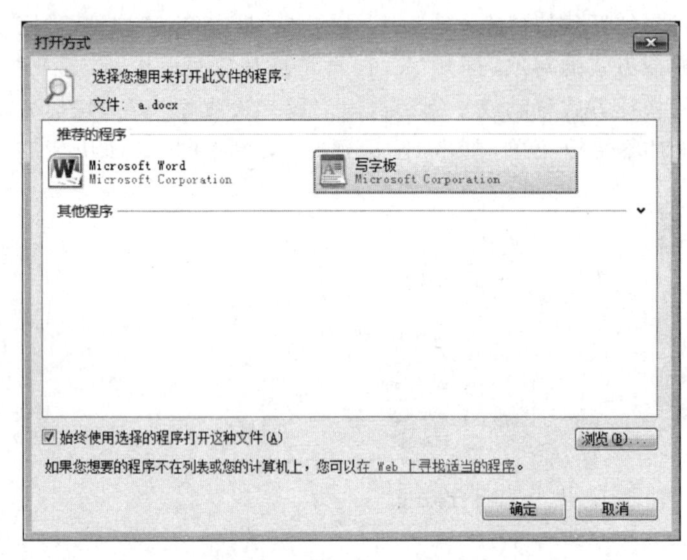

图 2-26 “打开方式”对话框

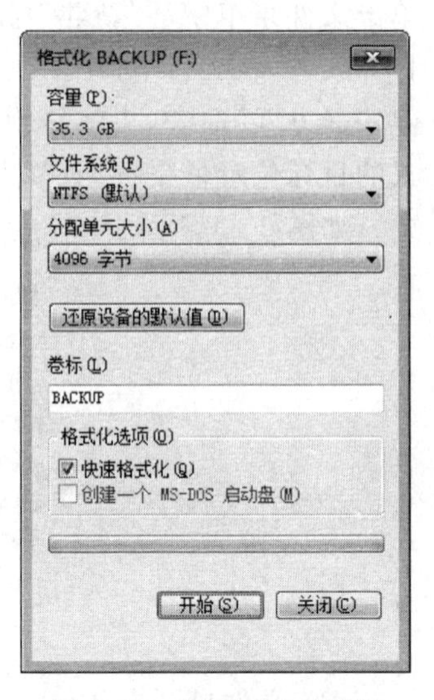

图 2-27 “格式化”对话框

并不是所有的格式化操作都能顺利进行,首先格式化前必须关闭目标磁盘上所有打开的文件和程序,否则无法进行,由此可知在 Windows 7 运行时要格式化系统盘是不可能的,其次当磁盘部分损坏时格式化也无法完成。

在图 2-27 中可以选择快速格式化命令,快速格式化仅仅删除磁盘上的所有文件,而不扫描和修复磁盘上的坏扇区,此外,一块从未进行高级格式化的磁盘不能进行快速格式化。

2. 磁盘检查

磁盘经过长时间的使用,尤其是经常的错误关机和重启,有可能会出现损坏的扇区,造成数据丢失,严重时会影响系统的正常工作,此时可以使用磁盘检查来诊断并修复文件系统的错误,恢复坏扇区。

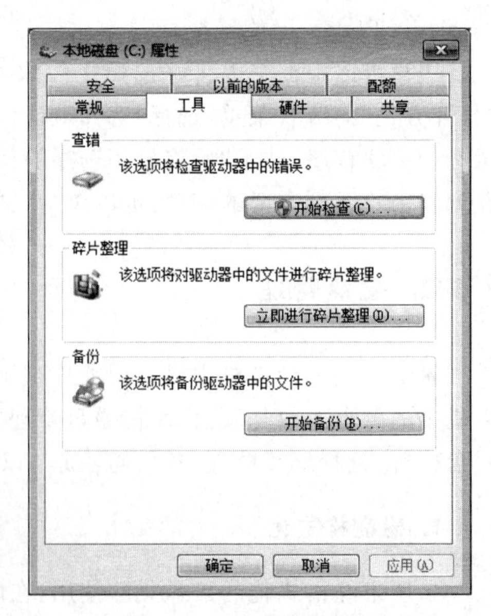

图 2-28 “工具”选项卡

在资源管理器中选择需要进行磁盘检查的驱动器,打开快捷菜单,选择“属性”命令,打开“属性”对话框,选择“工具”选项卡,单击“开始检查”按钮,如图 2-28 所示,在弹出的“检查磁盘”对话框中,选择“自动修复文件系统错误”和“扫描并尝试恢复坏扇区”两个复选框,单击“开始”按钮。

在进行磁盘检查前，必须保证要检查的磁盘上没有打开的文件和文件夹，所以系统盘无法在系统运行时完成检查，需要在完场上述工作后重新启动计算机，磁盘检查完毕后重新加载系统。

3. 磁盘碎片整理

磁盘使用一段较长的时间，或频繁对同一个磁盘进行反复的新建和删除操作后，会发生读写速度越来越慢的情况，造成读写速度变慢的一个可能原因是当前磁盘中存在较多的磁盘碎片，需要进行磁盘碎片整理。磁盘碎片是指磁盘读写过程中产生的不连续文件。系统读写这些文件时需要不断地移动磁头，这一方面降低了磁盘的响应速度，另一方面也影响磁盘的寿命。

在图 2-28 所示的“工具”选项卡中，单击“立刻进行碎片整理”按钮，弹出图 2-29 所示对话框，在对话框中选择一个磁盘，点击“分析磁盘”，系统将给出碎片文件的百分比，如果超过 10%，建议点击“磁盘碎片整理”按钮，进行整理。

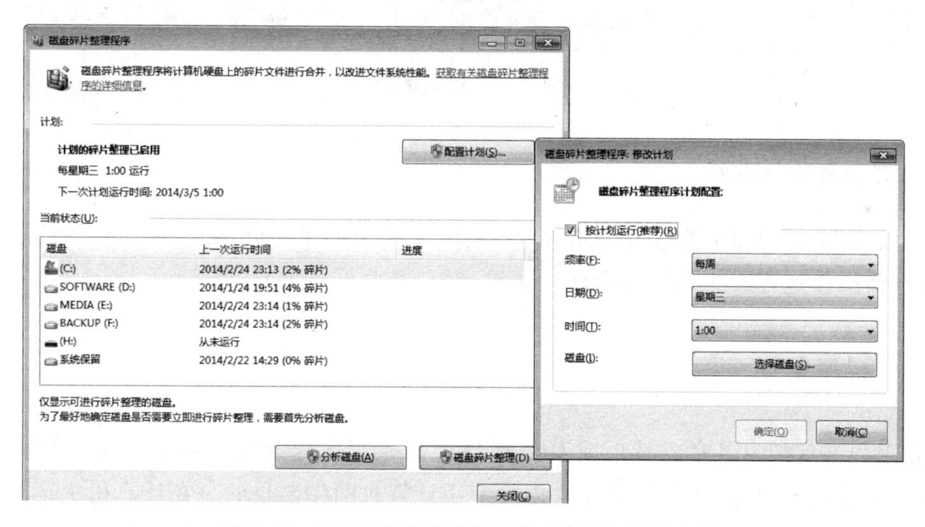

图 2-29 “磁盘碎片整理程序”对话框和配置计划

在该对话框中，如果单击“配置计划”，可打开相应对话框，设置定期整理磁盘碎片，由于磁盘碎片整理对硬盘有轻微的损伤，而且大多数计算机中的磁盘碎片增长的不是很快，所以频繁的碎片整理是没有必要的。对于办公室用计算机，一般推荐定期 3～4 个月整理一次。

4. 磁盘清理

在 Windows 7 系统工作过程中，或者用户进行读写操作、安装应用程序时，会在磁盘上生成一些临时文件和不再使用的文件，这些临时文件不仅占用了磁盘空间，而且还会降低系统文件检索的速度，所以有必要进行磁盘清理，回收硬盘空间。

在“磁盘属性”对话框的“常规”选项卡中选择“磁盘清理命令”,打开如图2-30所示的对话框,选择要删除的文件,单击“确定”按钮即可。

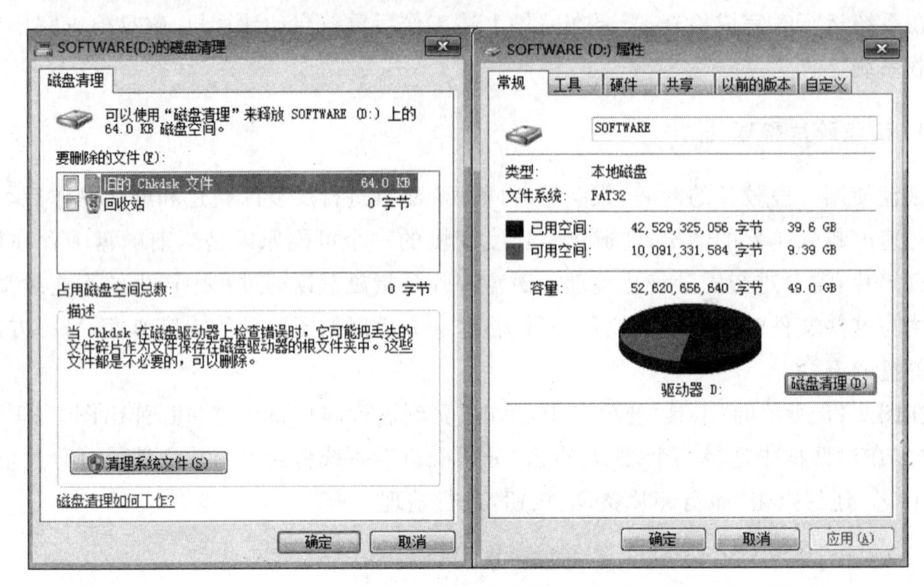

图 2-30 磁盘清理

5. 磁盘备份与还原

在图2-28中,单击“备份与还原命令”,打开备份与还原窗口,可以实现磁盘的备份与还原,具体操作过程在2.2.1节中已经做过介绍,在此不再重复。

2.3.3 程序管理

应用程序是指为了完成某项或某几项特定任务而运行于操作系统之上的计算机程序,有时也被笼统地称为“应用软件”,用户使用计算机的主要目的是在计算机上运行各种应用程序,满足用户某方面的需求。除了操作系统自带的部分应用程序以外,用户还可以自行安装、管理符合自己要求的应用程序。

1. 应用程序的安装

从安装的角度对应用程序分类,可以分为“绿色版软件”和“安装版软件”两大类。

1) 绿色版软件

绿色版软件通常比较小,而且与系统联系不是很紧密,存放到计算机系统中无须安装,一般从网络上下载后解压即可使用,绿色就是不会“污染”用户计算机,也就是不会向计算机注册表中写入配置信息,不在开始菜单中添加程序组。

2) 安装版软件

大部分的软件由于与系统联系比较紧密无法制作成绿色软件,需要用户双击软件安装包中的 Setup. exe 或者 install. exe 运行安装程序，然后按照提示信息完成相应的设置即可顺利完成安装，在此过程中一般要向注册表中写入数据来完成软件的配置。程序安装完成后一般会在“开始菜单”和桌面添加对应程序的快速启动图标，部分程序安装和配置完成后还需要重新启动计算机才可以生效。

一些较小的软件被开发者制作成自动运行软件，比如 QQ、360 安全软件等，这类软件只有一个自动运行的安装程序，只需双击该程序即可开始安装。

2. 应用程序的卸载

对于绿色版软件，由于没有向注册表中写入任何数据，所以直接将程序所在文件夹删除即可。

对于安装版软件，一般在开始菜单所有程序的对应程序组中会有一个卸载程序命令，单击该命令，按照提示可以卸载该程序，如果未找到卸载程序命令，可以在程序文件夹内找到 uninstall. exe 文件双击运行，同样可以卸载程序。

也可以利用“程序和功能”窗口，来完成程序的卸载操作，单击“开始”按钮，单击“控制面板”，在控制面板中双击“程序和功能”图标，在“程序和功能”窗口(见图 2-31)中选择“程序”，单击卸载。

图 2-31　程序和功能窗口

一种错误的卸载程序的方法是简单地删除程序所在的文件夹，这样做非常不可取。安装版软件在计算机系统中不仅仅留下程序文件夹，还在注册表中留下大量配置信息，简单删除程序文件夹不仅使删除操作很不彻底，而且删除程序文件夹的同时会删除卸载程序，导致无法自动清除注册表中的残留配置信息，影响系统的运行速度。

3. Windows 功能对话框的使用

Windows 7 为用户提供部分功能程序，用户可以根据个人喜好选择打开还是关闭这些功能程序，在控制面板中双击“功能与程序”图标，在打开的“功能与程序”对话框中选择“打开和关闭 Windows 7 功能”，在打开的对话框中选中或取消对应的功能。“Windows 功能”对话框如图 2-32 所示。

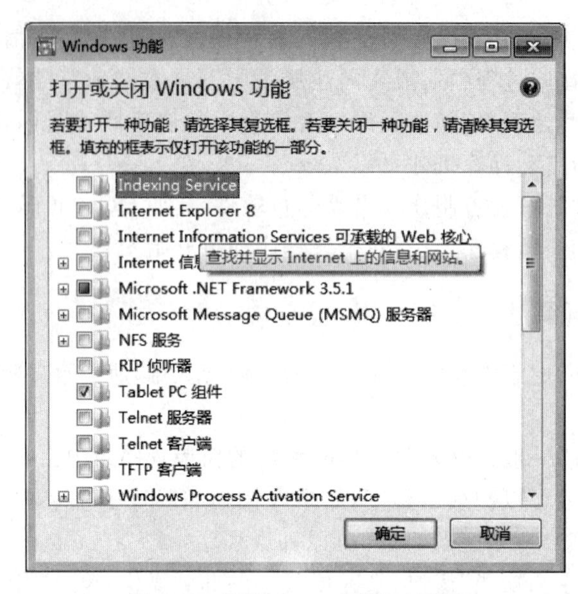

图 2-32 “Windows 功能”对话框

2.3.4 任务管理

由于打开程序太多、出现运行错误、系统缓存太小等原因，系统可能会变得响应速度很慢，采用一般的关闭程序窗口的方法可能很长时间得不到响应，此时可以打开任务管理器查看出现问题的原因，并通过关闭某些程序或进程的方法来解决问题。

在任务栏的空白处右击，在快捷菜单中选择“启动任务管理器”命令打开任务管理器，或者使用快捷键 Ctrl+Shift+Esc 直接打开“任务管理器”，如图 2-33 所示。

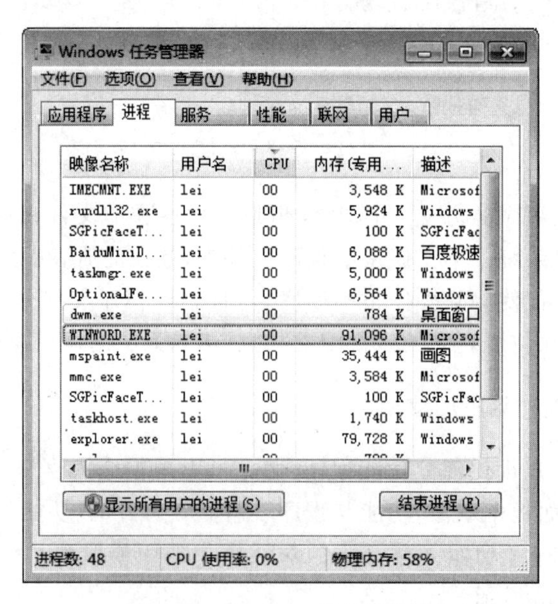

图 2-33 Windows 任务管理器

任务管理器共有6个选项卡，其中“应用程序”选项卡可以查看、结束、切换当前运行的程序并可以运行新任务，“进程”选项卡可以查看和结束进程，“服务”、“性能”和“联网”3个选项卡分别监控当前系统中运行的服务、当前内存和CPU的使用状况、当前网络连接情况等，用户选项卡可以切换、注销用户。

熟练地使用任务管理器是使用Windows操作系统很简便也很重要的一个技能。

2.3.5 设备管理

用户在使用计算机时，可能会出现一些硬件设备无法使用的情况，例如，无法播放声音文件，打印机无响应等，排除硬件物理损坏的原因，一种常见的可能是设备驱动出了问题，需要打开设备管理器进行设备管理。在Windows 7中设备管理器主要包括查看设备的属性，安装和更新驱动程序，配置和卸载设备等功能。

在桌面上选择“计算机”图标，打开快捷菜单，单击“管理”命令，在打开的窗口中选择“设备管理器”，可打开如图2-34所示的设备管理器。

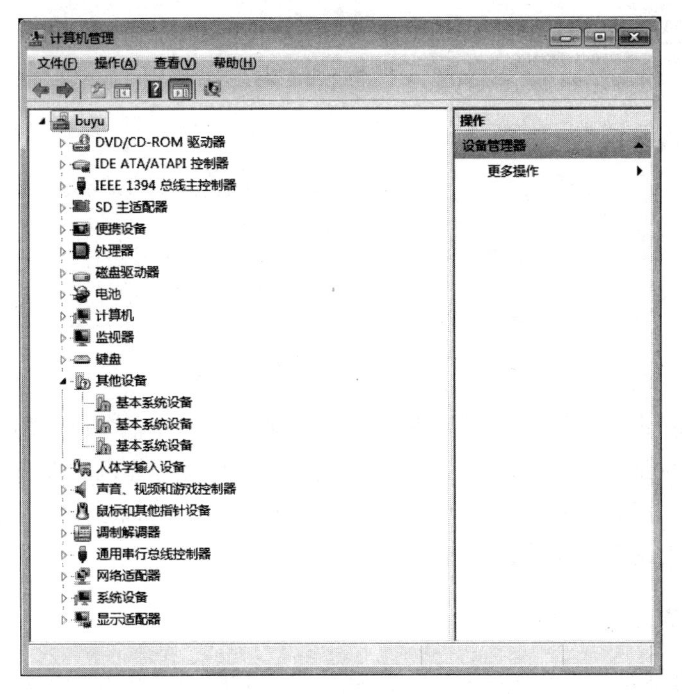

图2-34 设备管理器

1. 查看系统设备

在设备管理器窗口工作区，以树形结构给出计算机当前已连接的硬件设备，可以查看设备的状态。单击根节点，在快捷菜单中运行“扫描硬件改动”命令，非正常使用的设备将以一些特殊图标明显地标示出来。

(1) 如果设备前边有红色的叉号，表明为了节约资源已经停用了该设备，如果要重新启用，只需选中设备，右击，在其快捷菜单中选择“启用”命令。

(2) 如果设备前边有黄色的问号，表示该硬件不可被系统识别，继续对该硬件操作没有意义，应该直接断开连接。

(3) 如果设备前边有黄色的叹号，表示该设备未安装驱动程序，或者设备驱动程序安装不正确。解决方法是为硬件更新驱动程序。

在工作区中选中一个设备，双击可以查看该设备比较详细的配置状态。

2. 更新驱动程序

选中目标设备并右击，在快捷菜单中选择“更新驱动程序”命令，系统会给出两个选择，一个是自动更新驱动程序，系统将自动搜索本地计算机和网络上的驱动程序资源；另一个是由用户指定驱动程序所在文件夹，进行安装，如图 2-35 所示。

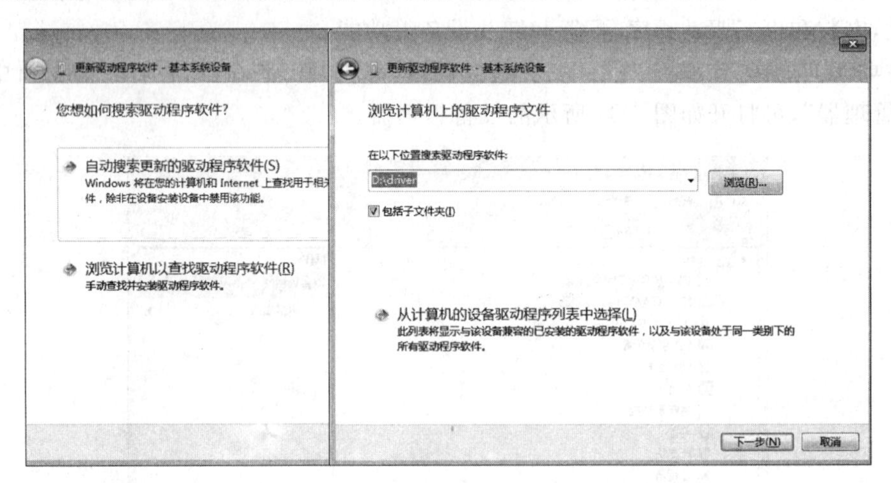

图 2-35　更新驱动程序

每一种设备，即便是同一生产厂家生产的不同版本的设备，其驱动程序也是不一样的，安装时必须保证设备与驱动程序相匹配，用户可以根据计算机的设备型号下载对应驱动程序。如果不知道设备的型号，可以利用“驱动精灵”等硬件检测工具先行检测设备的型号，然后准备对应驱动程序。

3. 卸载设备

在设备管理器窗口工作区中双击要卸载的设备，在“设备驱动”选项卡中单击“卸载”命令，弹出“确认卸载”对话框，直接单击“确定”按钮，删除设备，如果选择“删除设备的驱动程序”选项，则该设备的驱动程序包也被删除。

2.4 Windows 7 系统设置

Windows 7 为用户提供了灵活、友好的操作界面，用户可以根据个人的爱好对这些界面和操作模式进行个性化设置，这些设置一般都是从“控制面板”开始。

在“开始”菜单中选择“控制面板”命令，可以打开控制面板，如果需要经常操作控制面板也可以将它固定到任务栏或桌面。

默认情况下，控制面板中的选项图标按分类形式显示，称为“分类视图”，在分类视图下单击某一图标可以打开对应项目；单击工作区右上角的“查看方式”，选择“大图标”或“小图标”，可以取消分类，所有选项图标都被显示出来，称为“经典视图”，在经典视图下，用户在某个选项图标上双击，可以打开对应项目，进行相关设置。控制面板小图标视图和分类视图如图 2-36 所示。本教材以下提到的控制面板操作都是在经典视图下进行，不再强调。

图 2-36 控制面板小图标视图和分类视图

2.4.1 设置打印机

在控制面板中双击“设备和打印机”图标，在打开的窗口的组织栏上单击“添加打印机”，如图 2-37 所示，选择“添加本地打印机”，选择打印机端口（默认设置即可），选择打印机的厂家和型号后，进入自动安装界面，安装完成后系统会询问是否共享此打印机，用户可以根据需要进行选择。

如果在选择打印机的厂家和型号界面无法找到用户打印机的信息，需要手动安装打印机驱动，具体操作参考 2.3.3 节中“更新设备驱动程序”部分。

2.4.2 设置鼠标与键盘

在控制面板中双击“键盘”图标，可以打开“键盘 属性”对话框，如图 2-38 所示，可以设置按键的重复率（按下某键不松开，字符会重复出现，这里设置的是重复的延迟时间重复率）和光标闪烁的速度。

双击“鼠标”图标，打开“鼠标 属性”对话框，如图 2-39 所示，在此对话框中可以修改鼠标的常用属性，包括主次（左右）键的互换、双击的速度、指针形状、鼠标移动速度和鼠标转轮的速度等。

图 2-37 添加打印机

图 2-38 “键盘 属性”对话框

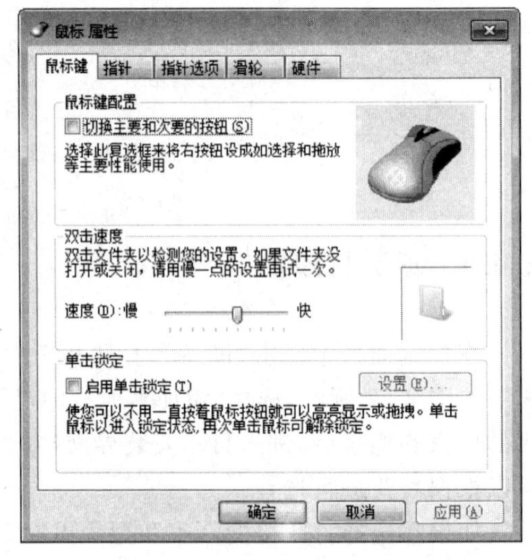

图 2-39 “鼠标 属性”对话框

2.4.3 设置声音设备

在控制面板中双击“声音”图标，可以打开“声音”对话框，可以查看和设置播放时的扬声器、录制时的麦克风、系统声音方案和 PC 电话的相关属性。

2.4.4 设置显示属性

双击控制面板中的“显示”图标，打开“显示”窗口，如图 2-40 所示，此窗口中可以进行分辨率调整、个性化显示设置等操作，通过这些操作，用户可以设置更绚丽多彩、富有个性的操作界面。

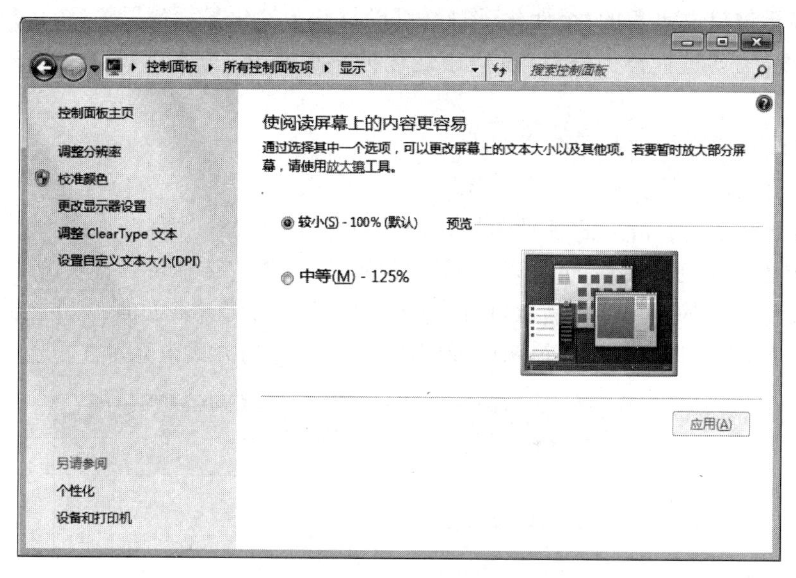

图 2-40 “显示”窗口

1. 调整分辨率

分辨率是指图像包含的像素点(每个像素点可以设置一种颜色)的数量，在一定程度上决定了图像的显示效果，例如，将显示器设置为 1440×900 分辨率，则显示器每行有 1440 个像素点，一共 900 行。因此显示器的分辨率越高，显示的效果越好。

单击“高级设置”，弹出图 2-41 所示对话框，该对话框共有 4 个选项卡。其中“监视器”选项卡用户可以设置颜色管理和更新屏幕刷新频率。

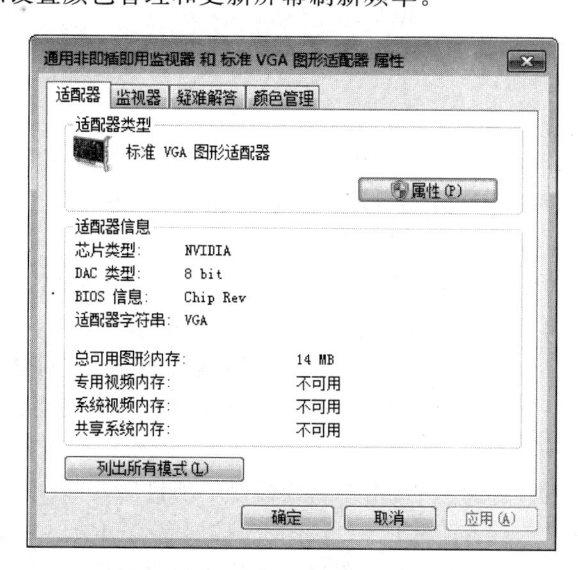

图 2-41 显示高级设置对话框

2. 个性化设置

单击显示窗口左下角的“个性化”图标，可以打开个性化显示设置窗口，用户可以根据自己的喜好和需要选择桌面背景，设置个性化的桌面外观，为自己设置一个良好的工作界面。

(1) 更改桌面图标。参考图 2-8。

(2) 更改鼠标指针。参考 2.4.2 节。

(3) 桌面背景。单击桌面背景图标，打开“选择桌面背景”窗口，如图 2-42 所示。用户可以直接选择纯色的背景，也可以在“图片位置”下拉框中选择自己喜欢的图片，如果用户对默认文件夹下的图片都不满意，可以单击“浏览”按钮将计算机任一位置上的图片设置为桌面背景，也可以设置图片显示时间间隔，以幻灯片的方式来显示。

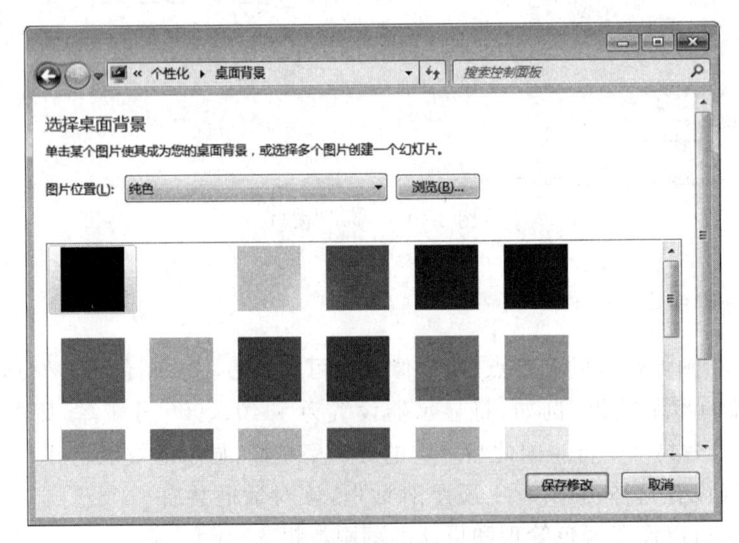

图 2-42 选择桌面背景

(4) 被选择作为桌面的图片，可以选择“填充”、“适应”、“居中”、“平铺”和“拉伸”5 种变形效果，以使图片适应屏幕。

(5) 窗口颜色。单击“窗口颜色”图标，打开“窗口颜色和外观”对话框，如图 2-43 所示，可以更改系统中各种界面的按钮样式、颜色方案、窗口或菜单字体大小、颜色等。例如，图 2-43 中修改的就是窗口的颜色和外观样式。

(6) 屏幕保护程序。用户暂时不操作计算机时，屏幕自动播放的活动画面称为“屏幕保护程序”，使用屏幕保护程序既可以隐藏操作界面保护隐私，又可以避免长时间静止的画面损伤屏幕。单击“屏幕保护程序”图标，打开“屏幕保护程序”对话框，如图 2-44 所示，在屏幕保护程序下拉框内选择保护程序的样式，单击“预览”按钮可以看到所选样式的效果，单击“应用”按钮后设置完成。

以上 6 个项目的组合称为主题，用户设置好以上项目后，可以单击“保存主题”按钮将设置好的主题保存下来。保存下来的主题是一个扩展名为 theme 的文件，用户可以在以后的设置中使用该主题，也可以将该主题共享给其他用户使用。

图 2-43 “窗口颜色和外观”对话框

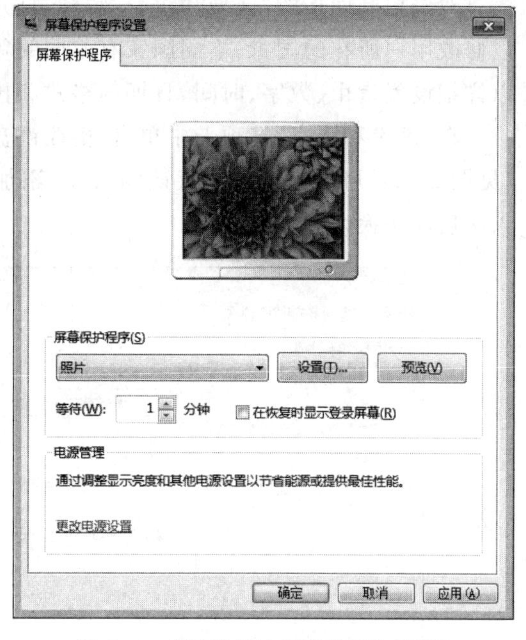

图 2-44 “屏幕保护程序设置”对话框

2.4.5 日期、时间和区域语言设置

双击控制面板的“日期和时间”图标可以更改系统的日期、时间和所在时区，“日期和时间”对话框如图 2-45 所示。

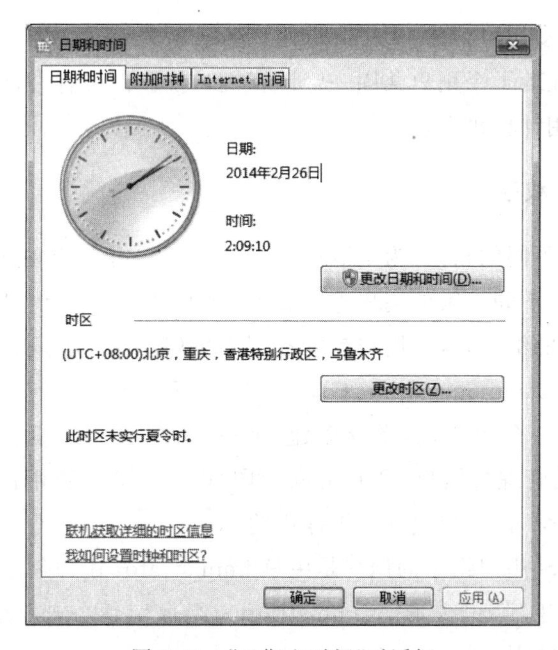

图 2-45 “日期和时间”对话框

双击控制面板的“区域和语言”图标,打开“区域和语言”对话框,在“格式”选项卡中可以修改用户所在的国家,不同国家有不同的货币和时间表示方式,单击“其他设置”按钮可以详细设置货币、数字、时间、日期的格式和排序方式。

在“键盘和语言”选项卡中单击“更改键盘”按钮,打开“文本服务和输入语言”对话框(见图 2-46),可以进行选择默认输入法、添加和删除输入法、调整语言栏的位置、设置输入法启动切换快捷键等操作。

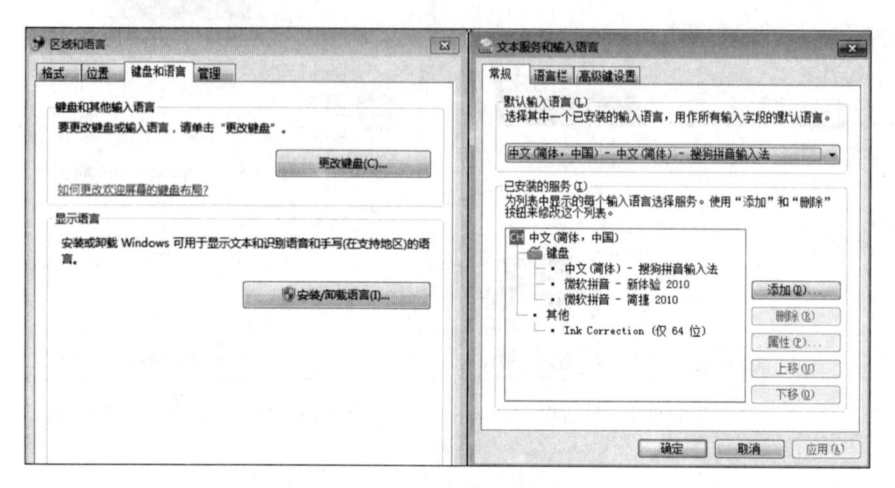

图 2-46 “文本服务和输入语言”对话框

2.4.6 用户账户管理

Windows 7 支持多用户,每个用户有以用户名命名的专属文件夹,不同的用户可独立进行个性化设置,这在若干个用户共用一台计算机时就显得很有必要了。例如,家庭公用计算机、办公场所公用计算机等。

1. 用户组与用户权限

不同的用户拥有不同的权限,为了避免为每一个用户分配权限所带来的管理上的不便,Windows 7 将拥有不同权限的用户进行分组,称为用户组,系统只为用户组分配权限,然后将用户放到对应的组中,这样用户就拥有了系统赋予组的权限。Windows 7 有很多用户组,最常用的是 Administrators、Power Users 和 Guest。其中 Administrators 和 Guest 用户组都只有一个用户,由系统创建,可以修改用户名,设置密码,但不可删除。Administrator 用户是管理员用户,拥有最高权限,Guest 是来宾用户,拥有较小的权限,而且为了保障系统安全,该用户通常是被停用的。

一般 Power Users 用户组中的用户是由 Administrator 用户创建的,也可以由 Power Users 用户组成员创建,除了少量 Administrators 组保留任务外,该组中的用户拥有与 Administrator 类似的权限。

2. 创建新用户

在控制面板中双击“用户账户”图标，打开“用户账户”窗口，如图2-47所示，单击“管理其他账户”，打开“管理账户”窗口，单击“创建一个新账户”，根据内容提示向导，完成账户创建，并将用户加入到一个用户组中。

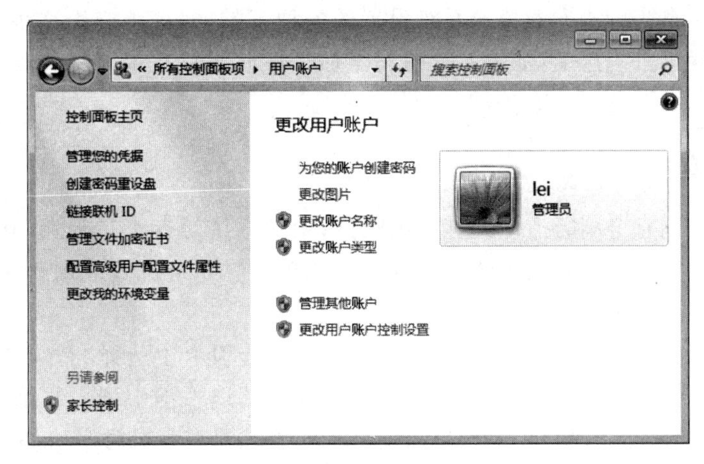

图2-47 “用户账户”窗口

3. 账户管理

在“管理账户”窗口中，单击一个已经存在的账户，打开“更改账户”窗口，如图2-48所示，可以更改账户名称，创建、修改和删除密码，更改账户类型等操作。

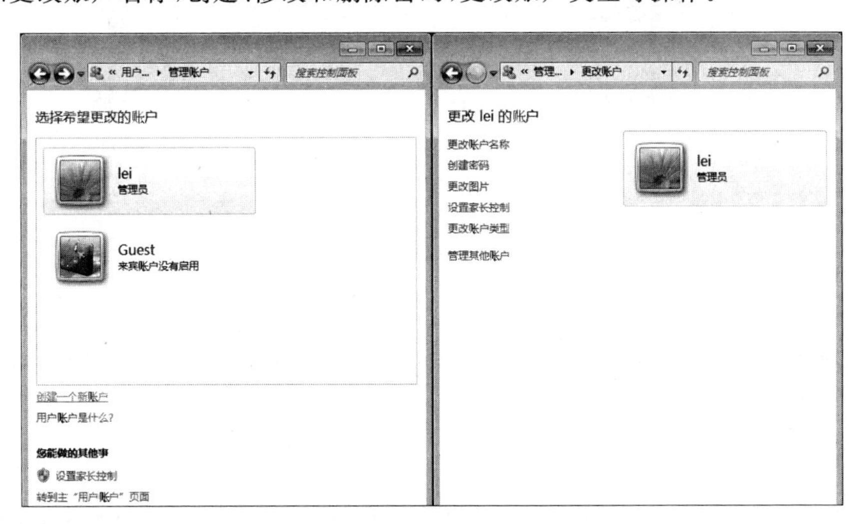

图2-48 创建新账户和更改账户窗口

4. 删除账户

在要删除账户的“更改账户”窗口中，单击“删除账户”，可将该账户删除，删除时系统会提示“是否保留用户文件”,用户可根据实际情况决定是否保留。

2.4.7 管理工具

在控制面板中双击“管理工具”图标,打开管理工具窗口,可以看到这里集合了Windows 7系统自带的查看及修改系统设置的各种工具,熟练地应用这些管理工具可以提高用户操作计算机的速度,加强系统的安全性。在此选取系统配置和服务2个工具简单介绍。

1. 系统配置

有些用户开机时会同时启动各种应用软件,致使系统缓存大量消耗,开机缓慢,此时可以双击“管理工具”窗口列表中的“系统配置”选项,在“系统配置应用程序”对话框中解决这一问题。

首先在“系统配置”对话框(见图2-49)的“常规”选项卡中选择“有选择的启动”单选按钮;然后切换到“启动”选项卡(见图2-50),在“启动”选项卡中列表显示了当前可以开机自动启动的所有项目,用户可以根据需要选择哪些项目在开机时启动,单击“确定”按钮完成操作。

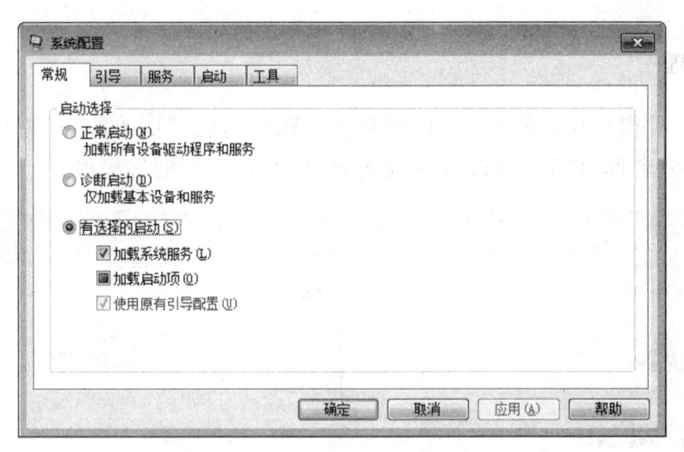

图2-49 “系统配置”对话框

除了设置启动项外,“系统配置”对话框还可以查看和修改系统引导的各种配置文件,打开“服务”设置窗口,打开各种系统工具等。

2. 服务

Windows 7为用户提供了大量的服务程序,有些服务是必需的,有些服务则很少使用(例如,用户不使用或者很少使用打印机时,Print Spooler服务就属于这种情况),有些服务根本没有用处(例如,不使用无线网络的计算机上的WLAN AutoConfig服务),有些服务基本不使用而且很不安全(例如,Remote Registry服务)。对这些服务进行合理的管理,关停部分服务不但可以节省系统资源,还可以提高系统的安全性。

图 2-50 “启动”选项卡

在管理工具中双击“服务”，打开如图 2-51 所示的“服务”窗口，选择一个服务，在左侧窗格中将显示该服务的描述；双击该服务可以打开“属性”对话框，在“常规”选项卡中可以查看该服务的详细信息，设置启动方式，关闭或启动该服务。

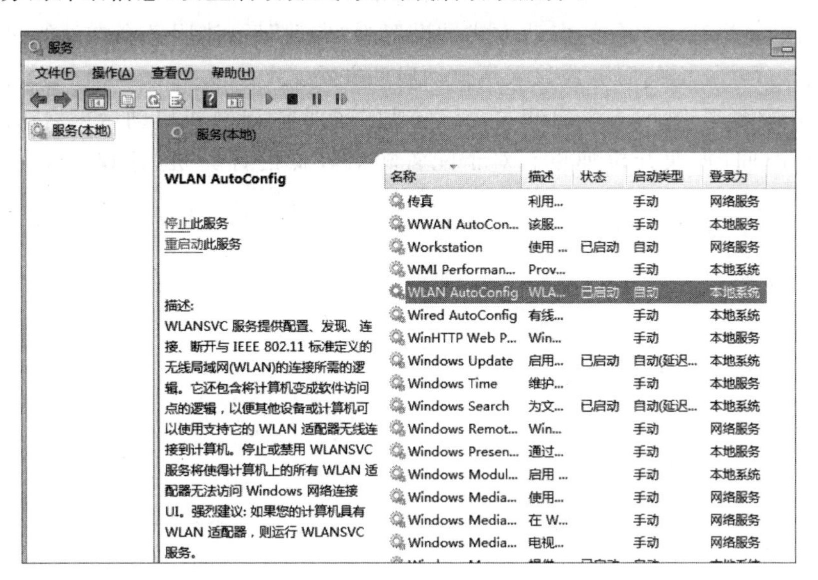

图 2-51 “服务”窗口

服务的启动类型一共有 4 种(见图 2-52)，针对不同的服务可以选择不同的服务方式。

(1) 禁用。当某一服务的启动方式被设置为“禁用”后，该服务无法启动，与该服务相关的应用将不可使用。一些根本不会用到或对系统安全存在威胁的服务应该被禁用，以提高安全性和节约资源，例如，禁用 WLAN AutoConfig 服务可为系统节省 2～4MB 内存。

(2) 手动。当某一服务的启动方式被设置为“手动”后，该服务不会自动启动，只有与该服务相关联的程序启动时才会启动，也就是说需要时再启动，一个较少使用的服务应该采用手动启动方式。

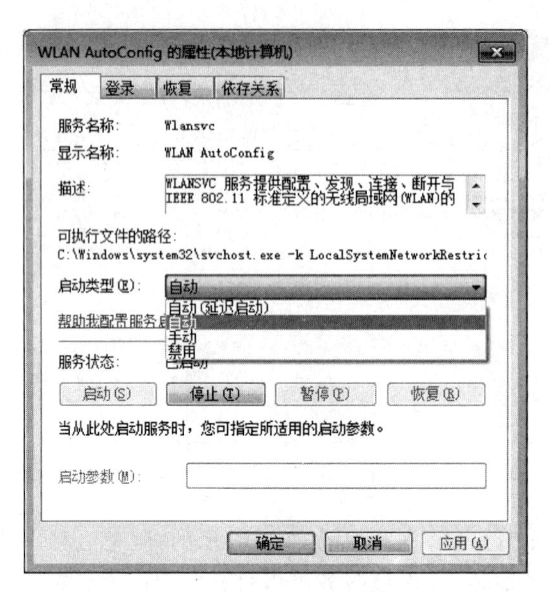

图 2-52　设置服务启动类型

(3) 自动。当某一服务的启动方式被设置为“自动”后，该服务会在计算机启动的同时启动，对于系统必需的服务应该采用自动启动方式。

(4) 自动(延迟启动)。该启动方式与自动的区别是，计算机启动后再启动服务，以减少开机响应时间，加快开机速度。对于配置相对较低的计算机，建议多采用这种启动方式。

第 3 章　文字处理软件 Word 2010

Microsoft Office 是由微软公司开发的办公套装软件，Word 2010 是其中最常用的软件之一，是进行文字处理和文档编排的强大工具。本章主要介绍 Word 2010 的基本操作、文本编辑、文档格式的设置、Word 2010 中表格的操作，以及对图形、图片、艺术字等其他对象的操作。

3.1　Word 2010 的主要功能

Word 2010 利用 Windows 友好的界面和集成的操作环境，加之全新的自动排版概念和技术上的创新，将文字处理功能推到一个崭新的境界。图 3-1～图 3-3 都是使用 Word

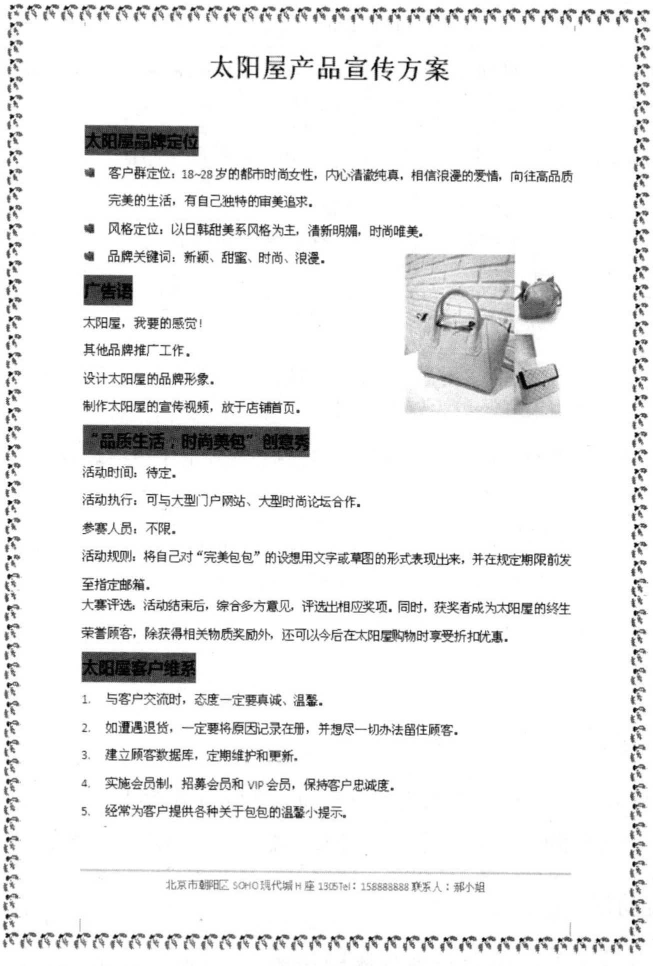

太阳屋产品宣传方案

太阳屋品牌定位

- 客户群定位：18~28 岁的都市时尚女性，内心清澈纯真，相信浪漫的爱情，向往高品质完美的生活，有自己独特的审美追求。
- 风格定位：以日韩甜美系风格为主，清新明媚，时尚唯美。
- 品牌关键词：新颖、甜蜜、时尚、浪漫。

广告语

太阳屋，我要的感觉！

其他品牌推广工作。

设计太阳屋的品牌形象。

制作太阳屋的宣传视频，放于店铺首页。

"品质生活，时尚美包"创意秀

活动时间：待定。

活动执行：可与大型门户网站、大型时尚论坛合作。

参赛人员：不限。

活动规则：将自己对"完美包包"的设想用文字或草图的形式表现出来，并在规定期限前发至指定邮箱。

大赛评选：活动结束后，综合多方意见，评选出相应奖项。同时，获奖者成为太阳屋的终生荣誉顾客，除获得相关物质奖励外，还可以今后在太阳屋购物时享受折扣优惠。

太阳屋客户维系

1. 与客户交流时，态度一定要真诚、温馨。
2. 如遭遇退货，一定要将原因记录在册，并想尽一切办法留住顾客。
3. 建立顾客数据库，定期维护和更新。
4. 实施会员制，招募会员和 VIP 会员，保持客户忠诚度。
5. 经常为客户提供各种关于包包的温馨小提示。

北京市朝阳区 SOHO 现代城 H 座 1305Tel：158888888 联系人：郝小姐

图 3-1　使用 Word 2010 制作的产品宣传方案

个 人 简 历

<table>
<tr><td>姓　　名</td><td>王**</td><td>性　　别</td><td colspan="2">男</td><td rowspan="5">照片</td></tr>
<tr><td>民　　族</td><td>汉族</td><td>籍　　贯</td><td colspan="2">山东省济南市</td></tr>
<tr><td>出生日期</td><td>1990 年 5 月</td><td>婚姻状况</td><td colspan="2">未婚</td></tr>
<tr><td>学　　历</td><td>本科</td><td>身高体重</td><td colspan="2">178cm　65kg</td></tr>
<tr><td>专　　业</td><td>信息管理</td><td>健康状况</td><td colspan="2">良好</td></tr>
<tr><td>求职意向</td><td colspan="5">信息管理，信息系统分析、设计和实施</td></tr>
<tr><td>毕业院校</td><td colspan="2">山东财经大学东方学院</td><td colspan="2">毕业时间</td><td>2013 年 7 月</td></tr>
<tr><td>联系电话</td><td colspan="2">************</td><td colspan="2">邮　　箱</td><td>W******@***.com</td></tr>
<tr><td>语言能力</td><td colspan="5">英语：六级　　日语：初级</td></tr>
<tr><td>主修课程</td><td colspan="5">管理学原理、计算机系统与系统软件、数据结构与数据库、计算机网络、信息管理学、信息组织、管理信息系统分析与设计等</td></tr>
<tr><td>个人技能</td><td colspan="5">熟悉网络和办公自动化，熟练操作 Windows 系统、能从事简单的编程、能独立操作并及时高效地完成日常办公文档的编辑工作</td></tr>
<tr><td>奖惩情况</td><td colspan="5">获得全国 C 语言大赛三等奖证书、Photoshop 图形与图像设计证书</td></tr>
<tr><td>社会实践</td><td colspan="5">2011 年 4 月在**电器实习，进行收银实践工作
2012 年 4 月在***公司开展主题为“探析现代企业的管理模式与企业文化”的社会实践活动</td></tr>
<tr><td>兴趣爱好</td><td colspan="5">音乐、阅读、交际</td></tr>
<tr><td>自我评价</td><td colspan="5">本人性格开朗、为人诚恳、乐观向上、兴趣广泛，拥有较强的组织能力和适应能力，并具有较强的管理策划与组织管理协调能力</td></tr>
<tr><td>另　　附</td><td colspan="5">经验是积累出来的，希望贵公司能给我一个展现的平台。相信通过我的努力会把工作做到最好
祝：贵公司蒸蒸日上！</td></tr>
</table>

图 3-2　使用 Word 2010 制作的个人简历

2010 编辑和设计的文档，可以看出 Word 2010 具有强大的文字处理和文档编排能力。

其主要功能如下。

1. 编辑修改功能

Word 2010 使用选项卡、命令按钮、对话框、快捷方式和帮助，使操作变得简单，可方便地进行复制、移动、删除、恢复、撤销、查找和替换等基本编辑操作。

2. 格式设置功能

Word 2010 具有丰富的文字和段落修饰功能，图 3-1 是使用 Word 2010 编辑的产品宣传方案的文档,使用 Word 2010 对其进行文字、段落和页面等多种格式和效果的设置。

3. 自动化功能

Word 2010 提供了一些自动校对、翻译、转换和修订功能,也可为文档自动添加一些页面元素,如创建页码、题注以及目录等,图 3-3 是使用 Word 2010 自动生成的目录。

目　录

第 1 章你不可不知的淘宝 1
1.1 淘宝网介绍 1
1.2 淘宝开店的优势 5
1.3 开店前的准备 9
1.4 网上店铺实名认证 15
第 2 章开个小店做掌柜 17
2.1 开店流程 17
2.2 成为淘宝会员 18
2.3 使用淘宝工具软件 20
2.4 申请支付宝，交易有保障 22
2.5 先发布 10 个宝贝 24
2.6 开店了 26
2.7 推荐店铺里的宝贝 28
第 3 章试营运 30
3.1 卖宝贝的流程 30
3.2 和买家交流 31
3.3 修改交易价格 32
3.4 给买家发货 33
3.5 处理退款 33
第 4 章如何开好淘宝网店 35
4.1 别浪费店铺资源 35
4.2 如何让客户进入你的店铺 36
4.3 开店前需要思考的 5 个问题 38
4.4 衡量店铺经营水准的指标 41

图 3-3　使用 Word 2010 生成的文档目录

4. 表格处理功能

Word 2010 具有较强的表格处理功能,图 3-2 是使用 Word 2010 表格处理功能设计的个人简历。Word 2010 可以创建和编辑复杂的表格对页面进行规划,也可以使用公式对表格数据进行简单的计算和排序。

5. 图文混排功能

Word 2010 提供了一套绘制图形和图片的功能,可以创建多种效果的文本和图形。利用 Word 2010 提供的图文混排功能,可以编排出形式多样的文档。

6. 模板功能

Word 2010 预置了大量模板,也允许用户自定义模板,批量创建大量具有相同规格的文档,提高用户的工作效率。

3.2 Word 2010 的基本操作

Word 2010 文档的扩展名为 docx。使用 Word 2010 进行文字处理时，首先应创建一个新文档或者打开一个已有文档，用户输入或编辑文档内容，然后对文档格式编排，完成后将文档保存，最后按用户要求打印。

3.2.1 Word 2010 的启动与退出

1. Word 2010 的启动

启动 Word 2010 主要有以下 3 种方式。

(1) 如果桌面上有 Microsoft Word 2010 图标，双击该图标，即进入 Word 2010 窗口。

(2) 双击扩展名为 docx 的文档文件的图标，将在启动 Word 2010 应用程序的同时打开该文档。

(3) 单击"开始"菜单，在"所有程序"中选择 Microsoft Office 程序组，在程序组中选择 Microsoft Office Word 2010 选项，即可启动 Word 2010。

2. Word 2010 的退出

退出 Word 2010 主要有以下几种方法。

(1) 单击"文件"选项卡中的"退出"命令。

(2) 单击 Word 2010 窗口右上角的"关闭"按钮。

(3) 双击 Word 2010 窗口左上角的"控制菜单"按钮。

(4) 按 Alt+F4 组合键。

如果在退出前对文档进行了编辑、修改，但没有保存，则系统会显示如图 3-4 所示的对话框，如需保存修改过的文档，则单击"保存"按钮，然后再退出 Word 2010，否则单击"不保存"按钮；如果不想退出 Word 2010，则单击"取消"按钮。

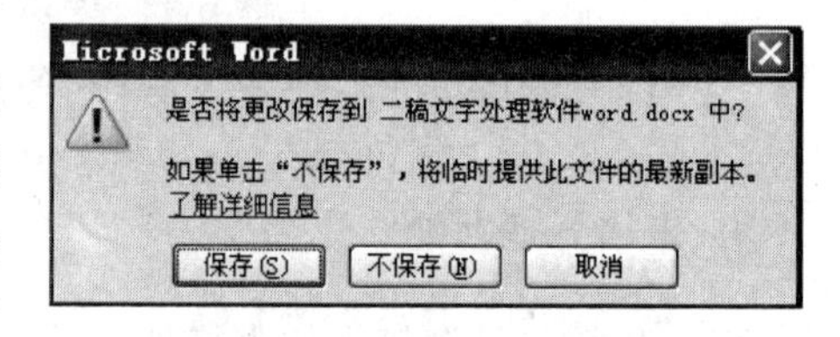

图 3-4 提示保存对话框

3.2.2 Word 2010 工作窗口的基本组成

启动 Word 2010 后，进入 Word 2010 窗口界面，其应用程序窗口主要包含标题栏、快速访问工具栏、选项卡、组、文档编辑区、滚动条、状态栏和标尺等，如图 3-5 所示。

1. 标题栏

标题栏是位于窗口最顶部的一栏，其中间显示正在编辑的文档名和应用程序名，左侧

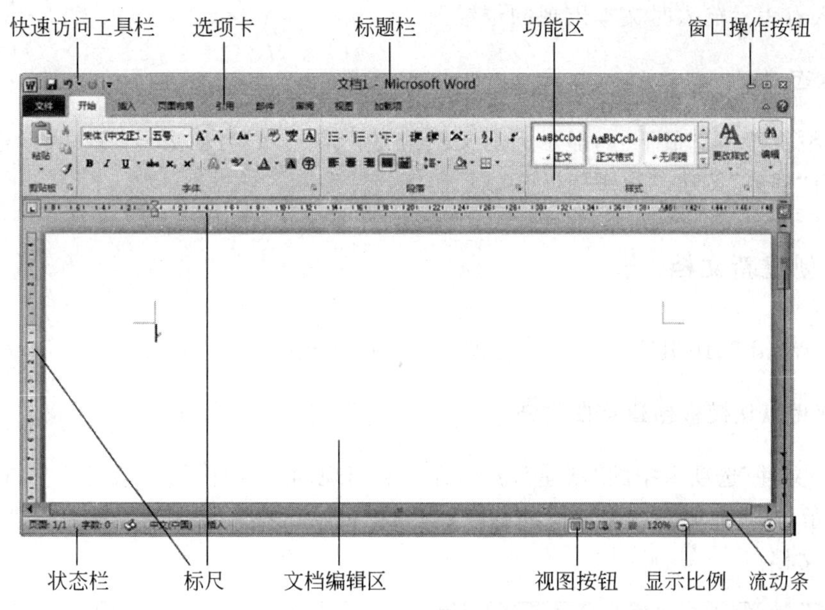

图 3-5 Word 2010 窗口的组成

是控制菜单按钮和快速访问工具栏，右侧是最小化、最大化和关闭按钮。单击控制菜单按钮可以打开控制菜单；快速访问工具栏，可以实现对一些常用命令的快速操作，默认包含保存、撤销和恢复 3 个命令，用户可以自定义快速访问工具栏，增加或删除一些命令项。

2. 选项卡

选项卡位于标题栏的下方。"文件"选项卡在最左侧，包含保存、另存为、打开、关闭、新建、打印和退出等命令，并且可以设置 Word 2010 选项和查看信息。"文件"选项卡右侧有"开始"、"插入"、"页面布局"、"引用"、"邮件"、"审阅"和"视图"等选项卡。

3. 组

每个选项卡中包含不同的操作命令组。例如，"开始"选项卡主要包括粘贴板、字体、段落、样式和编辑等组。有些组右下角带有↘标记的按钮，单击该按钮，可打开相应对话框进行功能设置。用户通过双击选项卡标签或单击"功能区最小化"按钮可显示或隐藏功能区。

4. 标尺

Word 2010 中包含水平标尺和垂直标尺，水平标尺位于编辑区的上方，垂直标尺位于编辑区的左侧。标尺的功能在于缩进段落、设置页边距、调整表格的行高和列宽以及设置制表位等。通过单击垂直滚动条上方的"标尺"按钮可以显示或隐藏标尺。

5. 文档编辑区

文档编辑区是输入和编辑文本的区域，位于组的下方。编辑区中闪烁的光标称为插入点，插入点表示输入时文本出现的位置。

6. 状态栏

状态栏位于窗口最下方，显示当前文档的有关信息，如当前页号、总页数、总字数等。此外，还有“插入”按钮、“视图”按钮、显示比例控件等。

3.2.3 创建新文档

使用 Word 2010 建立一个新文档的方法有以下几种。

1. 利用默认模板创建空白文档

单击“文件”选项卡中的“新建”命令，在右侧出现的“可用模板”中选择“空白文档”，如图 3-6 所示，单击右下角的“创建”按钮，系统将依据默认模板迅速建立一个名为“文档 1”的新空白文档。

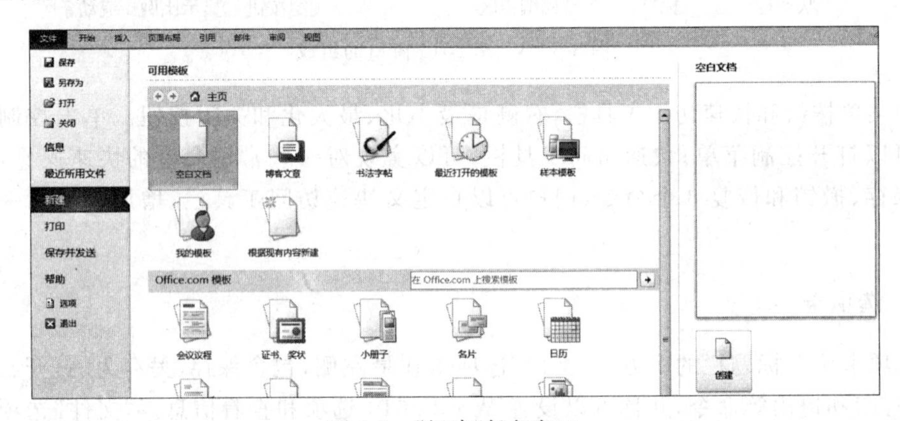

图 3-6 “新建”任务窗口

2. 利用特定模板建立新文档

Word 2010 提供大量模板供用户使用，这些模板被保存在 Word 2010 子目录的 TEMPLATE 目录中。在图 3-6 中，在“可用模板”中选择“样本模板”，然后选择用户所需的模板，在右侧将显示该模板的预览效果，单击“创建”按钮，系统将依据该模板创建新文档。用户也可在“Office. com 模板”中选择合适的模板。

3. 利用专用模板建立新文档

用户可以创建自己专用的模板。在图 3-6 中，选择“可用模板”中“我的模板”，在打开的“新建”对话框右侧选择“模板”单选按钮，如图 3-7 所示，单击“确定”按钮，用户新建的文件将以模板形式保存在 TEMPLATE 目录下，以后用户可以利用该专用模板建立新文档。

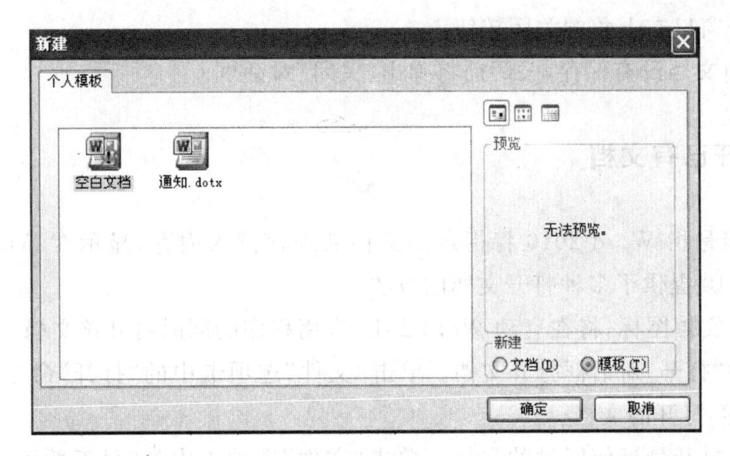

图 3-7 新建模板

3.2.4 保存与关闭 Word 2010 文档

1. 保存文档

对文档进行内容的输入、编辑或修改后，要将其保存在磁盘上，便于以后查看、再次编辑或打印文档。

1）保存新的、未命名的文档

（1）单击“文件”选项卡中的“保存”命令，或者单击快速访问工具栏上的“保存”按钮，打开“另存为”对话框。

（2）在对话框中，设置文档保存位置，在“文件名”文本框中输入文档的名称。

（3）单击“保存”按钮。

2）保存已有的 Word 2010 文档

单击“文件”选项卡中的“保存”命令，或者单击快速访问工具栏上的“保存”按钮，可将当前文档按原文件名和原保存位置保存。

3）保存非 Word 2010 文档或早期版本的 Word 2010 文档

Word 2010 允许将文档保存为其他文件类型，以便在其他应用程序或者早期版本的 Word 2010 应用程序中使用。

（1）单击“文件”选项卡中的“另存为”命令，打开“另存为”对话框。

（2）在“保存类型”下拉列表中选择其他类型。

（3）在“文件名”文本框中输入文档的名称。

（4）单击“保存”按钮。

2. 关闭文档

关闭当前文档窗口的方法有以下几种。

（1）单击“文件”选项卡中的“关闭”命令。

(2) 单击窗口右上角的关闭按钮。

如果当前文档没有保存,关闭前将弹出"关闭"对话框。

3.2.5 打开已有文档

打开文档是指 Word 2010 将指定的文档从外存读入内存,显示在 Word 2010 窗口中。Word 2010 提供了多种打开文档的方法。

(1) 双击文档图标,将在启动 Word 2010 应用程序的同时打开该文档。

(2) 利用"打开"对话框打开文档。单击"文件"选项卡中的"打开"命令,打开"打开"对话框,选择要打开的文档。

(3) 快速打开最近使用过的文档。单击"文件"选项卡中的"最近所用文件"命令,将在右侧列出用户最近使用过的文档列表,单击所要打开的文档。

3.2.6 文本的输入

新建一个文档并打开文档窗口后,用户即可在插入点处输入文本内容。英文字符可直接从键盘输入,中文字符的输入与 Windows 中的输入方法相同。下面主要介绍一些特殊文本的输入。

1. 插入符号或特殊符号

通常情况下,文档中除了包含字母、汉字和标点符号外,还要输入一些特殊符号,如希腊字母、数字序号等。这些符号的输入方法如下。

(1) 将插入点置于要插入符号的位置。

(2) 选择"插入"选项卡"符号"组中的"符号"命令,在下拉列表中选择"其他符号",打开"符号"对话框。

(3) 在"符号"选项卡中,从"字体"下拉列表中选择要插入的符号类型,选中要插入的符号,单击"插入"按钮,即在插入点处插入选择的符号。

2. 插入文档

编辑文档时,可以把另一个文档内容插入到当前文档中。方法如下:选择"插入"选项卡"文本"组中的"对象"命令右侧的下拉箭头,在下拉列表中选择"文件中的文字",在弹出的"插入文件"对话框中选定要插入的文件,单击"插入"按钮即可。

3. 插入日期和时间

通过 Word 2010 中的"日期和时间"对话框可以快速插入需要的日期格式,如图 3-8 所示。

(1) 将插入点置于要插入日期和时间的位置。

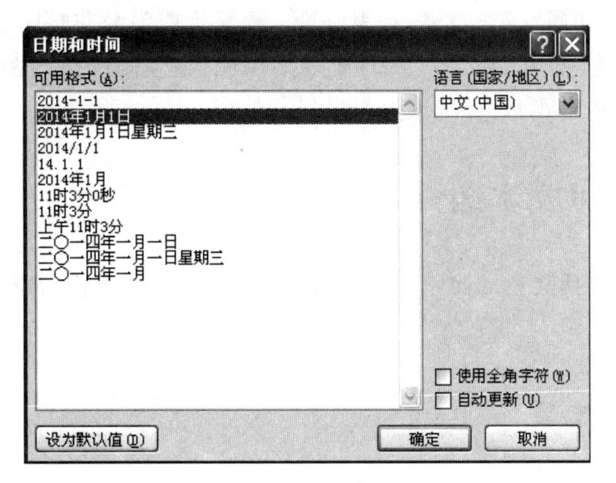

图 3-8 “日期和时间”对话框

(2) 单击“插入”选项卡“文本”组中的“日期和时间”按钮，打开“日期和时间”对话框，如图 3-8 所示。

(3) 在“语言”下拉列表中选择语言类型，在“可用格式”列表框中选择要插入的日期格式，例如，选择“2014 年 1 月 1 日”格式，单击“确定”按钮。

4. 换行

Word 2010 中包括几种不同的换行方式。

(1) 自动换行。在 Word 2010 中，当输入的字符到达一行的右边界时，文本会自动换行，称为“软回车”。

(2) 段落标记。如果输入时按 Enter 键，则产生一个段落标记，称为“硬回车”。段落标记是一个段落结束的标志。

(3) 人工换行符“↓”。在 Word 2010 中，有时需要段内换行，可在需要换行的地方按 Shift+Enter 组合键，产生一个人工换行符，使得后续文本另起一行但不分段。

5. 插入和改写

插入和改写是 Word 2010 的两种编辑方式。插入是指将输入的文本添加到插入点所在位置，插入点以后的文本依次后移；改写是指输入的文本将替换插入点所在位置之后的文本。Word 2010 默认的编辑方式是插入方式。插入和改写两种方式之间可以转换。

(1) 单击 Word 2010 窗口状态栏上的“插入”按钮。

(2) 按键盘上的 Insert 键。

6. 显示/隐藏非打印字符

在 Word 2010 中，有些字符只可以在屏幕上显示，不能通过打印机打印出来，这种字符称为非打印字符，如回车符、空格、制表符等。要显示或隐藏非打印字符，单击“文件”选项卡中的“选项”命令，打开“Word 2010 选项”对话框，在左侧选择“显示”，然后在右侧“始终在屏幕上显示这些格式标记”区域进行选择。

3.3 Word 2010 文本编辑

文档编辑主要包括文本的删除、复制、移动，撤销、恢复、查找、替换、插入批注和自动更正等工作。

3.3.1 文本的选定

在编辑文档前，首先需要选定要编辑的对象。选定文本的方式有以下几种。

1. 用鼠标选定文本

(1) 选定一个单词。双击该单词。

(2) 选定一个句子。按住 Ctrl 键，单击该句子的任意位置。

(3) 选定一行。在该行的左侧选定区单击。

(4) 选定一段。在该行的左侧选定区双击。

(5) 选定整篇文档。在文档的左侧选定区任意位置三击鼠标左键。

(6) 选定一个矩形区域。按住 Alt 键的同时拖动鼠标左键。

(7) 选定任意长度的连续文本。单击需选定的文本的起点，然后按住 Shift 键，再单击需选定的文本的终点；或按住鼠标左键，从起点拖动到终点。

(8) 选定不连续的文本。先选定第一个文本区域，然后按住 Ctrl 键的同时一次选定其他区域。

要取消当前选定文本只需单击选定对象以外的任意位置。

2. 用键盘选定文本

先将光标移到要选定的文本之前，然后用键盘组合键选择文本。常用组合键及功能如表 3-1 所示。

表 3-1 常用组合键及功能

按　键	功　能	按　键	功　能
Shift+→	向右选取一个字符	Shift+←	向左选取一个字符
Shift+↑	选取上一行	Shift+↓	选取下一行
Shift+Home	选取到当前行首	Shift+End	选取到当前行尾
Shift+PgUp	选取上一屏	Shift+PgDn	选取下一屏
Shift+Ctrl+→	向右选取一个字或单词	Shift+Ctrl+←	向左选取一个字或单词
Shift+Ctrl+Home	选取到文档开头	Shift+Ctrl +End	选取到文档末尾

3.3.2 删除、复制和移动

1. 删除

删除是将字符或对象从文档中去掉。

删除插入点左侧的字符：按 Backspace 键。

删除插入点右侧的字符：按 Del 键。

删除选定的文本或对象：选定文本区域或对象，再按 Del 键。

2. 复制

当文档中出现重复内容时可使用复制操作提高编辑效率。

剪贴板是文档进行信息交换的媒介。当执行复制或剪切命令后，所复制或剪切的内容都会放入到剪贴板中。Word 2010 提供 24 个子剪贴板，可同时存放 24 项复制或剪切的内容。单击“开始”选项卡“剪贴板”组右下角的↘按钮，文档编辑区左侧将显示“剪贴板”窗格。单击某子剪贴板右侧三角按钮，选择列表中的“粘贴”命令，可将该子剪贴板内容复制到当前文档中；选择“删除”命令，可清除该子剪贴板内容。

复制的操作步骤如下。

(1) 选定要复制的文本内容。

(2) 单击“开始”选项卡“剪贴板”组中的“复制”命令；或使用快捷键 Ctrl＋C，此时选定的文本内容被放入剪贴板中。

(3) 将插入点移到新位置，单击“开始”选项卡“剪贴板”组中的“粘贴”命令；或使用快捷键 Ctrl＋V，此时剪贴板中的内容就复制到新位置。

3. 移动

移动是将字符或者对象从原来的位置删除，插入到另一个新位置。移动操作与复制操作类似，只需在复制的操作步骤的第(2)步中，单击“开始”选项卡“剪贴板”组中的“剪切”命令，或使用快捷键 Ctrl＋X。

也可使用鼠标拖动的方法来完成复制和移动操作。选定要复制或移动的文本，按住 Ctrl 键的同时使用鼠标拖动选定的文本，可实现复制操作；直接使用鼠标拖动选定的文本，可实现移动操作。使用该方法复制和移动文本时，复制和移动的内容不会被放入剪贴板。

3.3.3 撤销和恢复

在文档编辑过程中难免会出现误操作，Word 2010 提供了撤销功能，用于取消最近对文档进行的操作。

撤销最近的一次操作可以单击快速访问工具栏上的“撤销”按钮。撤销多次操作的步骤如下。

(1) 单击快速访问工具栏上“撤销”按钮右侧的三角按钮，查看最近进行的可撤销操作列表。

(2) 单击列表中要撤销的操作。撤销某操作的同时，也撤销了列表中所有位于它上方的操作。

恢复功能用于恢复被撤销的操作，单击快速访问工具栏上的“恢复”按钮即可。

3.3.4 查找、替换和定位

Word 2010 中提供了很多自动功能，包括查找、替换和定位。

1. 查找

查找的功能主要用于在当前文档中搜索指定的文本或特殊字符。

1) 查找文本

(1) 单击“开始”选项卡“编辑”组中的“查找”命令，打开导航窗格，如图 3-9 所示。

图 3-9 导航窗格

(2) 在窗格的“搜索文档”文本框中输入要查找的内容，如“太阳屋”，按 Enter 键。

(3) 在窗格中将以浏览方式显示所有包含查找内容的片段，同时查找到的匹配文字会在文章中以黄色底纹标识。

2) 高级查找

(1) 单击“开始”选项卡“编辑”组中的“查找”命令左侧的三角按钮，在下拉列表中选择“高级查找”命令，弹出“查找和替换”对话框，如图 3-10 所示，单击“查找”选项卡。

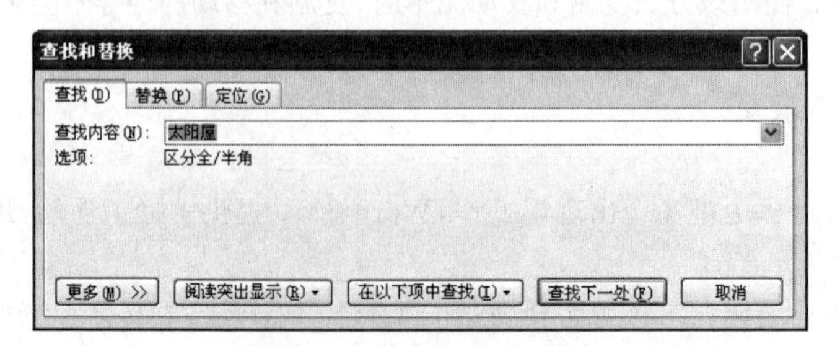

图 3-10 “查找和替换”对话框

(2) 在查找内容文本框中输入要搜索的文本。

(3) 单击“查找下一处”按钮,则从文档中插入点位置开始查找。

3) 查找特殊格式的文本

Word 2010 支持对特殊格式文本内容的查找。

(1) 打开图 3-10 所示的“查找和替换”对话框。

(2) 单击“更多”按钮。

(3) 在“查找内容”对话框中输入要查找的文字,如“太阳屋”。

(4) 单击“格式”按钮,在弹出菜单中选择“字体”命令,在“查找字体”对话框中设置查找的文本的格式,例如“微软雅黑,四号,粗体”,单击“确定”按钮,如图 3-11 所示。

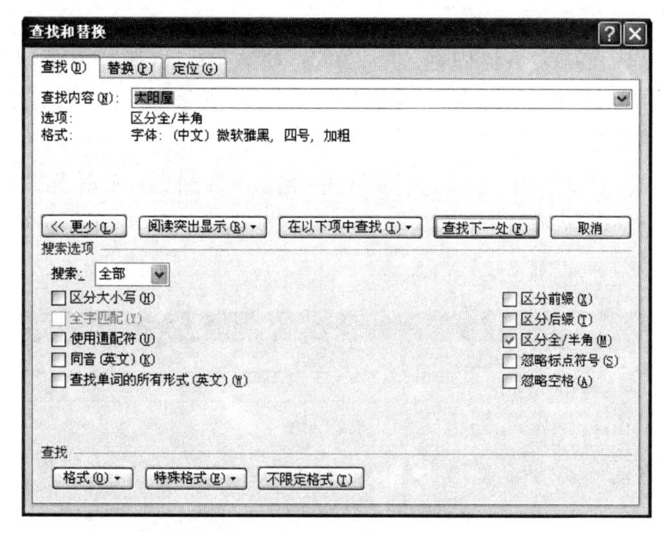

图 3-11 查找特殊格式的文本

(5) 单击“查找下一处”按钮,则从文档中插入点位置开始查找格式为“微软雅黑,四号,粗体”的“太阳屋”一词。

2. 替换

如果需要将文档中某些文本替换为另外的文本,可以运用替换功能。

单击“开始”选项卡“编辑”组中的“替换”命令,打开“替换”选项卡,如图 3-12 所示。

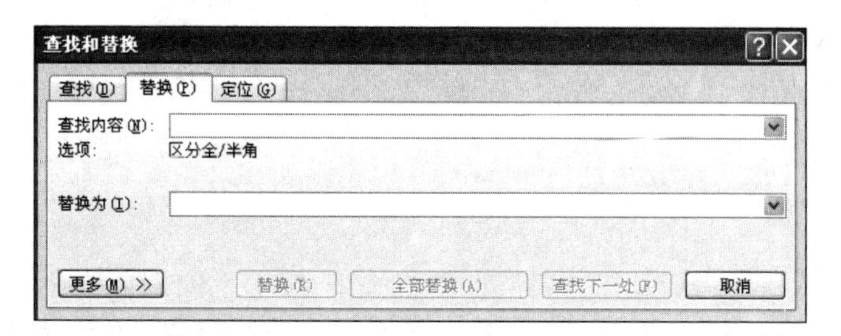

图 3-12 “替换”选项卡

(1) 在"查找内容"框中输入文字。

(2) 在"替换为"框中输入要替换的文字。

(3) 单击"查找下一处"按钮,文档中符合条件的内容被反白显示,单击"替换"按钮完成第一处替换。单击"查找下一处"按钮,可逐个确认是否替换;若要将文档中所有符合查找条件的文本全部替换,单击"全部替换"按钮。

若要进行特殊格式文本的替换,其操作步骤与特殊格式文本的查找方法类似。例如,可以将文档中的所有字体格式为"宋体,五号"的"淑女屋"一词替换为字体格式为"隶书,四号,加粗,绿色"的"太阳屋"一词。具体操作如下:

(1) 打开"查找和替换"对话框,切换到"替换"选项卡,分别在"查找内容"和"替换为"文本框中输入"淑女屋"和"太阳屋"。

(2) 单击"查找内容"文本框内部,然后单击"格式"按钮,在弹出菜单中选择"字体"命令,打开"查找字体"对话框,将字体格式设置为"宋体,五号"。然后关闭该对话框,完成查找内容的字体格式设置。

(3) 单击"替换为"文本框内部,然后单击"格式"按钮,在弹出菜单中选择"字体"命令,打开"替换字体"对话框,将字体格式设置为"隶书,四号,加粗,绿色",然后关闭对话框。完成设置后的效果如图 3-13 所示。

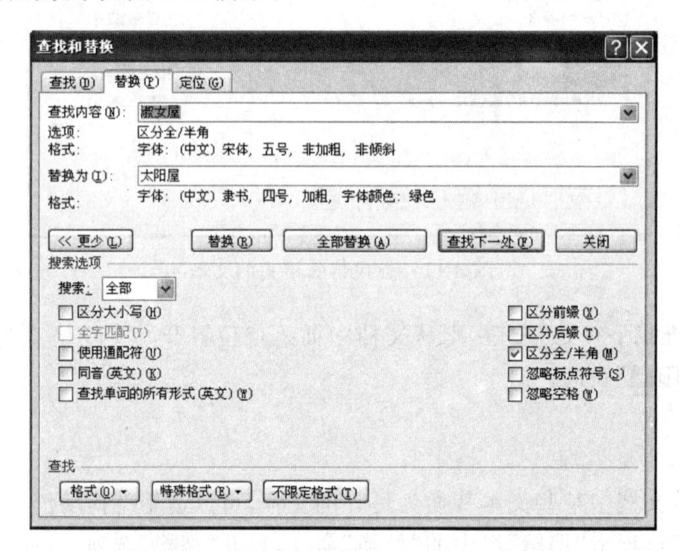

图 3-13 设置查找和替换选项后的对话框

(4) 单击"全部替换"按钮,对设置的内容进行全文档替换。替换前后文本效果如图 3-14 所示。

3. 定位

单击"开始"选项卡"编辑"组中的"查找"命令右侧的三角按钮,在下拉列表中选择"转到"命令,弹出"查找和替换"对话框,如图 3-15 所示。可按页码、节号、行号和书签等进行文本定位。

广告语	广告语
太阳屋，我要的感觉！	淑女屋，我要的感觉！
其他品牌推广工作	其他品牌推广工作
设计太阳屋的品牌形象。	设计淑女屋的品牌形象。
制作太阳屋的宣传视频，放于店铺首页。	制作淑女屋的宣传视频，放于店铺首页。

图 3-14 特殊格式文本替换前后效果

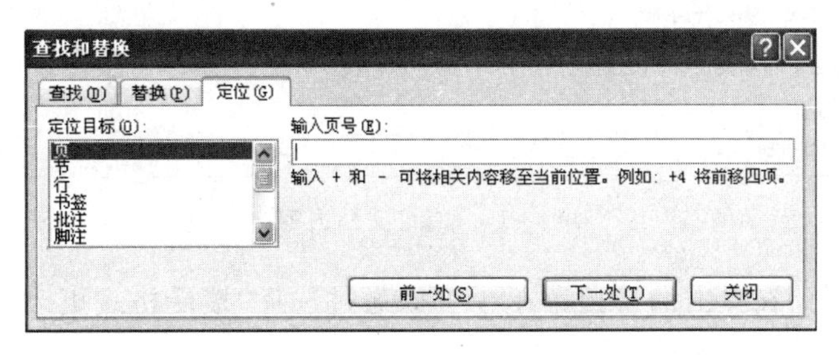

图 3-15 “定位”选项卡

3.3.5 插入批注和文档修订

Word 2010 提供了文档审阅功能，可以给文本插入批注以及对修改后的内容设置修订格式。

1. 在文档中插入批注

批注功能可以对文档中选定的文本内容添加说明性文字，如关于内容的修改意见等。给所选择的文本插入批注的步骤如下。

(1) 选择要设置批注的文本或内容。

(2) 单击“审阅”选项卡“批注”组中的“新建批注”命令。

(3) 在文档右侧显示的批注框中输入批注内容。设置批注效果如图 3-16 所示。

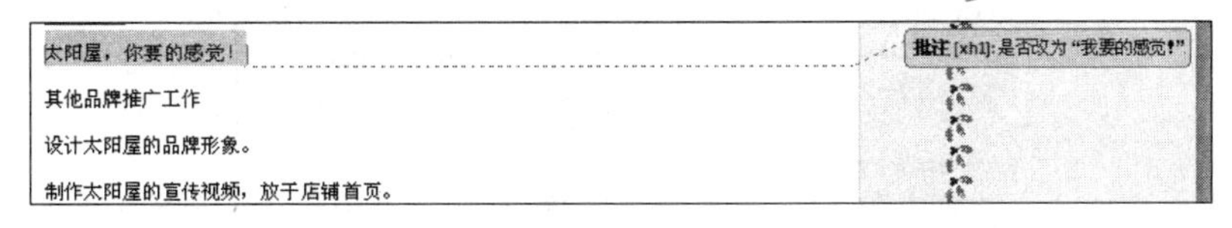

图 3-16 添加批注

文档中的每一个批注都包含两部分：批注编号和批注内容。图 3-16 中的[xh1]是该批注编号，其中，xh 是当前 Word 2010 的用户名，1 表示批注的编号。

2. 对文档内容进行修订

对文档内容修订的关键是启用修订模式，在此之后对文档进行的所有修订都将被

Word 2010 记录下来。单击“审阅”选项卡“修订”组中的“修订”命令，即可进入修订模式。在修订模式中可对文档内容进行任意修改，每一次修改都将显示出特有的修订标记，如图 3-17 所示。

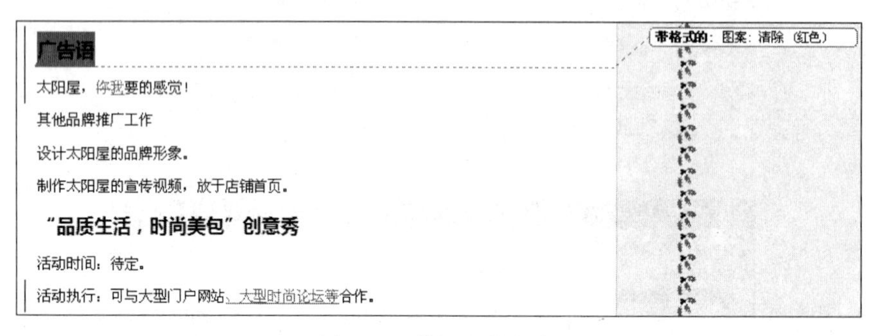

图 3-17　修订文档内容

右击某个修订，在弹出的快捷菜单中可以通过选择“接受格式更改”和“拒绝格式更改”命令确定是否接受对文档内容的修改。

3. 设置批注与修订

用户可以对批注和修订的外观进行自定义设置。单击“审阅”选项卡“修订”组中的“修订”命令下方的三角按钮，在弹出菜单中选择“修订选项”命令，打开“修订选项”对话框，如图 3-18 所示，在该对话框中可以调整批注和修订的外观。

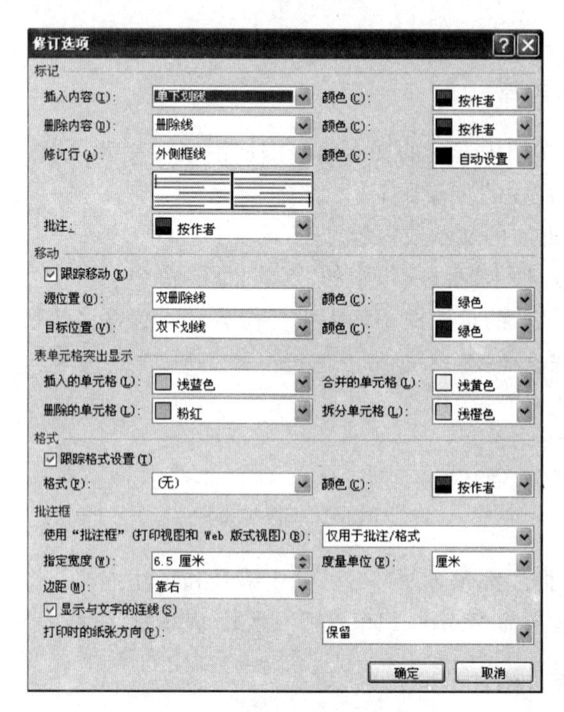

图 3-18　“修订选项”对话框

3.3.6 自动更正

Word 2010 提供自动更正功能以自动检测并更正输入错误、单词拼写错误、语法错误和大小写错误等。

用户可以选择"文件"选项卡中的"选项"命令，弹出"Word 选项"对话框，在左侧选择"校对"，即可在右侧窗口中设置自动更正的检查规则。

3.4 Word 2010 文档的格式设置

图 3-1 所示案例中，丰富多彩的文字、段落和页面格式增加了文档的可读性，同时使文档看起来更加美观。本节将主要围绕该案例介绍 Word 2010 文档的格式设置，主要包括字符格式设置、段落格式设置和页面设置等操作。

3.4.1 视图

Word 2010 为文档提供几种不同的显示方式，称为视图。用户可以根据自己的需求选择合适的视图方式显示文档，以提高查看和编辑文档的效率。

Word 2010 中提供了 5 种视图：页面视图、阅读版式视图、Web 版式视图、大纲视图和草稿视图。用户可通过单击窗口任务栏右侧的几个视图按钮，实现不同视图间的切换。

1. 页面视图

页面视图是 Word 2010 的默认视图。页面视图可以显示整个页面的分布和文档中的所有元素，如正文、图形、图片、页眉、页脚和页码等，并可对它们进行编辑。在该视图下，文档显示效果即打印后的真实效果，是一种"所见即所得"的视图方式。

2. 阅读版式视图

阅读版式视图便于用户对文档进行阅读。该视图下不显示文档的页眉、页脚，隐藏所有选项卡，以扩大显示区域，并且将相邻两个页面显示在同一个版面上，方便用户进行阅读和编辑。

3. Web 版式视图

Web 版式视图下显示的文档效果与使用浏览器打开文档的效果一样，优化了布局，使文档具有最佳屏幕外观，使得联机阅读更容易。

4. 大纲视图

大纲视图下用户可以折叠文档，只查看标题，使得长篇文档结构的查看变得非常方便；或者展开文档以查看整篇文档。同时，在该视图下可以通过拖动标题来实现文档的移动、复制和重组。

5. 草稿视图

草稿视图只显示所有的文本内容,以便快速编辑文本。页眉、页脚、图片、剪贴画和艺术字等不会显示。

3.4.2 字符格式设置

字符是指作为文本输入的汉字、字母、数字、标点符号和特殊符号,字符格式设置是对字符的字体、字号、颜色和显示效果等格式进行设置。Word 2010 中默认的中文字体为“宋体”,字号为“五号”,颜色为黑色。通过字符格式设置可以让字符外观更加漂亮。

Word 2010 中进行字符格式设置的方法主要有 3 种。

1. 用“字体”组设置字符格式

(1) 选中文本正文第一段文本“太阳屋品牌定位”。

(2) 在“开始”选项卡中“字体”组可以设置字符的字体为“微软雅黑”、字号为“四号”,单击“加粗”按钮为文字加粗。

设置好字符格式后的效果如图 3-19 所示。

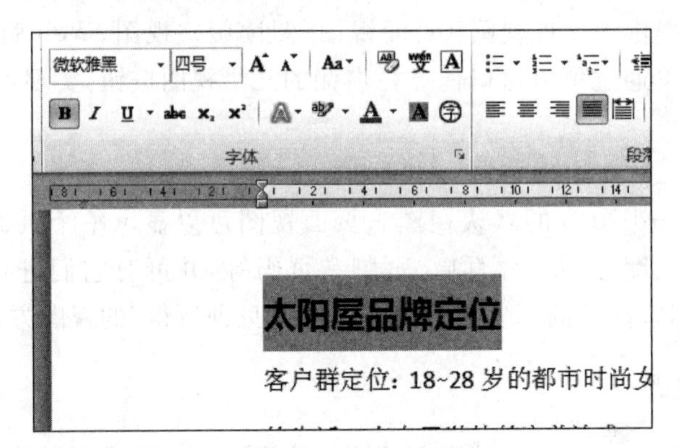

图 3-19 字符格式设置

2. 用“字体”对话框设置字符格式

单击“字体”组右下角的↘标志按钮,打开“字体”对话框,如图 3-20 所示,在“字体”选项卡可以设置字体、字形、字号、颜色、下划线、着重号和效果等,在“高级”选项卡可以设置字符间距及文本效果格式等。

3. 用浮动工具栏设置字符格式

选定要修改格式的文本后,在选定区域右移鼠标,会弹出浮动工具栏,如图 3-21 所示,可以使用上面的相应按钮来设置字符格式。

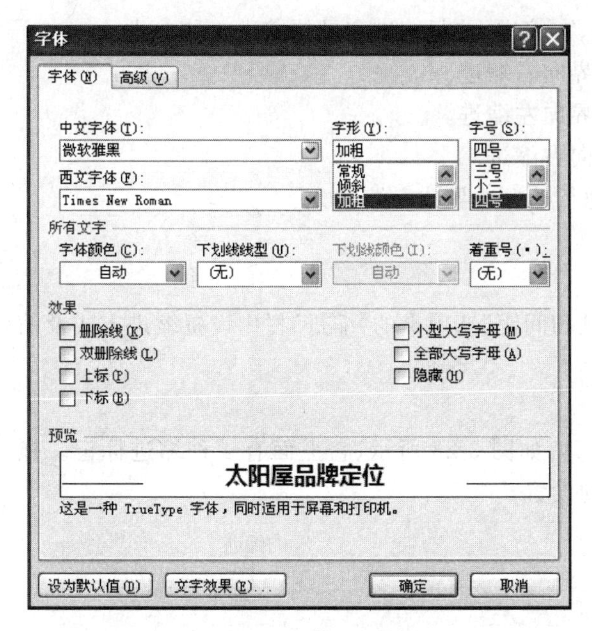

图 3-20 “字体”对话框

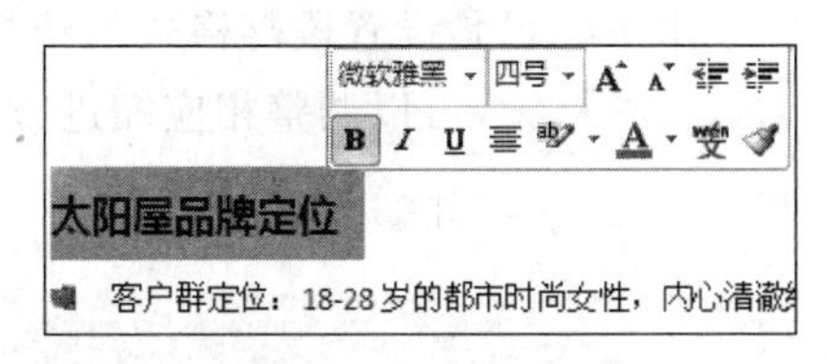

图 3-21 浮动工具栏

3.4.3 段落格式设置

在 Word 2010 中，段落是指以段落标记作为结束符的文字、图形或其他对象的集合。段落格式是以段落为单位的格式设置，主要包括段落对齐、段落缩进、行间距、段间距和段落的修饰等。设置段落格式时，如果只针对一个段落，直接将插入点置于该段落中即可；如果同时设置多个段落的格式，则要选定这些段落，然后，再进行段落格式的设置。

用户可以选择“开始”选项卡的“段落”组进行段落格式设置；也可单击“段落”组右下角的↘标志按钮，打开“段落”对话框，使用该对话框进行设置，如图 3-22 所示。

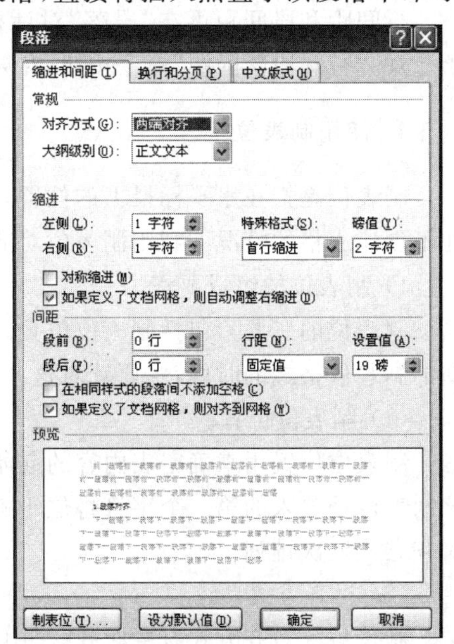

图 3-22 “段落”对话框

1. 段落对齐

段落对齐方式有左对齐、居中对齐、右对齐、两端对齐和分散对齐 5 种。用户可以在“段落”组单击相应命令按钮进行设置，也可以在“段落”对话框中“缩进和间距”选项卡的“对齐方式”列表框中进行选择。

2. 段落缩进

段落缩进是指段落相对于左右页边距向页

面内缩进一段距离。段落缩进有左缩进、右缩进、首行缩进和悬挂缩进4种方式。

左缩进：整个段落中所有行的左边界向右缩进。

右缩进：整个段落中所有行的右边界向左缩进。

首行缩进：段落第一行第一个字符向右缩进。

悬挂缩进：除首行外，段落中的其他行的左边界向右缩进。

设置段落缩进的方法有两种。

1）使用对话框设置

用户可以在"段落"对话框中的"缩进和间距"选项卡的"缩进"栏中设置缩进方式及缩进值。

2）使用标尺设置

水平标尺是设置段落格式的快捷工具，如图3-23所示，它上面有4种缩进标记。拖动这4种标记，可以调整相应缩进方式的设置。

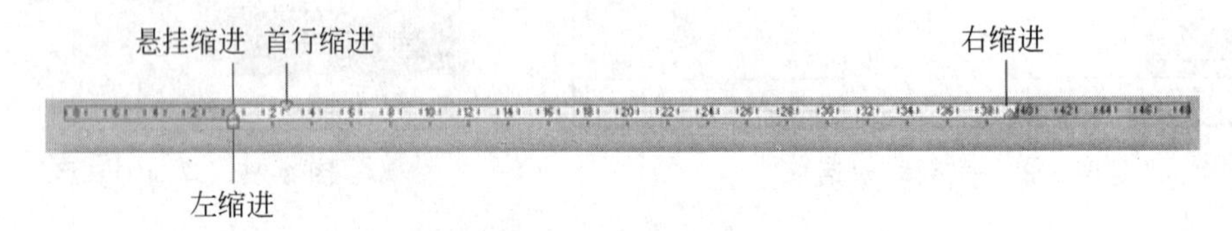

图3-23 水平标尺

3. 设置行间距和段间距

行间距是指段落中行与行之间的距离。段间距是指两个相邻段落之间的距离，包括段前间距和段后间距。

行间距和段间距可在"段落"对话框中的"缩进和间距"选项卡中设置，也可单击"段落"组的"行和段落间距"命令按钮，在列表中选择增加段前间距和段后间距。

4. 使用制表位

制表位是指在水平标尺上的位置，指定文字缩进的距离或一栏文字开始之处。可以在不创建表格的情况下利用制表位对齐文字。

1）制表位的组成要素

制表位的三要素包括制表位位置、制表位对齐方式和制表位的前导符。在设置一个新的制表位格式的时候，主要针对这3个要素进行操作。

(1) 制表位位置。

制表位位置用来确定表内容的起始位置。例如，确定制表位的位置为"3字符"时，在该制表位处输入的第一个字符将位于标尺上的3字符处，输入的其余字符将按照指定的对齐方式依次排列。

(2) 对齐方式。

制表位的对齐方式有左对齐、居中对齐、右对齐、小数点对齐、竖线对齐，其中左对齐、居中对齐和右对齐与段落的对齐格式一致；小数点对齐方式可以保证输入的数值是以小数点为基准对齐；竖线对齐方式会在制表位处显示一条竖线，在此处不能输入任何数据。

(3) 前导符。

前导符是制表位的辅助符号，用来填充制表位前的空白区间。前导符包括 4 种样式：实线、粗虚线、细虚线和点划线。

2) 制表位的设置

Word 2010 中默认的制表位位置是“2 字符”，用户可以根据需要使用以下两种方法自定义制表位。

(1) 利用“制表位”对话框精确设置制表位。

打开“段落”对话框，单击左下角的“制表位”按钮，打开“制表位”对话框，如图 3-24 所示。在“默认制表位”中显示了 Word 2010 默认的制表位位置，可以直接修改该数值改变制表位的位置。

用户也可通过以下操作自定义制表位：在“制表位位置”文本框中输入制表位的位置，选择对齐方式以及前导符样式，单击“设置”按钮。然后重复前两步操作，直到设置好所有的制表位，如图 3-25 所示，单击“确定”按钮使设置生效。

图 3-24 “制表位”对话框

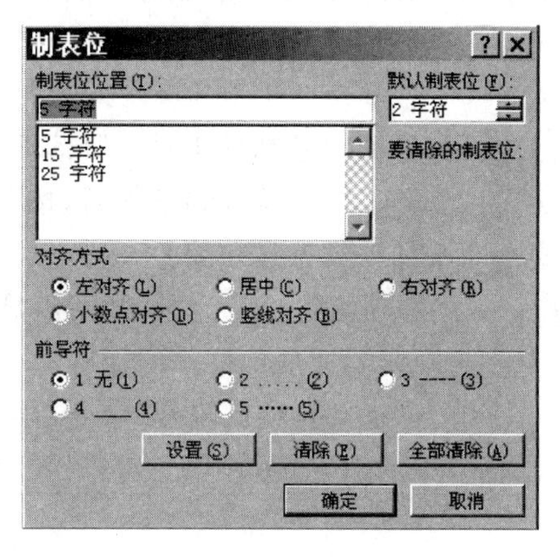

图 3-25 自定义制表位

(2) 利用水平标尺粗略设置制表位。

水平标尺的左端有制表位按钮，如图 3-26 所示，单击该按钮可在不同制表符之间切换。设置时，只需选定所需的制表符类型，然后单击水平标尺上需设置制表位的位置即可。如需移动制表位，可在水平标尺上左右拖动制表位标记。

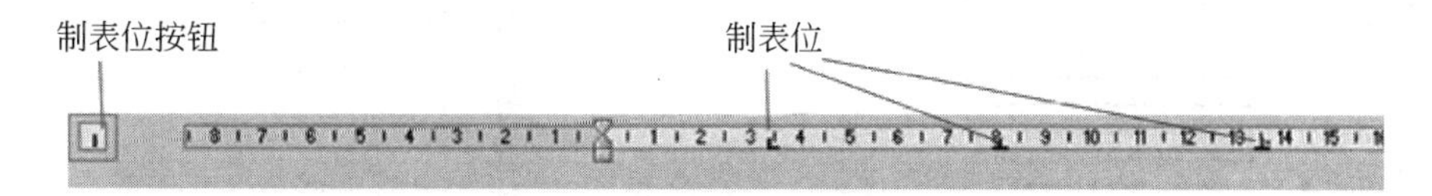

图 3-26 用水平标尺设置制表位

3) 制表位的应用

在 Word 2010 中，按一次 Tab 键就可以快速把插入点移动到下一个制表位处，在制表位处输入各种数据的方法与常规段落相同。

制表位属于段落的属性,它对整个段落起作用。在一个设置有制表位的段落中按Enter键产生一个新段落,新段落也会与上一段落具有同样的制表位位置。使用制表位输入文本的效果如图3-27所示。

姓名	课程	成绩
马达喜	英语	81.5
王尔力	计算机基础	98.6
张明亮	数据库管理系统	90.0
李思思	计算机基础	92.5

图 3-27 使用制表位效果

4) 制表位的删除

通过单击"制表位"对话框中的"清除"按钮可删除当前选择的制表位,若要删除所有自定义制表位,则需单击"全部清除"按钮。选中水平标尺上的制表位标记,使用鼠标将其拖动至水平标尺外,也可以删除该制表位。

5. 项目符号和编号

项目符号和编号都是相对于段落而言的。Word 2010提供自动添加项目符号和编号的功能。设置了项目符号和编号后,按Enter键开始新段落时,Word 2010会按上一段落格式自动添加项目符号和编号。

(1) 添加项目符号。为"太阳屋产品宣传方案"文档中的部分文本添加项目符号。

① 选中要添加项目符号的文本。

② 单击"定义新项目符号"命令,打开"定义新项目符号"对话框,如图3-28所示。再选择"图片"命令,在"图片项目符号"对话框中选择合适的项目符号,如图3-29所示。

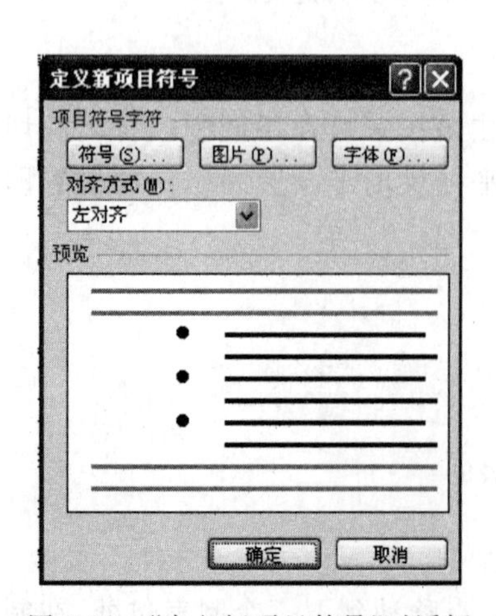

图 3-28 "定义新项目符号"对话框

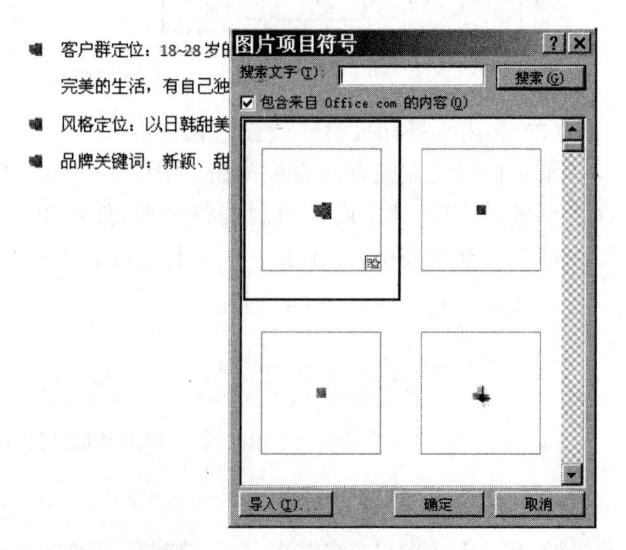

图 3-29 为文本添加图片项目符号

③ 单击"确定"按钮。

(2) 添加项目编号。为"太阳屋产品宣传方案"文档中的客户维系方案添加编号。

① 选中要添加编号的文本。

② 单击"开始"选项卡"段落"组中的"编号"按钮,在弹出的菜单中选择所需的编号方式,单击即可为其添加编号,如图 3-30 所示。

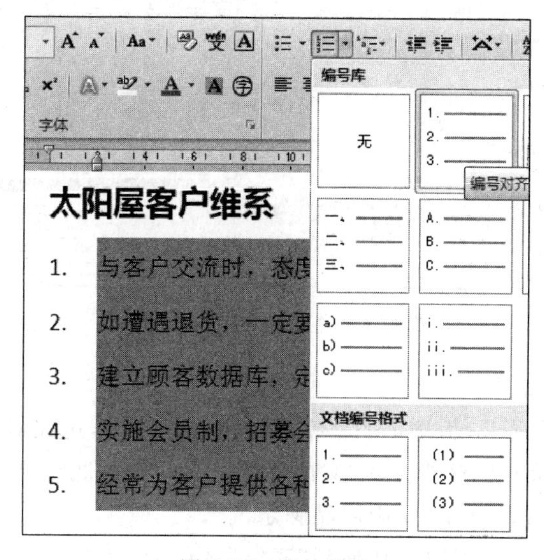

图 3-30 添加编号

6. 首字下沉

首字下沉是指段落中的第一个字下沉几行,以引起读者的注意。设置首字下沉的方法如下:选中一个段落,使用"插入"选项卡"文本"组中的"首字下沉"命令,在下拉列表中选择"下沉"或"悬挂"命令;用户也可单击下拉列表中的"首字下沉选项"命令,打开"首字下沉"对话框,设置首字字体和下沉行数等参数。

7. 边框和底纹

Word 2010 可以为所选择的文字、段落和全部文档添加边框和底纹,方法如下。

(1) 单击"开始"选项卡"段落"组中的"边框"按钮右侧的三角按钮,在下拉列表中选择"边框与底纹"命令,打开"边框与底纹"对话框。

(2) 单击"边框"选项卡,为选定的文字或段落添加不同线形的边框。

(3) 单击"页面边框"选项卡,为所选节或整篇文档添加页面边框。例如,为"太阳屋产品宣传方案"文档添加页面边框,方法如下。

① 打开"边框和底纹"对话框,切换到"页面边框"选项卡。

② 在左侧"设置"区域选择"自定义"。

③ 在"艺术型"列表中选择所需的边框。

④ 在右侧"应用于"列表中选择"整篇文档",如图 3-31 所示。

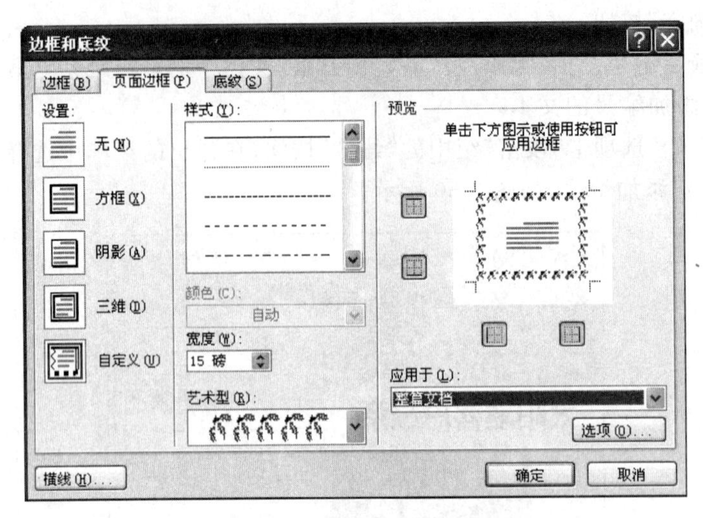

图 3-31　为文档添加页面边框

⑤ 单击"确定"按钮。

(4) 单击"底纹"选项卡，为选定的文字或段落添加底纹，可在对话框中设置底纹的颜色和图案，如为"太阳屋产品宣传方案"文档中部分文本添加底纹方法如下。

① 选中要添加底纹的文本"太阳屋品牌定位"。

② 打开"边框和底纹"对话框，切换到"底纹"选项卡。

③ 设置填充底纹为"红色"，在右侧"应用于"列表中选择"文字"，如图 3-32 所示。

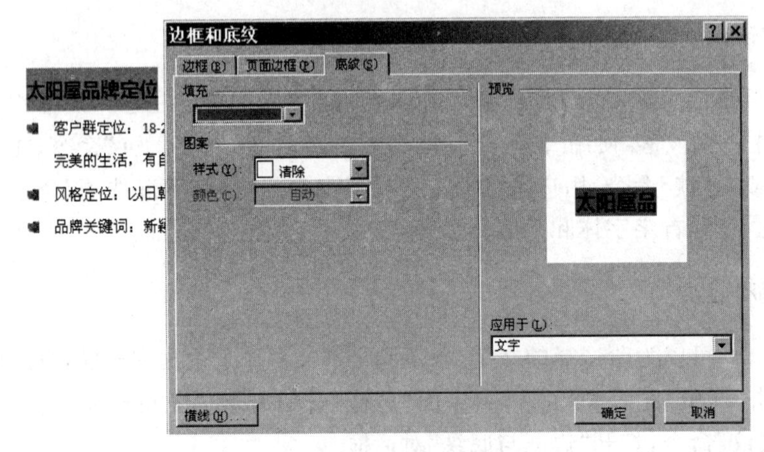

图 3-32　为文字添加底纹

④ 单击"确定"按钮。

3.4.4　页面格式设置

页面格式设置包括文档的页大小、页方向、页边距、页眉和页脚以及页面板块的划分等特殊设置。

1. 页面设置

单击“页面布局”选项卡“页面设置”组右下角的↘标记按钮，打开“页面设置”对话框，如图 3-33 所示，有关页面的设置可在此对话框中完成。

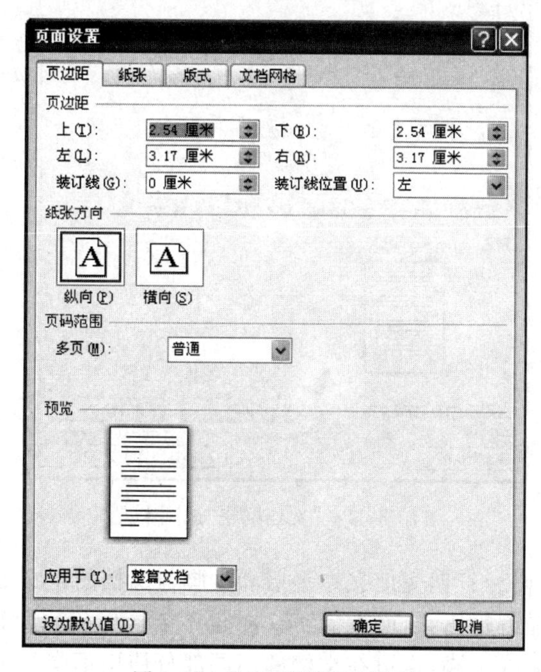

图 3-33 “页面设置”对话框

1) 设置纸张

在“页面设置”对话框中，选择“纸张”选项卡后，在“纸张大小”列表框中选择合适的纸张规格。

2) 设置页边距和纸张方向

页边距是指打印出的文本与纸张边缘之间的距离，需要指明文本正文与纸张的上、下、左、右边界的距离，即上边距、下边距、左边距、右边距。在“页面设置”对话框中，选择“页边距”选项卡后，可进行相应设置。当文档需要装订时，最好设置装订线的位置。还可以设置文字打印方向。

3) 设置版式

版式是指整个文档的页面格局。主要根据对页眉、页脚的不同要求来形成不同的版式。在“页面设置”对话框中，选择“版式”选项卡后，可以设置版式。

4) 设置字数和行数

在“页面设置”对话框中，选择“文档网格”选项卡后，如图 3-34 所示，可以设置每页的行数、每行的字数、文字排列方向、栏数等。

2. 页眉和页脚

页眉和页脚是指在文档页的顶端或底端重复出现的文字或图片信息，通常包含公司

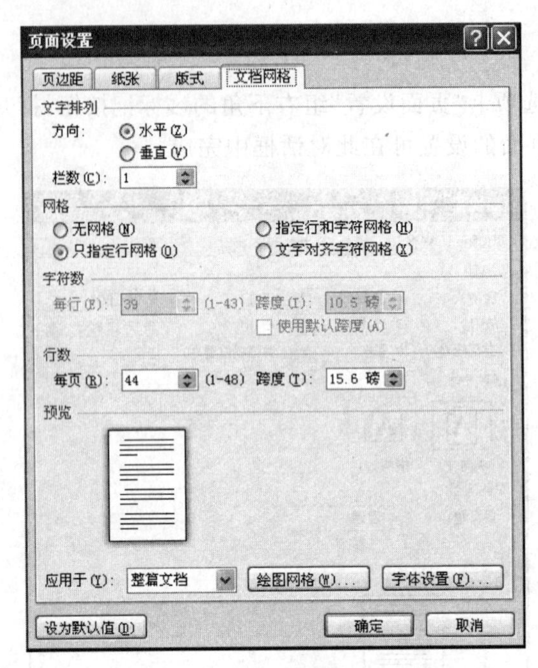

图 3-34 “文档网格”选项卡

徽标、书名、章节名、页码和日期等信息。页眉和页脚与文档的正文处于不同层次上,即在编辑页眉和页脚时不能编辑正文,而编辑正文时也不能同时编辑页面和页脚。在文档中可通篇使用同一个页眉或页脚,也可在文档的不同部分使用不同的页眉和页脚。

1) 建立和编辑页眉及页脚

建立页眉,可单击“插入”选项卡“页眉和页脚”组中的“页眉”按钮,在打开的下拉列表中选择用户所需的页眉样式,或选择下拉列表中的“编辑页眉”命令,这时插入点将定位显示在页眉处等待输入,文档编辑区的内容变灰,在功能区中出现“页眉和页脚工具设计”选项卡,如图 3-35 所示。

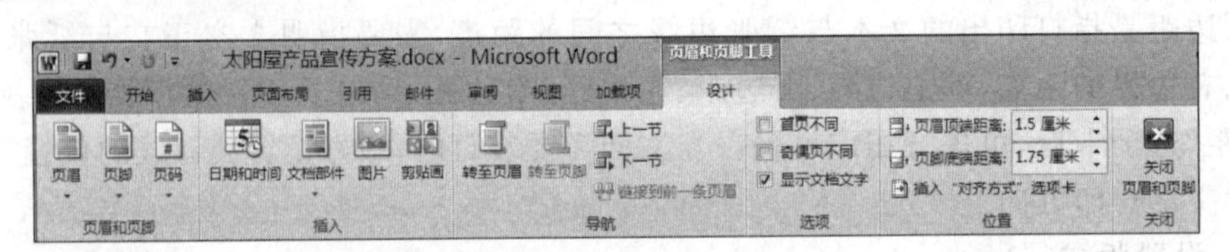

图 3-35 “页眉和页脚工具设计”选项卡

建立页脚,操作与建立页眉过程类似。例如,为“太阳屋产品宣传方案”文档插入页脚,其过程如下。

(1) 单击“插入”选项卡“页眉和页脚”组中的“页眉”按钮。

(2) 选择下拉列表中的“编辑页脚”命令。

(3) 在插入点处输入文字,如图 3-36 所示。

(4) 双击文档正文编辑区,退出页脚编辑状态。

同时编辑页眉和页脚时,可以使用“页眉和页脚工具设计”选项卡中“导航”组内的命

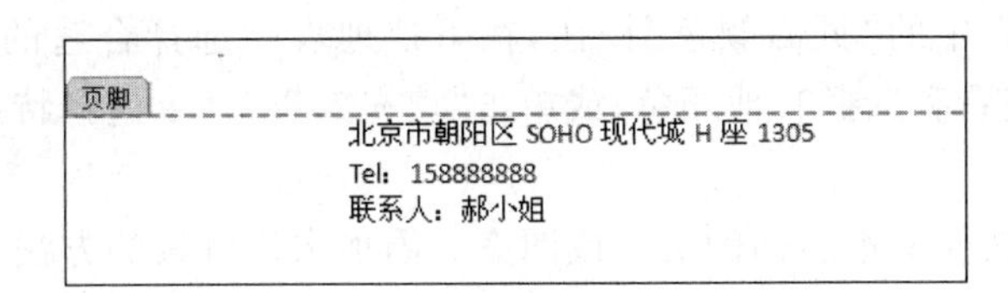

图 3-36　为文档插入页脚

令，实现页眉和页脚之间的切换。

进入页眉和页脚后，可在页眉区域输入文字或图形，也可单击“页眉和页脚工具设计”选项卡“插入”组上的按钮插入日期时间和图片等信息。

单击“页眉和页脚工具设计”选项卡“关闭”组上的“关闭”按钮，可以关闭“页眉和页脚工具设计”选项卡，同时页眉和页脚退出编辑状态。

2）设置不同页的页眉和页脚

当文档的各页对页眉和页脚的要求不同时，可以在“页面设置”对话框的“版式”选项卡中设置，也可在“页眉和页脚工具设计”选项卡“选项”组中设置。

（1）当设置各页的页眉、页脚均相同时，只需编辑某一页的页眉、页脚，其余各页的页眉、页脚随之确定。

（2）当仅设置首页和其余页的页眉、页脚不同时，选中“页眉和页脚工具设计”选项卡“选项”组中的“首页不同”复选框，然后先编辑首页的页眉、页脚，再编辑其余页的页眉、页脚。

（3）当设置奇偶页的页眉、页脚不同时，选中“页眉和页脚工具设计”选项卡“选项”组中的“奇偶页不同”复选框，然后先编辑某个奇数页的页眉、页脚，再编辑某个偶数页的页眉、页脚。

删除页眉、页脚时，单击“插入”选项卡“页眉和页脚”组中的“页眉”或“页脚”按钮，在下拉列表中选择“删除页眉”或“删除页脚”命令即可。

3）设置页码

页码是页眉或页脚的组成部分。

（1）插入页码。

通过单击“插入”选项卡“页眉和页脚”组中的“页码”按钮，在下拉列表中选择插入页码的位置和样式，系统就为各页在指定位置加上页码。

（2）设置页码格式。

通过单击“插入”选项卡“页眉和页脚”组中的“页码”按钮，在下拉列表中选择“设置页码格式”命令，打开“页码格式”对话框，如图 3-37 所示，在该对话框中设置合适的页码格式。

图 3-37　“页码格式”对话框

3. 页面背景

1）背景

可以将过渡色、图案、图片、纯色或纹理作为文档背景。添加方法：单击“页面布局”

选项卡“页面背景”组中的“页面颜色”按钮,在下拉列表中选择合适的背景颜色;或单击“其他颜色”命令,查看和选择其他颜色;或单击“填充效果”命令选择特殊效果。

2) 水印

水印是显示在文档文本后面的文字或图案。添加水印背景的方法:单击“页面布局”选项卡“页面背景”组中的“水印”按钮,在下拉列表中选择合适的水印,或者在下拉列表中选择“自定义水印”命令,打开“水印”对话框,如图 3-38 所示,在此对话框中设置文字水印。

图 3-38 “水印”对话框

4. 划分页面板块

在 Word 2010 中,通过对文档进行分页、分节和分栏处理,可以设置多种不同的版式。

1) 设置分页

通常情况下,用户在编辑 Word 2010 文档时,系统会自动进行分页。如果需要将某一页的某个位置之后的内容强制转到下一页,可以手动强制分页。

单击“页面布局”选项卡“页面设置”组中的“分隔符”按钮,在弹出的菜单中选择“分页符”命令,将在插入点位置插入一个分页符,如图 3-39 所示。分页符显示为单虚线,如果要取消强制分页,选中分页符,按 Del 键将其删除即可。

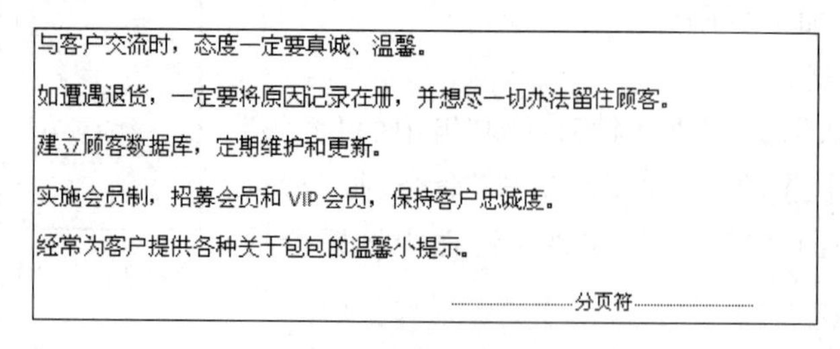
与客户交流时,态度一定要真诚、温馨。

如遭遇退货,一定要将原因记录在册,并想尽一切办法留住顾客。

建立顾客数据库,定期维护和更新。

实施会员制,招募会员和 VIP 会员,保持客户忠诚度。

经常为客户提供各种关于包包的温馨小提示。

……分页符……

图 3-39 对文档进行强制分页

2) 分节

默认情况下,Word 2010 将整篇文档作为一节处理。有时需要对文档不同部分进行不同的格式设置，如设置不同的页眉、页脚等，就要将文档分为多节。

单击"页面布局"选项卡"页面设置"组中的"分隔符"按钮，在弹出的菜单中"分节符"组中选择一种分节符，将在插入点位置插入一个分节符。Word 2010 中包括 4 种分节符。

(1) 下一页。在插入点位置添加一个分节符，并在下一页开始新的一节。

(2) 连续。在插入点位置添加一个分节符，在分节符之后开始新的一节。

(3) 偶数页。在插入点位置添加一个分节符，并在下一个偶数页开始新的一节。

(4) 奇数页。在插入点位置添加一个分节符，并在下一个奇数页开始新的一节。

分节符显示为双虚线，若要取消分节，选中分节符后按 Del 键将其删除即可。取消分节后，该节文本将使用下一节文本的格式。

3) 分栏

默认情况下，文档中输入的内容呈单栏显示。利用分栏功能可将文档内容按指定数量分栏。

(1) 选中要分栏的文本。

(2) 单击"页面布局"选项卡"页面设置"组中的"分栏"按钮，在弹出的菜单中选择一种分栏样式，或者单击菜单中的"更多分栏"命令，打开"分栏"对话框，如图 3-40 所示，在此对话框中进行栏数、宽度、间距设置。

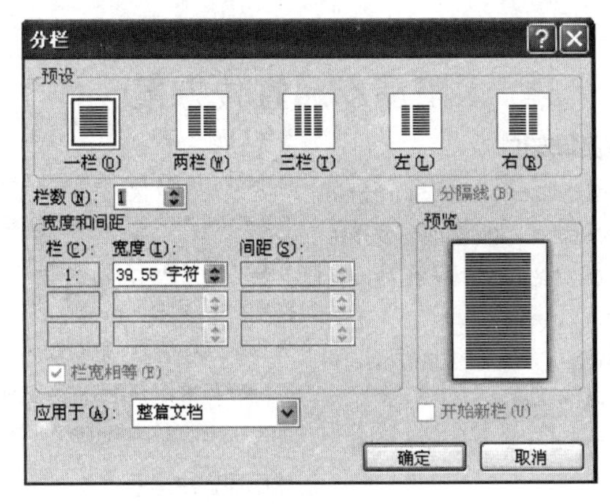

图 3-40 "分栏"对话框

有时分栏时会出现图 3-41 所示的状态，这时需要将标题设置为通栏标题。方法是选中要设置为通栏标题的文本，单击"页面设置"组的"分栏"按钮，选择"一栏"即可，效果如图 3-42 所示。

分栏后，有时出现左栏与右栏长度不相等的情况，影响版面效果，可以通过设置等长栏进行调整：将插入点置于要设置等长栏的文本结尾处，单击"页面设置"组的"分隔符"按钮，选择"连续"型分节符即可。

5. 插入目录

目录是文档中的重要元素，尤其在一篇论文或一本书籍中，其作用是列出文档中各级标题以及每个标题所在的页码。Word 2010 具有自动编制目录的功能。

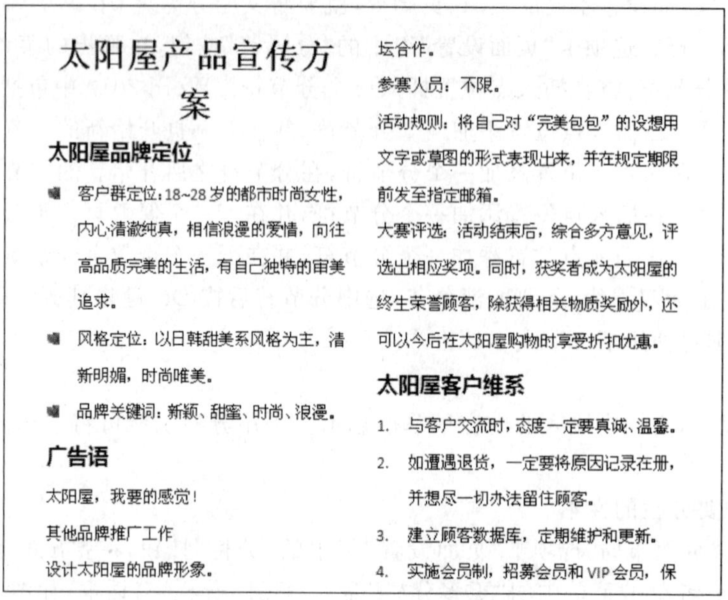

太阳屋产品宣传方案

太阳屋品牌定位

- 客户群定位：18~28岁的都市时尚女性，内心清澈纯真，相信浪漫的爱情，向往高品质完美的生活，有自己独特的审美追求。
- 风格定位：以日韩甜美系风格为主，清新明媚，时尚唯美。
- 品牌关键词：新颖、甜蜜、时尚、浪漫。

广告语

太阳屋，我要的感觉！

其他品牌推广工作

设计太阳屋的品牌形象。

坛合作。

参赛人员：不限。

活动规则：将自己对“完美包包”的设想用文字或草图的形式表现出来，并在规定期限前发至指定邮箱。

大赛评选：活动结束后，综合多方意见，评选出相应奖项。同时，获奖者成为太阳屋的终生荣誉顾客，除获得相关物质奖励外，还可以今后在太阳屋购物时享受折扣优惠。

太阳屋客户维系

1. 与客户交流时，态度一定要真诚、温馨。
2. 如遭遇退货，一定要将原因记录在册，并想尽一切办法留住顾客。
3. 建立顾客数据库，定期维护和更新。
4. 实施会员制，招募会员和VIP会员，保

图 3-41　未设置通栏标题

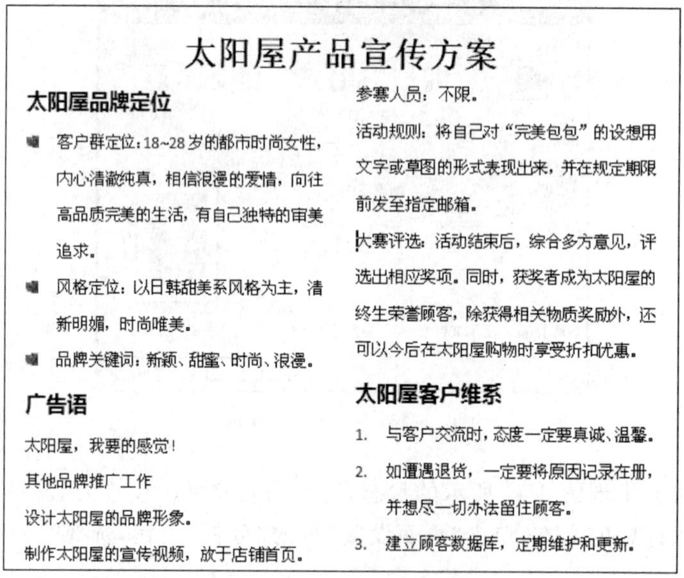

太阳屋产品宣传方案

太阳屋品牌定位

- 客户群定位：18~28岁的都市时尚女性，内心清澈纯真，相信浪漫的爱情，向往高品质完美的生活，有自己独特的审美追求。
- 风格定位：以日韩甜美系风格为主，清新明媚，时尚唯美。
- 品牌关键词：新颖、甜蜜、时尚、浪漫。

广告语

太阳屋，我要的感觉！

其他品牌推广工作

设计太阳屋的品牌形象。

制作太阳屋的宣传视频，放于店铺首页。

参赛人员：不限。

活动规则：将自己对“完美包包”的设想用文字或草图的形式表现出来，并在规定期限前发至指定邮箱。

大赛评选：活动结束后，综合多方意见，评选出相应奖项。同时，获奖者成为太阳屋的终生荣誉顾客，除获得相关物质奖励外，还可以今后在太阳屋购物时享受折扣优惠。

太阳屋客户维系

1. 与客户交流时，态度一定要真诚、温馨。
2. 如遭遇退货，一定要将原因记录在册，并想尽一切办法留住顾客。
3. 建立顾客数据库，定期维护和更新。

图 3-42　设置通栏标题

编排目录前必须做好准备工作：将文档中的各级标题用系统的标题样式进行格式化并为文档插入页码。之后，单击“引用”选项卡中“目录”组的“目录”按钮，在打开的列表中选择 Word 2010 预设的目录样式；如果希望更灵活地创建目录，可以选择列表中的“插入目录”命令，打开“目录”对话框，如图 3-43 所示，在该对话框中可以进行创建目录设置。

(1) 选中“显示页码”和“页码右对齐”复选框。

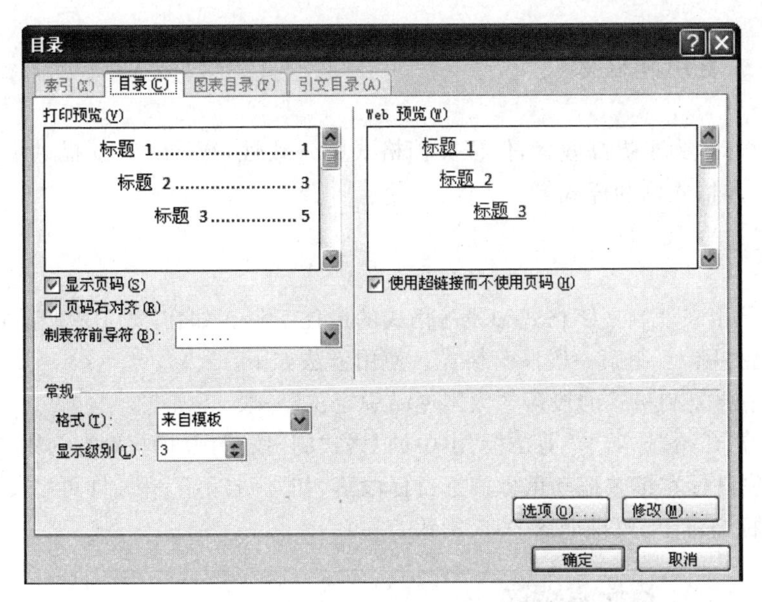

图 3-43 “目录”对话框

(2) 在“制表符前导符”下拉列表中选择合适的前导符。

(3) 在“格式”下拉列表中选择一种目录风格,“打印预览”框中可以看到显示效果。

(4) 在“显示级别”框中指定目录中显示的标题层数。

(5) 单击“确定”按钮。Word 2010 将搜索整个文档的标题及其对应页码,自动生成目录。生成目录效果如图 3-44 所示。

第 1 章你不可不知的淘宝......1
1.1 淘宝网介绍......1
1.2 淘宝开店的优势......5
1.3 开店前的准备......9
1.4 网上店铺实名认证......15
第 2 章开个小店做掌柜......17
2.1 开店流程......17
2.2 成为淘宝会员......18
2.3 使用淘宝工具软件......20
2.4 申请支付宝,交易有保障......22
2.5 先发布 10 个宝贝......24
2.6 开店了......26
2.7 推荐店铺里的宝贝......28
第 3 章试营运......30
3.1 卖宝贝的流程......30
3.2 和买家交流......31
3.3 修改交易价格......32
3.4 给买家发货......33
3.5 处理退款......33
第 4 章如何开好淘宝网店......35
4.1 别浪费店铺资源......35
4.2 如何让客户进入你的店铺......36
4.3 开店前需要思考的 5 个问题......38
4.4 衡量店铺经营水准的指标......41

图 3-44 生成目录效果

3.4.5 格式重用和模板

处理文档时，为了提高效率，保证文档格式的一致性，Word 2010 提供了与格式重用相关的功能，如格式刷和样式等。

1. 格式刷

格式刷是用来复制文字格式和段落格式的最佳工具。如在“太阳屋产品宣传方案”文档中，使用格式刷，复制第一段段落格式。使用方法如下。

(1) 选中要复制格式的段落，“太阳屋品牌定位”一段。

(2) 单击“开始”选项卡“剪贴板”组中的“格式刷”按钮，鼠标指针变为刷子形状。

(3) 按住鼠标左键并拖动鼠标刷选目标段落，如“广告语”一段，即可将复制的段落格式应用到目标文本上，效果如图 3-45 所示。

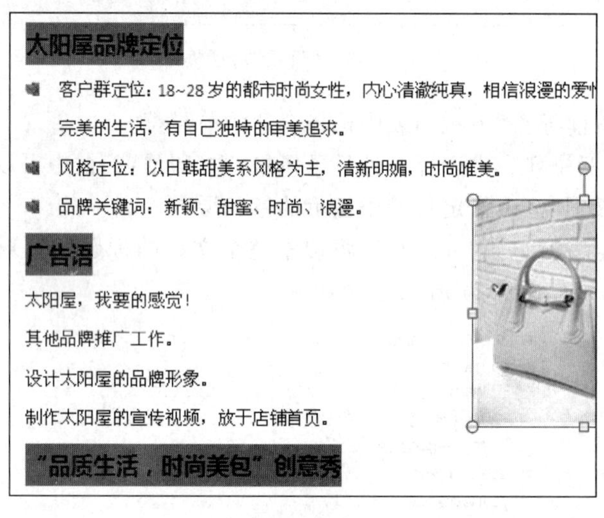

图 3-45 利用格式刷复制段落格式

这种方法只能复制格式一次，如果有多次复制，则在第(2)步时双击“格式刷”按钮，再分别选定多个目标，操作结束后，再次单击该按钮或按 Esc 键，使鼠标指针恢复正常。

2. 样式

样式就是用样式名表示的一系列系统或用户自定义的格式，包括字体格式、段落格式、正文格式以及标题格式等。样式包括字符样式和段落样式两种。字符样式保存字符格式，如字体、字号、粗体、斜体等；段落样式不但包含字符格式，还包含段落格式，如段落对齐方式、行间距、段间距等。

Word 2010 预定义了标准样式，用户也可根据自己的需要修改标准样式或重新定制样式。

1) 应用样式

选中需要应用样式的文本或段落，在“开始”选项卡“样式”组的样式列表中选择所需样式，所选文本或段落就按该样式重新排版。

2）创建样式

系统样式库中的样式不能满足用户需要时，用户可以自己创建样式。

选择一定的文本或段落，设置好字体或段落格式，单击“开始”选项卡“样式”组右侧滚动条的向下箭头，在展开的下拉列表中单击“将所选内容保存为新快速样式”命令，在弹出的对话框中给样式命名保存。

3）修改样式

在 Word 2010 中，系统样式和用户自定义样式都可修改。方法是右击“样式”组样式库中要修改的样式，在快捷菜单中，选择“修改”命令，打开“修改样式”对话框，如图 3-46 所示，在此对话框中可以调整样式的设置。

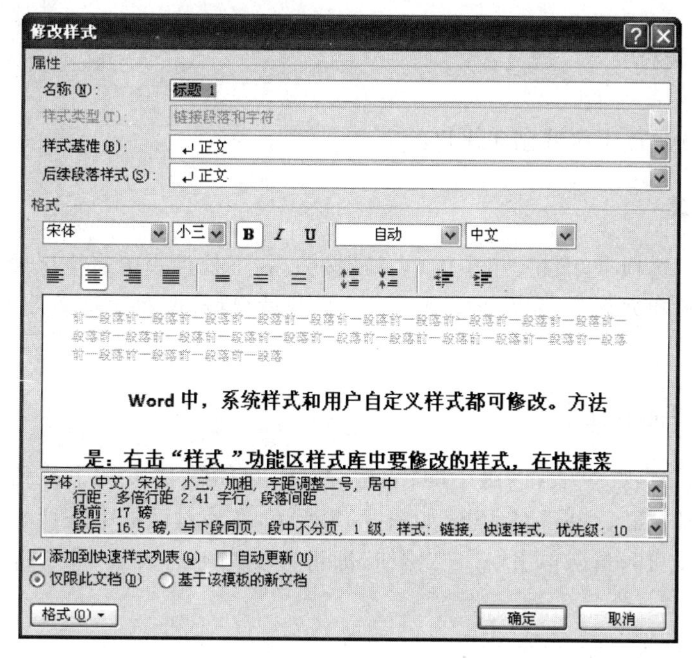

图 3-46 “修改样式”对话框

样式修改后，所有应用该样式的对象的格式都自动随之改变。

4）删除样式

右击“样式”组样式库中要修改的样式，在快捷菜单中，选择“从快速样式库中删除”命令，即可删除该样式。

3. 模板

模板是 Word 2010 自带的一种特殊文档，以 dotx 为扩展名，决定了文档的基本结构和文档设置，如字体快捷键、指定方案、页眉设置、特殊格式和样式等，使用它可以快速创建文档，大大提高工作效率。

Word 2010 提供了大量的模板，用户可以在新建文档时直接使用它们。用户也可以将自己设计好的文档保存为模板，选择“文件”选项卡中的“另存为”命令，打开“另存为”对话框,将"文件类型"设置为"Word 文档模板"即可。

3.5 表格操作

Word 2010 中的表格由一系列彼此相连的方框组成,每个方框称为一个单元格。单元格是一个小的编辑区,其中文本的输入和编辑操作与在文档窗口中的编辑操作基本相同。

表格的每个单元格中有单元格结束符,每一行的右侧有行结束符。单元格在表格中的位置用列坐标和行坐标来确定。列坐标为 A、B、C…,行坐标为 1、2、3…

图 3-2 就是使用表格制作的"个人简历"。制作该简历一般要经过创建表格、输入表格内容、修改表格结构、设置表格格式和设置边框底纹等步骤。

3.5.1 创建表格

Word 2010 提供了多种创建表格的方法。

1. 快速创建

单击"插入"选项卡"表格"组中的"表格"按钮,在下拉列表中表格区域拖动鼠标,选中所需表格的行数和列数后,如图 3-47 所示,然后释放鼠标,即在文档插入点位置插入所需表格。

2. 使用对话框创建

单击"插入"选项卡"表格"组中的"表格"按钮,在如图 3-46 的下拉列表中选择"插入表格"命令,打开"插入表格"对话框,如图 3-48 所示,在该对话框中进行相应的参数设置,如列数 5,行数为 16,最后单击"确定"按钮,即可在文档中插入一个 16 行 5 列的表格,如图 3-49 所示。

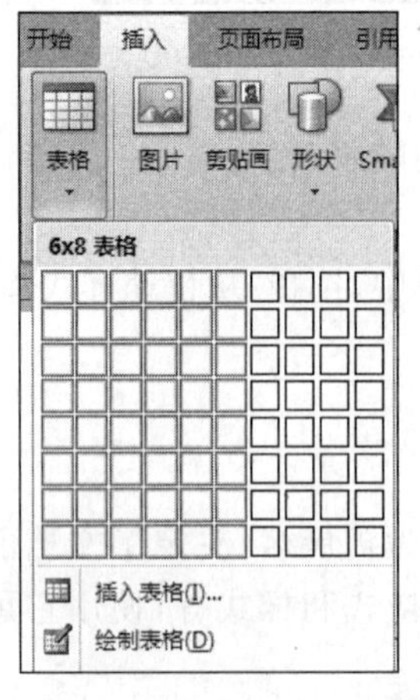

图 3-47 插入表格的下拉列表

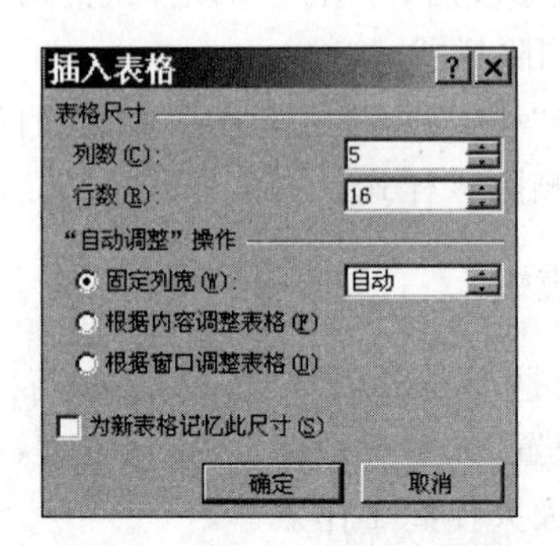

图 3-48 "插入表格"对话框

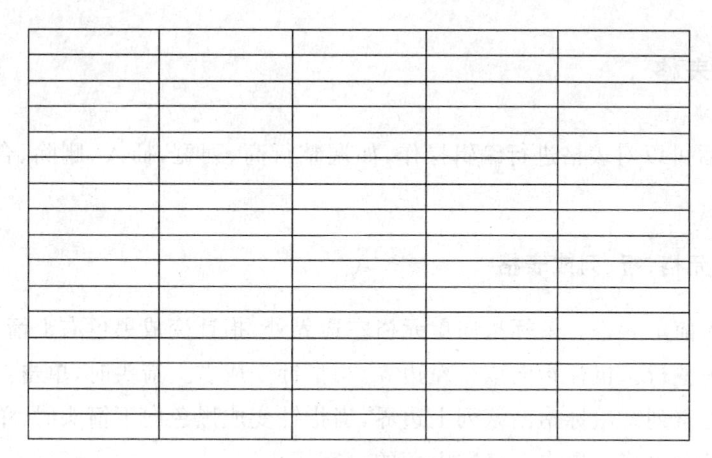

图 3-49　插入表格效果

3. 绘制表格

单击“插入”选项卡“表格”组中的“表格”按钮，在下拉列表中选择“绘制表格”命令，此时可以按住鼠标左键拖动鼠标绘制出表格外围边框和表格线。并且会出现“表格工具设计”和“表格工具布局”两个选项卡，在“表格工具设计”选项卡中可以设置绘制表格的线型、粗细、颜色、边框和底纹等。

3.5.2　输入表格内容

创建好表格后，每个单元格中会出现一个段落标记，将插入点置于单元格中，然后输入文本。输入效果如图 3-50 所示。

个人简历

姓名		性别		
民族		籍贯		
出生日期		婚姻状况		
学历		身高体重		
专业		健康情况		
求职意向				
毕业院校			邮编	
联系电话			邮箱	
语言能力				
主修课程				
个人技能				

图 3-50　在表格中输入文本

除了文本外，单元格中还可以插入图形和表格，Word 2010 会自动增加行高，容纳插入的图形和表格。

若要删除单元格中的内容，选中该单元格，按 Del 键即可。

3.5.3 编辑表格

创建表格后可以对表格进行编辑操作,如调整行高、列宽,插入、删除、合并和拆分单元格等。

1. 选定单元格、行、列或表格

(1) 选中当前单元格。鼠标指向单元格左边界处,指针变成黑色右上箭头,单击。

(2) 选中一整行。鼠标指向该行左边界,当指针变成右上箭头时,单击。

(3) 选中一整列。鼠标指向该列上边界,当指针变成黑色向下箭头时,单击。

(4) 选中整个表格。单击表格左上角的十字箭头。

(5) 选中多个单元格。单击第一个单元格,按住 Shift 键,单击最后一个单元格,即可选中连续的矩形区域的单元格;选中第一个单元格,按住 Ctrl 键,依次选中其余所需单元格,即可选中非连续的若干单元格。

2. 表格中的插入和删除操作

1) 插入单元格、行、列

如果要插入单元格,首先确定活动单元格,然后单击"表格工具布局"选项卡"行和列"组右下角↘标记按钮,弹出"插入单元格"对话框,如图 3-51 所示,在该对话框中进行选择"活动单元格右移"或"活动单元格下移"单选按钮,即可在活动单元格左侧或上侧插入一个新单元格。若在该对话框中选择"整行插入"或"整列插入"单选按钮,即可在活动单元格上侧插入一行或左侧插入一列。

2) 删除单元格、行、列

单击"表格工具布局"选项卡"行和列"组"删除"命令,在下拉列表中选择"删除单元格"命令,弹出"删除单元格"对话框,如图 3-52 所示,在该对话框中进行选择,即可删除活动单元格或其所在的行或列。

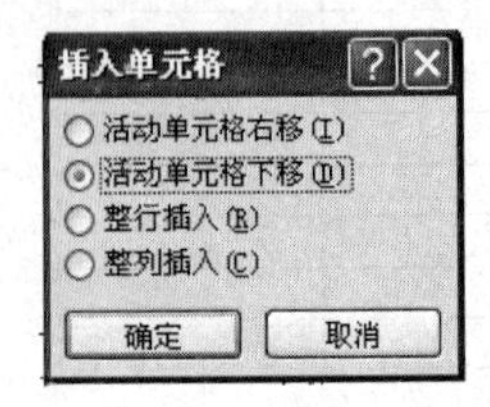

图 3-51 "插入单元格"对话框

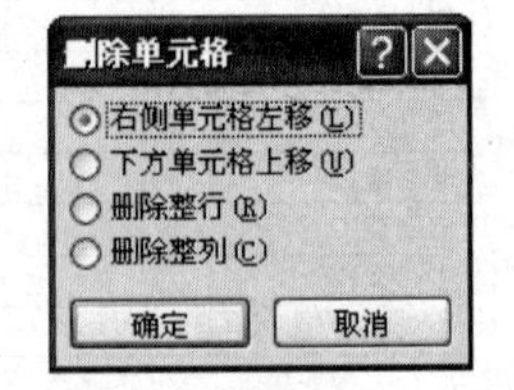

图 3-52 "删除单元格"对话框

3. 合并和拆分单元格

1) 合并单元格

选定要合并的若干相邻单元格,单击"表格工具布局"选项卡"合并"组"合并单元格"

命令；或右击选中的单元格，在快捷菜单中选择“合并单元格”命令。“个人简历”表格中，多处单元格需要合并，合并效果如图 3-53 所示。

2）拆分单元格

选定要拆分的单元格，单击“表格工具布局”选项卡“合并”组“拆分单元格”命令；或右击选中的单元格，在快捷菜单中选择“拆分单元格”命令，打开“拆分单元格”对话框，如图 3-54 所示，输入要拆分的列数和行数，单击“确定”按钮。

个人简历

姓名		性别		
民族		籍贯		
出生日期		婚姻状况		
学历		身高体重		
专业		健康情况		
求职意向				
毕业院校			邮编	
联系电话			邮箱	
语言能力				
主修课程				
个人技能				

图 3-53　合并单元格效果

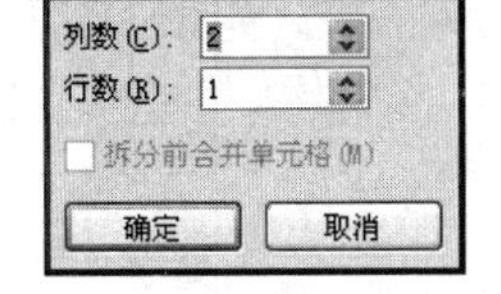

图 3-54　“拆分单元格”对话框

4. 格式化表格

选定表格，在选定区域右击，在快捷菜单中选择“表格属性”命令，打开“表格属性”对话框，如图 3-55 所示。

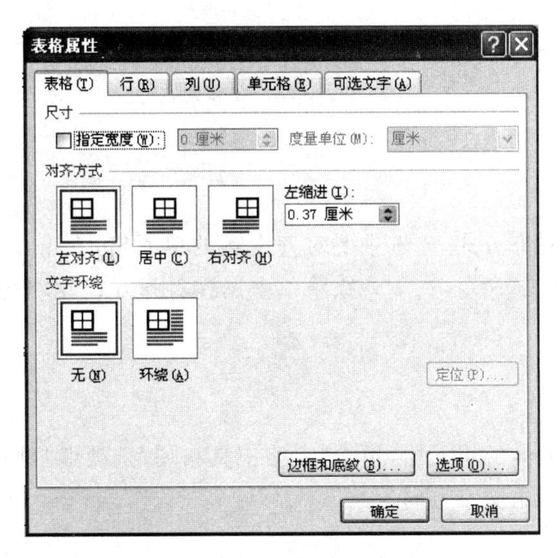

图 3-55　“表格属性”对话框

(1)“表格”选项卡。进行表格对齐方式、文字环绕的设置，单击“边框和底纹”按钮，可以进行表格边框和底纹的设置。

(2)“行”选项卡。进行表格行高的设置。

如设置“个人简历”表格中行高，方法如下。

① 选定“个人简历”表格中第 1～8 行。

② 打开“表格属性”对话框,选择“行”选项卡,设置“指定高度”为“1 厘米”。

③ 单击“确定”按钮。

使用上面方法可以把第 9 行和第 10 行的行高设置为 1.3 厘米,把其余行的行高设置为 2 厘米。

(3) “列”选项卡。进行表格列宽的设置。

(4) “单元格”选项卡。进行单元格内容垂直对齐格式的设置。

调整好行高和列宽的表格效果如图 3-56 所示。

个人简历

姓名		性别		
民族		籍贯		
出生日期		婚姻状况		
学历		身高体重		
专业		健康情况		
求职意向				
毕业院校			邮编	
联系电话			邮箱	
语言能力				
主修课程				
个人技能				

图 3-56 重置行高和列宽

5. 文字对齐

设置表格内容的对齐方式,先选中要对齐内容的单元格,右击该单元格,在快捷菜单中选择“单元格对齐方式”命令,在下一级菜单中选择对齐方式“水平居中”,文字对齐的效果如图 3-57 所示。

6. 设置文字方向

选中需调整文字方向的单元格,单击“表格工具布局”选项卡“对齐方式”组中“文字方向”命令,可调至单元格中文字方向。

7. 添加边框和底纹

可以通过给表格或部分单元格添加边框和底纹,来突出所强调的内容,或增加表格的美观。

1) 添加表格边框

(1) 选定表格或表格中的单元格。在此,选中“个人”简历整个表格。

个人简历

姓名		性别		
民族		籍贯		
出生日期		婚姻状况		
学历		身高体重		
专业		健康情况		
求职意向				
毕业院校			邮编	
联系电话			邮箱	
语言能力				
主修课程				

图 3-57 文字对齐的效果

(2) 单击在“开始”选项卡“段落”组中的“下框线”按钮，在列表中选择“边框和底纹”命令，打开“边框和底纹”对话框，如图 5-58 所示。

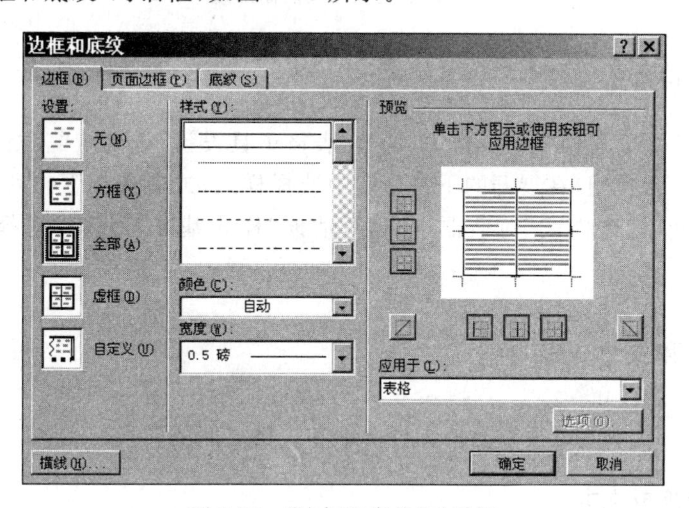

图 3-58 “边框和底纹”对话框

(3) 在“边框”选项卡中设置表格边框样式、颜色和宽度。单击右侧“预览”区域的按钮可选择应用边框的框线。

(4) 在“应用于”下列列表中选择“表格”。如果选择“文字”或“段落”，则是为单元格中的文字或段落添加边框。

(5) 单击“确定”按钮。

2) 添加底纹

选定表格中的单元格，打开“边框和底纹”对话框的“底纹”选项卡，指定填充色和图案等，在“应用于”下列列表中按需要进行选择。

设置好边框和底纹的表格效果如图 5-59 所示。

个人简历

姓名		性别		
民族		籍贯		
出生日期		婚姻状况		
学历		身高体重		
专业		健康情况		
求职意向				
毕业院校			邮编	
联系电话			邮箱	
语言能力				
主修课程				
个人技能				

图 3-59 边框和底纹添加效果

8. 自动套用格式

插入点置于要套用格式的表格中,单击“表格工具设计”选项卡“表格样式”组样式列表滚动条下的三角按钮,在展开的下拉列表中选择样式;或者选择下拉列表中“修改表格样式”命令,打开“修改样式”对话框,在该对话框“样式基准”列表中选择表格要套用的格式。

3.5.4 表格和文本的转换

在 Word 2010 中可以很方便地进行文本和表格之间的转换。

1. 表格转换成文本

将表格转换成文本,可以指定逗号、制表符、段落标记或其他字符作为转换时分隔文本的分隔符。转换方法如下。

(1) 选定要转换成文本的行或整个表格。

(2) 单击“表格工具布局”选项卡“数据”组“转换为文本”命令,弹出“表格转换成文本”对话框,如图 3-60 所示。

(3) 选择所需的文字分隔符。

(4) 单击“确定”按钮。

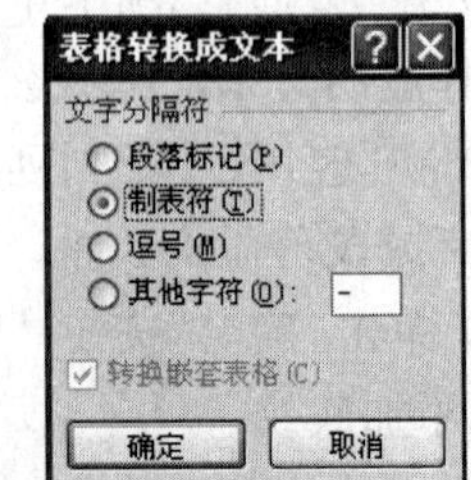

图 3-60 “表格转换成文本”对话框

2. 文本转换成表格

Word 2010 中可以将具有某种排列规则的文本转换成表格，转换时必须指定文本中的逗号、制表符、段落标记或其他字符作为单元格文字的分隔位置。转换方法如下。

(1) 先将需要转换的文本通过插入分隔符来指明在何处将文本分行分列，如下面文本所示，插入段落标记表示分行，插入逗号表示分列：

姓名,计算机,高数,英语
王宝丽,88,97,94
张高虎,90,87,92
李璐,97,90,79

(2) 选中要转换的文本，单击"插入"选项卡"表格"组"表格"按钮，在下拉列表中选择"文本转换成表格"命令，弹出"将文本转换成表格"对话框，如图 3-61 所示，在该对话框中进行参数设置。转换后的表格如表 3-2 所示。

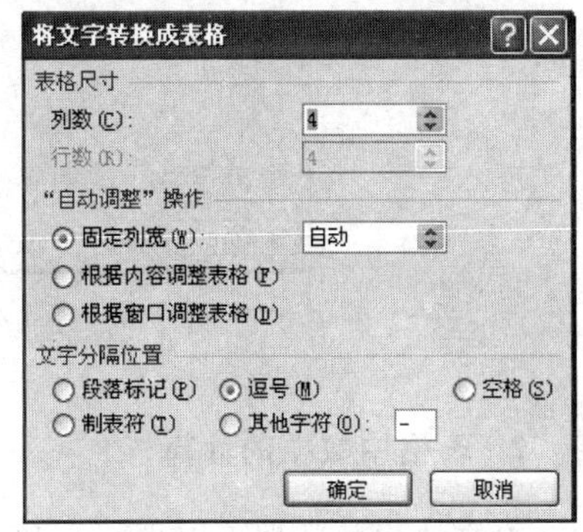

图 3-61 "将文字转换成表格"对话框

表 3-2 转换后的表格

姓 名	计 算 机	高 数	英 语
王宝丽	88	97	94
张高虎	90	87	92
李璐	97	90	79

3.5.5 表格中数据的排序和计算

在 Word 2010 中，用户可以对表格中的数据进行排序，也可利用函数对数据进行计算。

1. 表格中数据的排序

表格中的数据可以按需要进行排序，方法如下。

(1) 将插入点置于要排序的表格中。

(2) 单击"表格工具布局"选项卡"数据"组"排序"命令，打开"排序"对话框，如图 3-62 所示。

(3) 在主要关键字列表中选择要排序的列名。

(4) 在"类型"下拉列表中选择要排序的方式。

(5) 选定"升序"或"降序"单选按钮，单击"确定"按钮。

Word 2010 允许按照 3 个关键字排序，若需要按多个关键字排序，还要设置次要关键词和第三关键字。

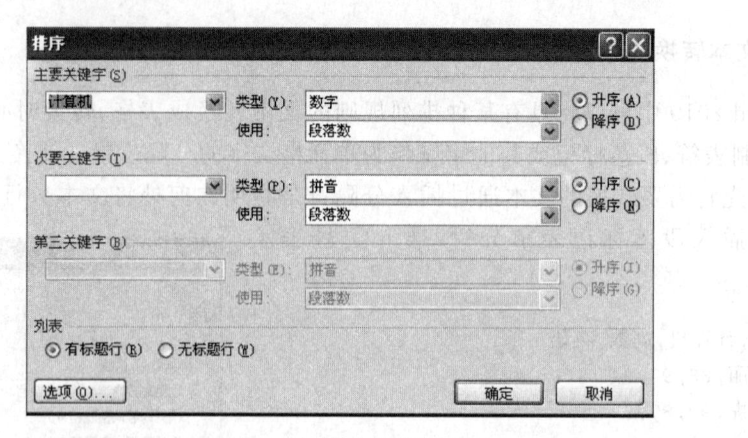

图 3-62 “排序”对话框

2. 表格中数据的计算

对表格中的数据可以进行求和、求平均值等数据统计,具体方法如下。

(1) 插入点置于要放置计算结果的单元格。

(2) 单击“表格工具布局”选项卡“数据”组“公式”命令,打开“公式”对话框,如图 3-63 所示。

(3) 在对话框的“粘贴函数”下拉列表中选择所需函数,如 SUM()、AVERAGE()等,“公式”文本框中会出现所选函数;或者在“公式”文本框中直接输入公式。然后在公式的括号中输入单元格引用,就可对所引用单元格的内容进行函数计算。

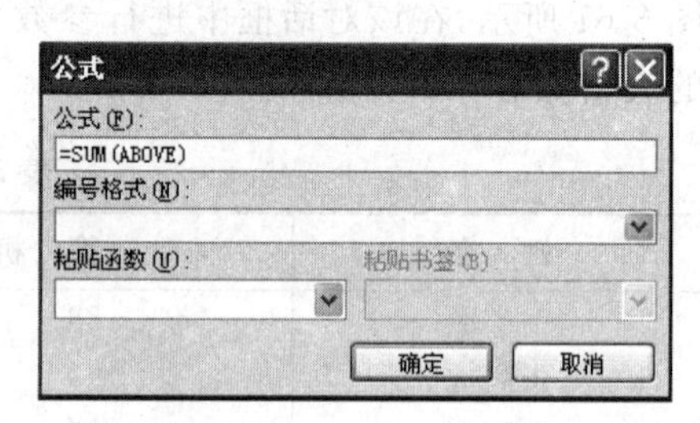

图 3-63 “公式”对话框

注意:“公式”文本框中输入的公式必须以“=”开头。

以 SUM()函数为例,介绍 3 种函数括号中可以指定的操作对象。

① SUM(LEFT)和 SUM(ABOVE)分别表示对插入点左侧或上方若干相邻单元格内容求和。

② 引用单独的单元格。若引用多个单独的单元格,需用逗号分隔单个单元格。如 SUM(A1,B2,C5)表示对 A1、B2、C5 3 个不相邻的单元格内容求和。

③ 引用连续单元格。需用冒号分隔引用矩形区域的左上角和右下角的单元格,如 SUM(A1:C5)表示对 A1 到 C5 矩形区域中的单元格内容求和。

(4) 在“编号格式”下拉列表中设置计算结果的格式。

(5) 单击“确定”按钮。

3.6 其他对象的操作

利用 Word 2010 提供的图文混排功能,用户可以在文档中插入图片、艺术字、文本框、自选图形、公式等各种对象,并对它们进行编辑。

3.6.1 图片

1. 插入剪贴画

Office 提供一个剪贴库,其中包含多个剪贴画、声音和影片等内容,统称为剪辑。用户可以使用“剪辑管理器”添加、分类和浏览这些媒体剪辑。

选择“插入”选项卡“插图”组中的“剪贴画”命令,打开“剪贴画”任务窗格,在“搜索文字”框中输入与查找的剪贴画相关的关键字,单击“搜索”按钮,将会在搜索结果列表中列出与关键字相关的所有剪贴画,如图 3-64 所示,单击所需剪贴画,所选剪贴画即可插入文档中。

如果用户想获得更多匹配关键字的剪贴画,可以先选中“包括 Office. com”复选框,再单击“搜索”按钮。

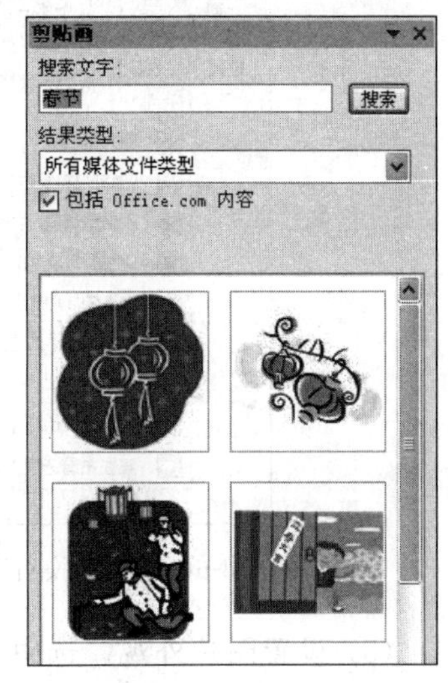

图 3-64 “剪贴画”任务窗格

2. 插入图片

选择“插入”选项卡“插图”组中的“图片”命令,打开“插入图片”对话框,选择要插入的图片,单击“插入”按钮,即可将图片插入到文档中。

3. 编辑图片

选定要编辑的剪贴画或图片,会出现“图片工具格式”选项卡,如图 3-65 所示,选择选项卡上合适的选项,可对图片进行编辑。

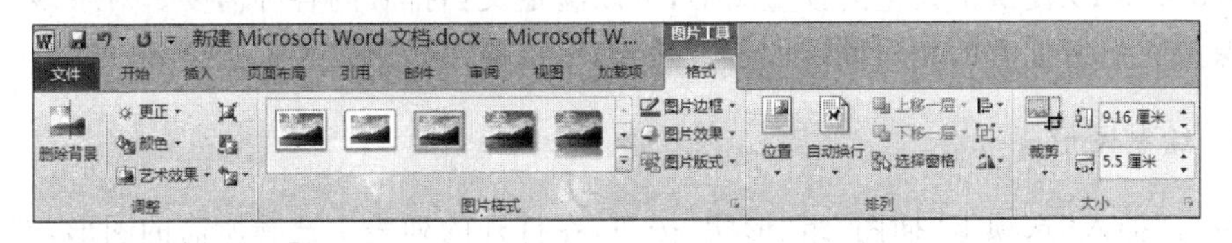

图 3-65 “图片工具格式”选项卡

下面介绍几种常用的编辑图片操作。

(1) 移动图片。图片在文档中的存在方式有两类:嵌入式和浮动式。默认情况下,插入的图片为嵌入式。嵌入式图片与文字类似,只能在文档的每一行中移动和存放,而不能随意移动。浮动式图片则可以在文档中随意移动。对于浮动式图片,单击图片,当指针为“+”形状时,拖动鼠标到新位置,放开鼠标可实现图片的移动。

(2) 设置图文环绕方式。通过设置图文环绕方式可将嵌入式图片转换为浮动式图片。选中文档中的嵌入式图片,选择“图片工具格式”选项卡“排列”组中“自动换行”命令,在弹出菜单中,如图 3-66 所示,选择某种环绕方式即可。

(3) 调整图片大小。单击图片,图片周围出现 8 个小方块,称为图片的控制点,用鼠标拖动控制点可改变图片大小。

(4) 裁剪图片。可以使用“图片工具格式”选项卡“大小”组的“裁剪”命令剪裁图片,如图 3-67 所示。选择菜单中的“裁剪”命令,可使用鼠标拖动的方法进行图片的任意裁剪外;还可以使用“裁剪为形状”或“纵横比”命令,将图片裁剪为某一种形状或者是按预设的某种比例进行快速裁剪。

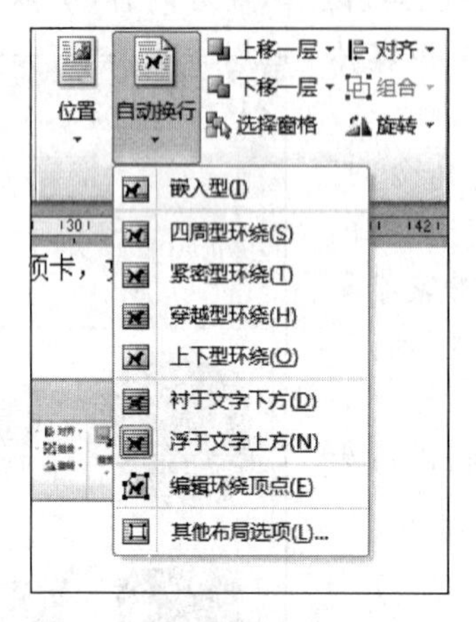

图 3-66 “自动换行”命令菜单

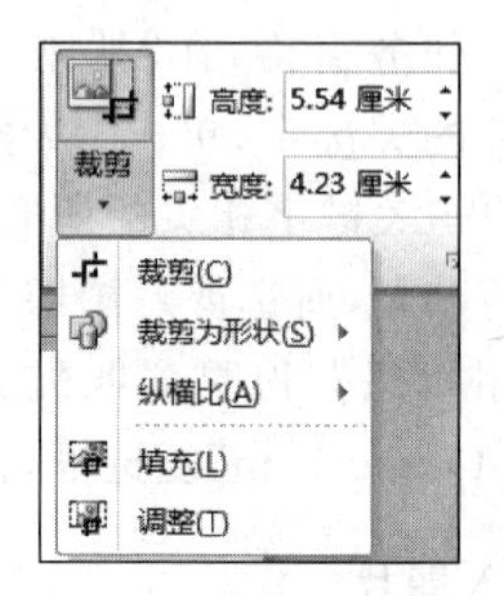

图 3-67 “裁剪”命令菜单

(5) 设置图片外观。选中要设置的图片,在“图片工具格式”选项卡“图片样式”组中选择预置的图片艺术效果即可快速实现图片外观的设置。还可以配合“调整”组中的选项调整图片的亮度、对比度、颜色等不同参数,实现对图片外观的多样化设置。

3.6.2 图形

Word 2010 提供了大量的预置图形,可以满足文档排版的各种需要。对于多个图形,为了保持它们所拥有的相对固定的位置关系,可以使用画布将它们组合到一起。

1. 绘制图形

单击“插入”选项卡“插图”组“形状”按钮,在打开的列表中选择所需的图形,然后在文档中按住鼠标左键进行拖动,即可绘制出一个指定大小的图形。如果需要多次重复绘制同一个图形,可在列表中右击要使用的图形,在弹出的菜单中选择“锁定绘图模式”命令,然后再进行绘制。当要绘制其他图形时,按 Esc 键即可。

2. 在图形中添加文字

右击文档中的图形,在弹出的菜单中选择“添加文字”命令,图形中出现插入点,此时可输入和编辑文字。

3. 设置图形外观

单击文档中的图形,出现“绘图工具格式”选项卡,如图 3-68 所示,使用该选项卡“形状样式”组下拉列表中的选项可快速设置图形外观，也可使用“形状填充”，“形状轮廓”、“形状效果”按钮自定义图形外观。

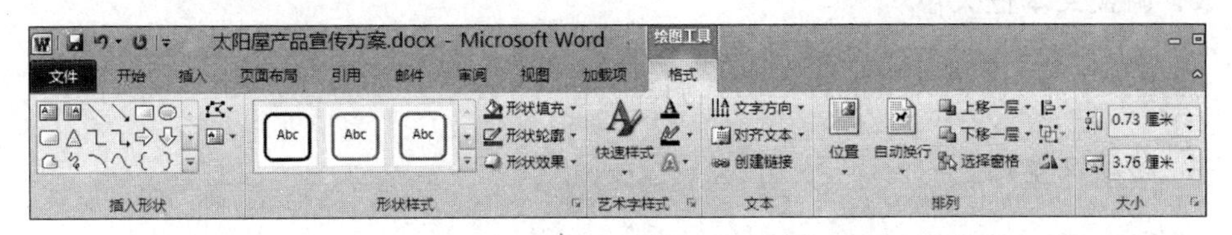

图 3-68 “绘图工具格式”选项卡

4. 使用画布整合多个图形

使用绘图画布可以将多个不同的图形组织到一起，这样在移动绘图画布时其中的图形将随之一起移动，而且图形之间的位置关系不会发生任何变化。使用画布绘图的方法如下。

(1) 在“形状”列表中，选择“新建绘图画布”选项，即在插入点位置插入一个绘图画布。

(2) 单击绘图画布，然后在画布中插入图片或绘制图形，这样这些图形对象都是位于画布中的。

(3) 右击画布的任意边框，在弹出的快捷菜单中选择“调整”命令，然后拖动边框边界的控制点以调整画布的大小使排版效果更加美观。

5. 组合

如果使用几个图形共组绘制了一个图形，并且这个图形对各形状有严格的位置要求，可以将这些图形组合在一起，以便在复制、移动和更改图形时能对其进行整体操作。

(1) 组合图形。按住 Ctrl 键的同时，依次选择需要组合的所有图形，放开 Ctrl 键，右击所选图形，在弹出的快捷菜单中选择“组合”→“组合”命令。

(2) 取消组合。右击组合后的图形对象，在弹出的快捷菜单中选择“组合”→“取消组合”命令。

3.6.3 文本框

文本框是一种特殊的图形对象，将文字或图片放于文本框中，可以进行一些特殊处理，如更改文字方向，设置文字环绕等。

1. 插入文本框

单击“插入”选项卡“文本”组的“文本框”按钮，在下拉列表中选择合适的文本框样式，可在文档中快速插入一个文本框；或选择“绘制文本框”或“绘制竖排文本框”命令，鼠标指针变成“＋”形状，在需要添加文本框的位置按下鼠标左键并拖动，即可插入一个空文本框。

2. 文本框的文本编辑

可对文本框中的文本设置字体格式和段落格式，也可对文本框中的内容进行插入、删除、修改、移动和复制等操作,方法同文本内容一样。

3. 调整文本框大小

选定文本框,调整文本框边框的控制点。

4. 移动文本框

选定文本框,使用鼠标拖动文本框边框移至目标位置。

3.6.4 艺术字

在 Word 2010 中可以插入或创建艺术字,增加文字的艺术效果。

1. 插入艺术字

单击"插入"选项卡"文本"组的"艺术字"按钮,在下拉列表中选择合适的艺术字样式,这时会在文档插入点位置出现艺术字框,在框内输入文本内容。

2. 修改艺术字

右击文档中的艺术字,在弹出的快捷菜单中选择"编辑文字"命令,在打开的"编辑艺术字文字"对话框中进行修改。

单击艺术字后,将出现"绘图工具格式"选项卡,可在"艺术字样式"组下拉列表中改变艺术字的样式类型。

3.6.5 SmartArt 图形

SmartArt 提供了一些模板,如列表、流程图、组织结构图和关系图等。使用 SmartArt 功能可以快速创建出专业而美观的图示化效果。

1. 创建 SmartArt 图形

(1) 插入点置于要插入 SmartArt 图形的位置,单击"插入"选项卡"插图"组的 SmartArt 命令,弹出"选择 SmartArt 图形"对话框,如图 3-69 所示。

(2) 在对话框左侧选择所需的类型,如"流程"。在中间列表窗口选择需要的图形"圆箭头流程"。

(3) 单击"确定"按钮,在插入点位置创建此图形,效果如图 3-70 所示。

2. 在形状内输入文字

在 SmartArt 图形中,用户可以通过"[文本]"窗格在图形中输入或编辑文字。也可选中 SmartArt 图形后,在"SmartArt 图形工具设计"选项卡"创建图形"组中单击"文本窗

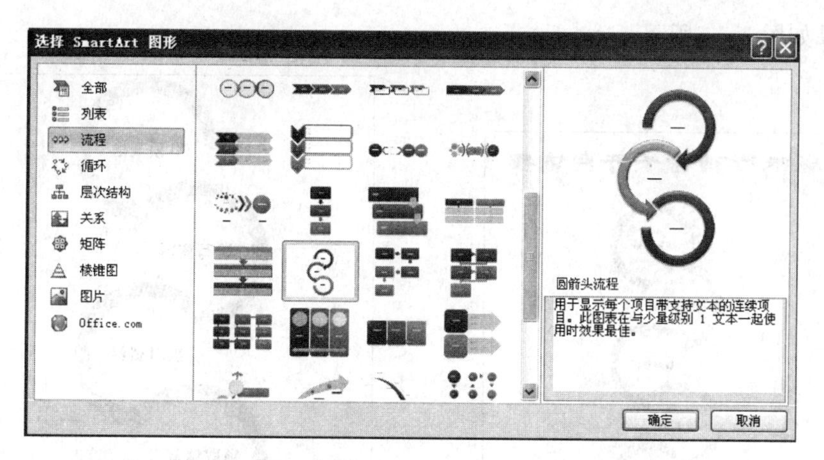

图 3-69 “选择 SmartArt 图形”对话框

格”按钮，即展开新的窗格，在其中输入每个形状的文本，效果如图 3-71 所示。

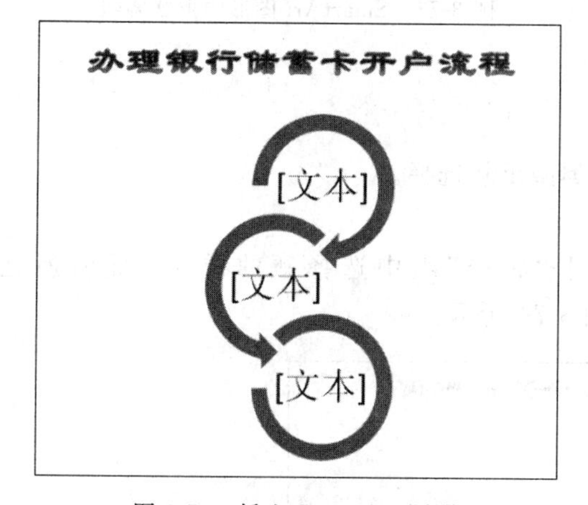

图 3-70 插入 SmartArt 图形

图 3-71 在 SmartArt 图形形状中输入文字

3. 为 SmartArt 图形添加形状

预设的 SmartArt 图形样式包含特定数量的形状，如果形状数量不能满足需要，可以进行插入形状的操作。

(1) 选择文档 SmartArt 图形中的最后一个形状。

(2) 单击“SmartArt 工具设计”选项卡“创建图形”组的“添加形状”按钮，在弹出的菜单中选择形状添加的位置“在后面添加形状”，即在所选形状后面添加了新形状。

(3) 按前面介绍的方法输入所需文本，效果如图 3-72 所示。

4. 更改形状级别

SmartArt 图形中，用户可以使用“升级”和“降级”命令，增加或减小所选形状的级别。

(1) 选择需要改变级别的形状文本，如“存钱”。

(2) 单击“SmartArt 工具设计”选项卡“创建图形”组的“降级”按钮，此时所选形状被降级，效果如图 3-73 所示。

图 3-72　SmartArt 图形添加形状

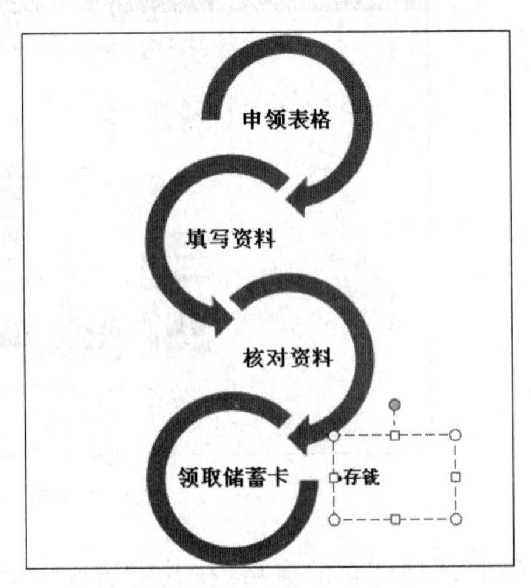

图 3-73　SmartArt 图形中形状降级

5. 更改形状布局

用户可以根据需要对 SmartArt 图形的类型重新选择。

(1) 选择 SmartArt 图形。

(2) 单击“SmartArt 工具设计”选项卡“布局”组中选择新的样式。此时所选 SmartArt 图形应用了更改的布局效果，如图 3-74 所示。

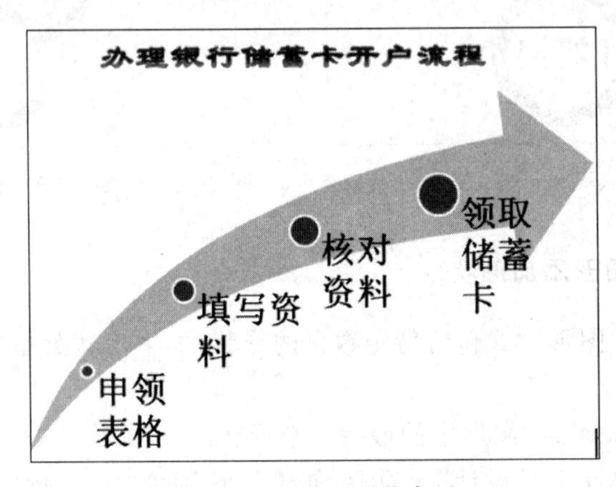

图 3-74　更改了形状布局

6. 将图片创建为 SmartArt 图形

用户可以将文档中的图片创建为 SmartArt 图形，方法是选择文档中的一个嵌入式图片，单击“图片工具格式”选项卡“图片样式”组中“图片版式”按钮，在打开的列表中选择一个 SmartArt 布局，然后修改 SmartArt 图形中的文字即可。

对于文档内的非嵌入式图片，可以同时选择多个图片并一次性为它们创建 SmartArt

图形。

3.6.6 公式

Word 2010 主要使用插入公式组输入公式。具体方法如下。

(1) 插入点置于文档要输入公式的位置。

(2) 单击“插入”选项卡“符号”组的“公式”命令,在展开的下拉列表中选择“插入新公式”命令。

(3) 在文档中自动插入了一个用于输入公式的编辑器,同时出现“公式工具设计”选项卡,如图 3-75 所示,在该选项卡中显示了可用的公式编辑工具。

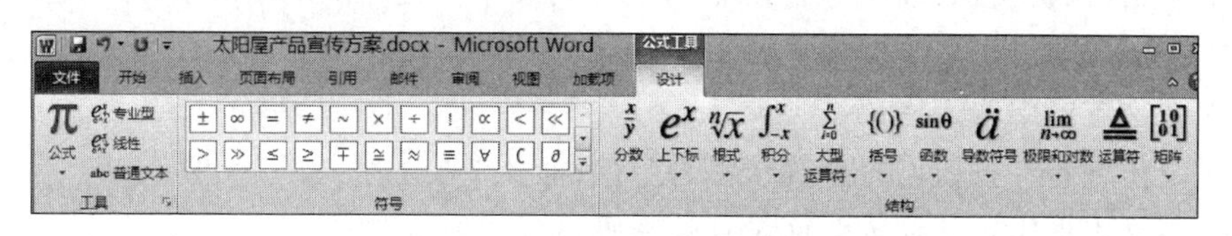

图 3-75 “公式工具设计”选项卡

(4) 选择合适的公式结构,然后输入公式的其他部分。

3.6.7 屏幕截图

Word 2010 提供了插入屏幕截图的功能,可以快速地插入打开的非最小化的窗口,或者屏幕窗口的全部或部分截图。

(1) 单击“插入”选项卡“插图”组中“屏幕截图”按钮。

(2) 在下拉列表中选择想截屏的窗口。

(3) 如果只想截取屏幕或屏幕的一部分,可选择下拉列表中“屏幕剪辑”命令,当鼠标变成“+”形状时,拖动鼠标选取要截取的屏幕范围。

3.7 Word 2010 文档的打印输出

3.7.1 重要文档的保护

文档制作完毕后,用户可以对重要文档进行保护设置,以增强文档的安全性。

1. 限制文档的编辑

通过“限制编辑”功能,用户可以控制其他人对此文档所做的更改类型。具体方法如下。

(1) 打开“太阳屋产品宣传方案”文档。

(2) 单击“文件”选项卡“信息”命令。

(3) 单击“保护文档”按钮。在展开的下拉列表中单击“限制编辑”选项,此时,在文档右侧显示“限制格式和编辑”任务窗格,在任务窗口中进行设置。

(4) 单击“是,启动强制保护”按钮,弹出“启动强制保护”对话框。

(5) 在对话框中设置密码。

经过以上操作后,该文档窗口的组将不能使用了。

2. 为文档添加密码保护

(1) 打开“太阳屋产品宣传方案”文档。

(2) 单击“文件”选项卡“信息”命令。

(3) 单击“保护文档”按钮。在展开的下拉列表中单击“用密码进行加密”选项,弹出“加密文档”对话框。

(4) 在文本框中输入密码。

(5) 单击“确定”按钮,弹出“确认密码”对话框。

(6) 在文本框中重新输入前面设置的密码,单击“确定”按钮。

经过以上操作,当用户再次打开该文档时,会弹出“密码”对话框,要求用户输入正确的密码才可打开文档。

3.7.2 文档的打印输出

1. 打印文档

设置好页面中的各个元素后,就可以将文档打印输出。通常在打印之前要预览待打印的文档,确认正确无误后再进行打印。

单击“文件”选项卡“打印”命令,在“打印”窗口中,左侧用于设置打印选项,右侧为待打印文档的页面预览视图,可以通过单击视图右下方的按钮改变视图的显示比例,也可以单击预览视图左下角的按钮切换预览视图中当前显示的页面内容。

在“打印”窗口左侧列出与打印有关的参数,包括打印机、打印份数、要打印的页面、打印方向、纸张大小和页边距等。

打印文档的部分页面时,需在“页数”文本框中设置要打印的页码范围,例如,要打印文档第2页、第4~10页以及第15页,则要输入“2,4-10,15”,数字之间要以逗号分隔。完成设置后单击“打印”按钮,即可开始打印。

2. 将 Word 2010 文档转换为 PDF 文档

单击“文件”选项卡“保存并发送”命令,然后选择“创建 PDF/XPS 文档”命令,再单击右侧的“创建 PDF/XPS”按钮,打开“发布为 PDF 或 XPS”对话框,设置保持位置和文件名,单击“发布”按钮,即可将当前文档创建为 PDF 格式的文档。

第 4 章　电子表格软件 Excel 2010

Excel 2010 是 Microsoft Office 办公组件中一款功能强大的电子表格软件。它不但可以制作表格，还可以进行数据的处理、统计分析、生成图表等操作，广泛地应用于金融、财经、财会等众多领域。本章主要介绍 Excel 2010 的基础知识、基本操作、工作表的编辑与格式化、常用函数、图表、数据管理和页面设置等内容。

4.1　Excel 2010 的主要功能

Excel 2010 是制作表格的有力工具，通过它能够制作出集数据、图形、表格图表等多种形式信息于一体的工作表，可以随心所欲地将工作表中的数据用公式和函数联系起来，并加以统计分析。图 4-1～图 4-3 都是使用 Excel 2010 制作的，可以看出 Excel 2010 能够协助我们制作出精美、实用的表格和图表。

	A	B	C	D	E	F	G	H	I
1	成绩分析表								
2	学号	姓名	院系	性别	英语	微积分	计算机	平均成绩	总成绩
3	201401	祝宝珍	信息管理	女	96	93	87		
4	201402	蔡英超	金融	男	54	62	38		
5	201403	江润芹	金融	女	93	95	98		
6	201404	李晶	会计	女	68	98	76		
7	201405	李永凯	信息管理	男	88	75	39		
8	201406	朱玉良	会计	男	79	89	99		
9	201407	高冬妍	金融	女	98	88	78		
10	201408	李贺	会计	女	94	85	76		
11	201409	李鹏飞	信息管理	男	99	99	99		
12	201410	许锡亮	信息管理	男	83	84	85		
13	201411	尹花	金融	女	97	97	68		
14	201412	田慧玲	会计	女	60	77	90		
15	平均分								
16	最高分								
17	最低分								

图 4-1　原始数据

	A	B	C	D	E	F	G	H	I
1	成绩分析表								
2	学号	姓名	院系	性别	英语	微积分	计算机	平均成绩	总成绩
3	201401	祝宝珍	信息管理	女	96	93	87	92.00	276.00
4	201405	李永凯	信息管理	男	88	75	39	67.33	202.00
5	201409	李鹏飞	信息管理	男	99	99	99	99.00	297.00
6	201410	许锡亮	信息管理	男	83	84	85	84.00	252.00
7	201402	蔡英超	金融	男	54	62	38	51.33	154.00
8	201403	江润芹	金融	女	93	95	98	95.33	286.00
9	201407	高冬妍	金融	女	98	88	78	88.00	264.00
10	201411	尹花	金融	女	97	97	68	87.33	262.00
11	201404	李晶	会计	女	68	98	76	80.67	242.00
12	201406	朱玉良	会计	男	79	89	99	89.00	267.00
13	201408	李贺	会计	女	94	85	76	85.00	255.00
14	201412	田慧玲	会计	女	60	77	90	75.67	227.00
15	平均分				84.08	86.83	77.75	82.89	
16	最高分				99.00	99.00	99.00	99.00	
17	最低分				54.00	62.00	38.00	51.33	

图 4-2　成绩分析表

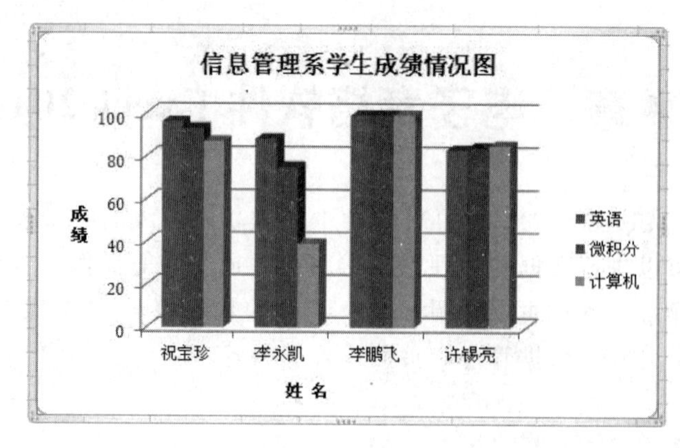

图 4-3 柱形图

它的主要功能如下。

1. 简单、方便地制作表格

Excel 2010 可以方便地创建和编辑表格，对数据进行输入、编辑计算、复制、移动、设置表格格式等，并且帮人们保存数据。

如图 4-1 是输入的原始数据，而图 4-2 则是经过编辑得到的精美表格。

2. 快捷的数据处理和数据分析功能

Excel 2010 可以采用公式和函数自动处理数据，具有较强的数据统计分析能力，能对工作表中的数据进行排序、筛选、分类汇总、统计和查询等操作。

仔细观察图 4-2 会发现，在图 4-1 中空白的"平均成绩"、"总成绩"、"平均分"等内容都已经填写好了，这就是 Excel 2010 帮人们计算出来的。排序、筛选等功能在这张表没有体现，将在 4.6 节中为大家讲解。

3. 强大的图形、图表功能

Excel 2010 可以根据工作表中的数据快速生成图表，直观、形象地表示和反映数据，使得数据易于阅读和评价，便于分析和比较。

图 4-3 就是根据图 4-2 中的部分数据快速生成的。

4.2 Excel 2010 的基本操作

4.2.1 Excel 2010 的启动与退出

1. 启动 Excel 2010

启动 Excel 2010 的方法通常有 4 种。

(1) 双击 Excel 2010 的桌面快捷方式启动。

(2) 单击“开始”菜单，在“程序”右侧的菜单中找到 Microsoft Office，然后单击 Microsoft Office Excel 2010 启动。

(3) 双击打开 Excel 2010 文件启动。

(4) 单击“开始”菜单中的“运行”命令，在“运行”对话框中输入 excel 后单击“确定”按钮启动。

2. Excel 2010 的窗口组成

Excel 2010 启动后，出现图 4-4 所示窗口，与 Word 窗口类似，Excel 2010 窗口也包含标题栏、状态栏、任务窗格等，还包含 Excel 2010 特有的组成元素。

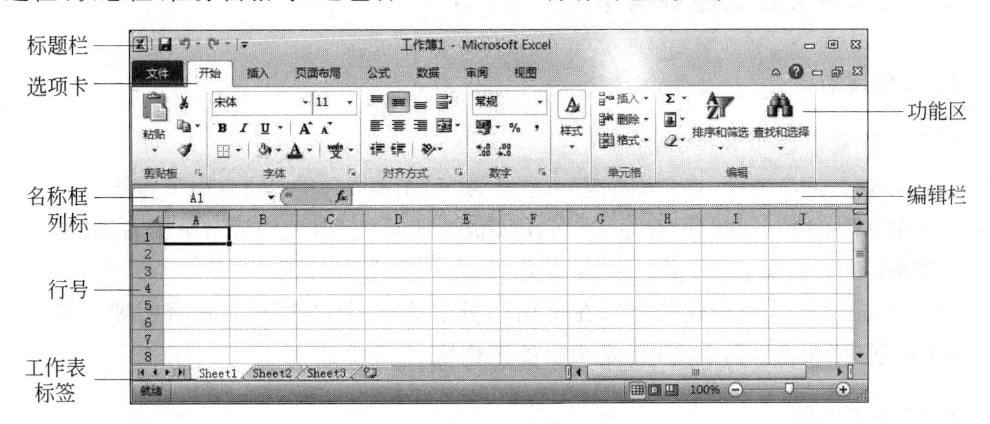

图 4-4　Excel 2010 窗口

1) 工作簿

工作簿是指在 Excel 中用来保存并处理工作数据的文件，Excel 2010 创建的工作簿文件扩展名是 xlsx。

2) 工作表

工作簿中的每一张表称为工作表。工作簿是由工作表组成的，每个工作簿默认包含 3 个工作表，最多可以包含 255 个工作表。如果把一个工作簿比作一本书，一张工作表就是其中的一页。

每个工作表都有一个名称，显示在工作表标签上，如图 4-4 所示，默认标签为 Sheet1、Sheet2 和 Sheet3。

每个工作表由若干行和列组成。各列上方的字母为 A、B、C、…、AA、…、IV，称为列标，用于标识列(共 256 列)；各行左侧的数字 1、2、3、…、65 536，称为行号，用于标识行(共 65 536 行)。

3) 单元格

工作表中的行列相交处为一个单元格，单元格是工作表的最小单位。

单击任意单元格，该单元格周围出现加粗的黑色边框，该单元格称为活动单元格，如图 4-4 所示。名称框显示的是活动单元格名称，单元格名称由列标和行号组成，用于标识工作表中唯一的单元格。例如，图 4-4 中，活动单元格为第 1 列第一行，用 A1 表示。

4) 名称框

显示活动单元格地址或区域的名称。

5) 编辑栏

显示或编辑活动单元格中的数据、公式等内容。

6) 工作表标签

显示工作表的名称。单击可切换当前工作表。

3. 退出 Excel 2010

Excel 2010 退出的方法与 Word 2010 相同,不再赘述。

4.2.2 工作簿文件的基本操作

1. 工作簿的建立

建立工作簿有以下 3 种方法。

(1) 启动 Excel 2010,将自动创建一个名为"工作簿 1. xlsx"的空白工作簿。

(2) 单击"文件"→"新建"命令,在可用模板中选择"空白工作簿",单击右侧的"创建"按钮,创建空白工作簿。

(3) 单击"文件"→"新建"命令,在可用模板中选择"样本模板",选择需要的模板,单击右侧的"创建"按钮,可以创建固定模板的工作簿。

2. 打开工作簿

在资源管理器中找到扩展名为 xlsx 的工作簿文件,双击启动 Excel 2010,同时打开该文件。

其他方法与 Word 2010 相同,不再赘述。

3. 保存工作簿

选择"文件"→"保存"或"另存为"命令可以保存工作簿;单击标题栏上的"快速保存"按钮,也可以保存工作簿。一个工作簿就是一个 Excel 文件,工作簿名就是主文件名,扩展名为 xlsx。也可以选择不同的文件类型保存,如网页文件、模板等。

4.2.3 工作表的基本操作

1. 工作表的添加

在已有工作簿中添加新的工作表,可以在 Excel 2010 窗口底部工作表标签之后,单击"插入工作表"按钮,如图 4-5 所示。拖动表标签可以改变工作表的位置。

2. 工作表的删除

右击要删除的工作表标签,在弹出的快捷菜单中选择"删除"命令。

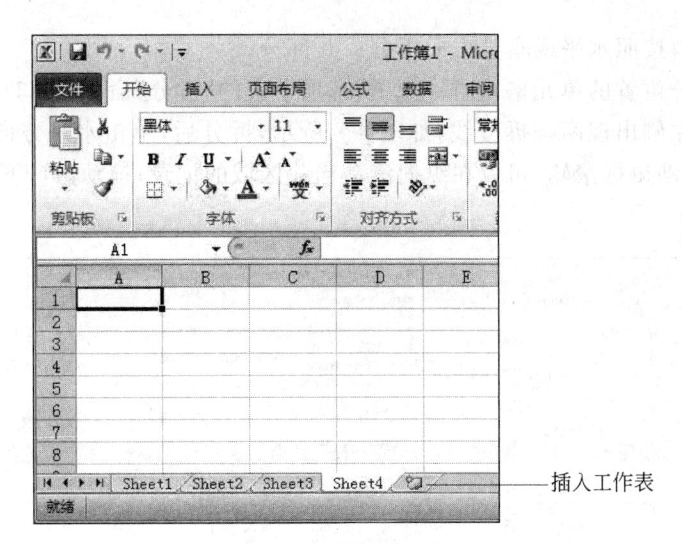

图 4-5　工作表的添加

3. 重命名工作表

(1) 右击工作表的名字,在弹出的快捷菜单选择"重命名"命令,工作表名都将反白显示,输入新的名字,按 Enter 键即可。

(2) 双击工作表名,工作表名都将反白显示,输入新的名字,按 Enter 键即可。

4. 工作表的移动或复制

1) 在当前工作簿中移动或复制

拖动工作表标签,可以将选定的工作表移动到指定位置;拖动的同时按下 Ctrl 键,则复制工作表到指定位置。

2) 在不同的工作簿之间移动或复制

将用于复制和接收工作表的工作簿都打开,右击需要复制的工作表标签,在弹出的快捷菜单选择"移动或复制"命令,打开如图 4-6 所示的对话框。

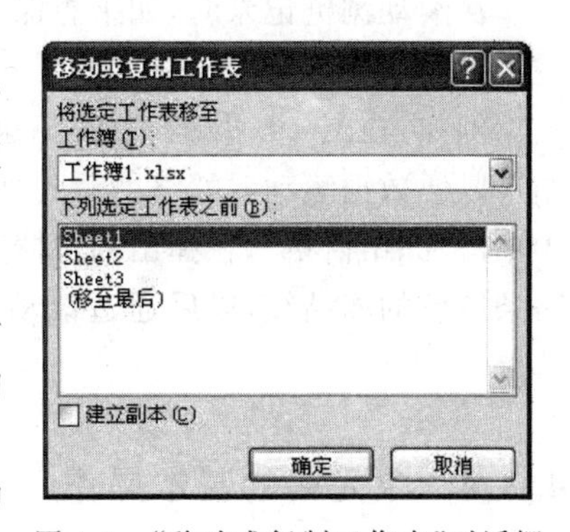

图 4-6　"移动或复制工作表"对话框

在"工作簿"下拉菜单中,选择用来接收工作表的工作簿。也可以单击"新工作簿",即可将选定工作表移动或复制到新工作簿中。

在"下列选定工作表之前"列标框中选择一个表,则移动或复制到该表的前面;也可以选择"移至最后",移动或复制到工作簿的最后。

若是复制,则需勾选"建立副本"复选框,否则不必勾选。

5. 工作表窗口的拆分和冻结

1) 拆分

有时工作表的数据非常多,需要分屏显示,如果要对照工作表中距离较远的数据,则可将工作表窗口按照水平或垂直方向拆分成几部分。

单击要拆分位置的单元格，选择“视图”选项卡中的“拆分”命令，窗口中立即在选定单元格的上方和左侧出现两条拆分线，如图4-7所示，拆分后，单击水平方向拆分线下方的任意单元格，滑动鼠标滚轮，可以在纵向滚动当前区域的记录；拖动窗口下方的滑动杆，可以横向滚动记录。

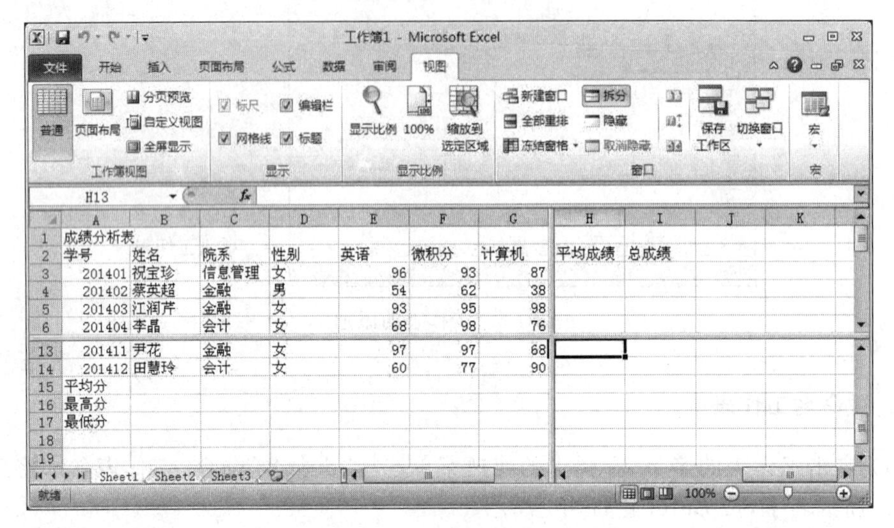

图4-7 窗口拆分

2) 冻结

在滚动浏览记录时，如果想保持行列标志不被移动始终可见，可以“冻结”窗口顶部或左侧的区域。

例如，在图4-8中，学生的记录很多，需要分屏显示，可以将表第1行和第2行“冻结”，以便数据滚动时始终能看到列标题。单击第2行中的任意单元格，在“视图”选项卡中单击“冻结窗格”，在弹出的快捷菜单中选择“冻结拆分窗格”命令，在第2行下方会出现一条黑色的冻结线，以后通过滚动条滚动屏幕查看数据时，前两行的内容始终出现在屏幕上。

4.2.4 单元格的基本操作

1. 选定单元格

在Excel 2010中，任何操作之前都必须选定单元格，单元格的选定有单选和多选。

(1) 选定一个单元格。单击该单元格即可选定一个单元格。

(2) 选定整行或整列单元格。单击列标或行号即可选定整行或整列单元格。

(3) 选定连续矩形区域内的多个单元格。单击矩形区域左上角单元格，拖动鼠标到矩形区域的右下角单元格，松开鼠标；或者单击左上角的单元格，然后按下键盘上的Shift键，同时单击右下角单元格。

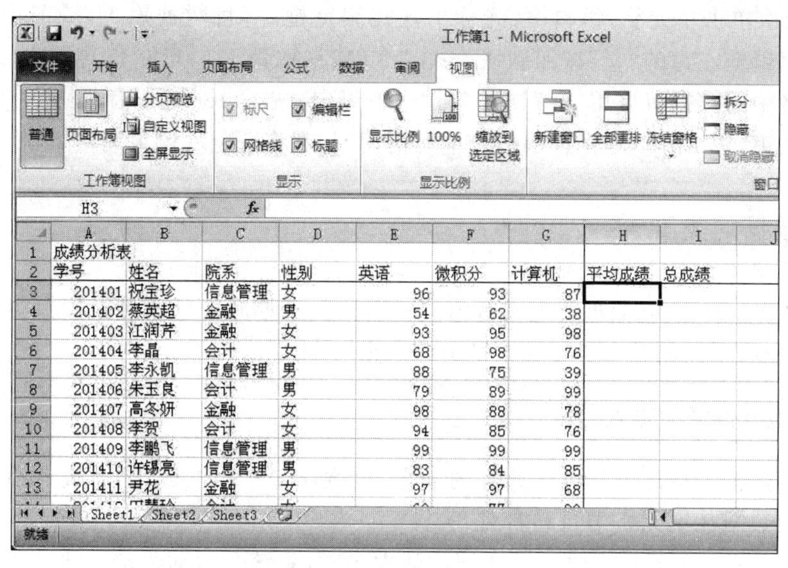

图 4-8　冻结拆分

(4) 选定不连续的多个单元格。按下键盘上的 Ctrl 键，同时依次单击要选定的单元格。

(5) 以上方法组合可以选定连续或不连续的单元格、多行、多列、矩形区域等。

2. 插入单元格、行或列

(1) 在需要插入空单元格处选定相应的单元格区域，选定的单元格数量应与待插入的空单元格的数量相等。

(2) 单击“开始”选项卡，选择“单元格”属性中的“插入”命令，在弹出的下拉菜单中选择对应的选项即可，如图 4-9 所示。

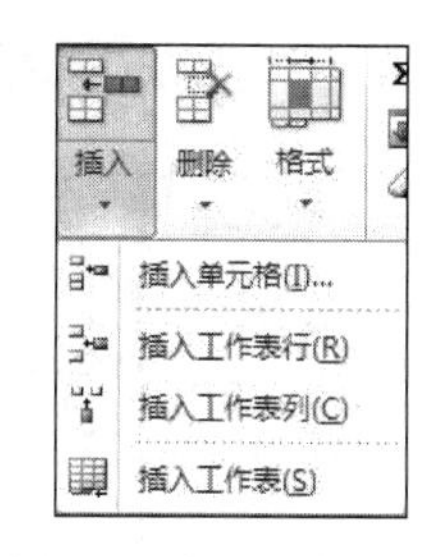

图 4-9　插入下拉菜单

3. 删除单元格、行或列

(1) 选定需要删除的单元格、行或列。

(2) 单击“开始”选项卡，选择“单元格”属性中的“删除”命令，在弹出的下拉菜单中选择对应的选项即可。

4.3　工作表的编辑与格式化

4.3.1　数据的输入

Excel 2010 中数据存放在单元格中。单元格数据的输入有以下方法。

(1) 选定将要输入数据的单元格，使其成为活动单元格就可以输入数据了；若该单元格已有数据，则原有数据被覆盖。

(2) 双击单元格，光标将会出现在该单元格中，可以将数据输入到光标处。

(3) 依次单击单元格、编辑框,光标出现在编辑框中,将数据输入,按 Enter 键确定;或者单击编辑框左边的“√”按钮确认,单击“×”按钮取消。

单元格中的数据可以用“←”、Del 等键进行编辑,按 Enter 键或者 Tab 键表示当前单元格输入结束,按 Enter 键将选定下方单元格,Tab 键将选定右侧单元格。

4.3.2 数据的类型

常见的 Excel 2010 数据类型有数值型、字符型、日期和时间型和逻辑型,用来记录不同形式的数据,不同的数据类型输入的方法有所不同。

1. 数值型数据的输入

数值型数据是指能进行数学计算的数据,由数字 0～9、正负号、小数点、百分号等组成。数值型数据在单元格中自动右对齐。

(1) 当在某个单元格中输入的数值位数太多时,系统会自动改成科学计数法表示。

(2) 当输入的数据出现分数、小数、百分号、货币符号、千位分隔符、科学计数法等符号时,可以通过“单元格格式”选项进行设置,方法如下。

① 选定要设置数据格式的单元格,可以是一个单元格,也可以是整行、整列或多个单元格组成的区域。

② 单击“开始”选项卡下“单元格”组的“格式”按钮,在弹出的下拉菜单中选择“设置单元格格式”命令,弹出如图 4-10 所示的对话框。

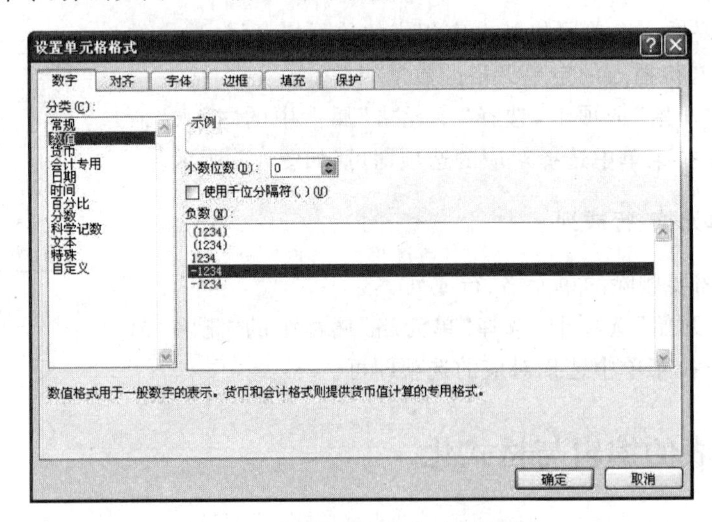

图 4-10 “设置单元格格式”对话框

③ 选择“数字”选项卡,在分类中选择“数值”,可以在右侧窗口中设置小数位数、是否使用千位分隔符以及负数的形式。

④ 如果单元格中的数据涉及货币、分数、百分比等,可选择对应的分类进行设置。

例如,将图 4-2 中的平均成绩列设为 2 位小数,就可以使用上述方法。

(3) 当单元格中的数值型数据长度超出列宽时,单元格中会显示一串#,事实上当前单元格中的内容并没有发生改变,可以通过编辑栏浏览。

(4) 输入分数时,为了与日期型数据相互区别,需要先输入数字0和一个空格。例如,输入2/3,则应该输入“0 2/3”;若直接输入2/3,系统会认为是2月3日。

2. 字符型数据的输入

字符型数据是指英文字母、汉字、非计算性的数字、标点符号、特殊字符等。

字符型数据自动左对齐。

若输入阿拉伯数字,系统会自动识别为数值型数据,若要将其作为字符型数据输入,则需在输入数字前先输入一个西文单引号“'”。例如,图4-1中英语和学号两列,输入的数据都是数字,但是英语成绩是数值型数据,直接输入;学号是字符型数据,在输入数字前先输入“'”。请读者看图观察这两列的区别。

当字符串的长度超出单元格的宽度时,若右侧单元格为空,则多出的字符串将占用右侧单元格的位置显示;若右侧单元格不为空,则多出的字符串将自动隐藏,可以通过编辑栏浏览当前单元格的完整内容。

3. 日期和时间的输入

日期和时间型数据默认的情况下也是自动右对齐。

日期型数据可以用“/”、“-”或汉字分隔年、月、日;系统支持不同国家的日期格式,如2014年10月1日可以表示用2014-10-1、2014/10/1、2014年10月1日、10-1-14等来表示。用户可以输入其中任意一种形式,系统将自动识别,并转换为默认的格式。日期格式也可以修改,方法与数值型数据相同。

输入时间时,可以用“:”分隔时、分、秒。Excel 2010支持12小时制和24小时制,例如,下午3点45分20秒,可以表示为15:45:20或3:45:20PM。12小时制中,用AM代表上午,PM代表下午。

需要注意的是,时间和AM或PM之间必须输入一个空格;同时输入日期和时间,日期在前,时间在后,日期和时间之间必须输入一个空格。

4. 逻辑型数据的输入

逻辑型数据只有真和假两个值。用true表示真,false表示假,输入时不区分大小写,Excel 2010会自动将其转换为大写并居中对齐。若将true或false作为字符型数据输入,则需要先输入西文单引号“'”,以示区别。

4.3.3 数据的编辑

1. 自动填充数据

Excel 2010具有自动填充数据的功能,可以自动填充相同的或有规律的数据,为用户提供极大便利。

自动填充可以通过两种方法实现。

使用填充柄：如图4-11所示，将鼠标移动到选定区域黑色粗线框的右下角，鼠标变成“+”，这就是填充柄。可以在横向或纵向上拖动鼠标进行填充。

使用“序列”对话框：单击“开始”选项卡下“编辑”组中的“填充”命令，在下拉菜单中选择“系列”，弹出“序列”对话框。

1）填充相同的数据

在一行或列的第一个单元格填入数据，将鼠标移动到填充柄上，单击，将填充柄向需要填充数据的单元格方向拖动，松开鼠标，相同的数据将填充在拖过的单元格里。

2）按序列填充数据

用以下方法给图4-1中的学号列填入数据。

学号是一个等差数列，在A3单元格输入“'201401”，A4单元格输入“'201402”；选中A3、A4两个单元格，拖动填充柄至A14，松开鼠标，A3:A14区域被填入一个差为1的等差序列。差为1，也称为步长为1。

此例也可以用“序列”对话框填充。首先在A3单元格输入“'201401”，并将A3作为活动单元格，如图4-12所示，在“序列”对话框填入相应的内容，完成后确定。

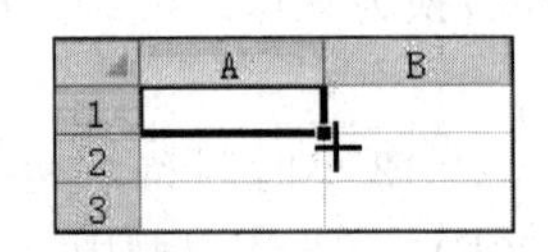

图4-11　填充柄

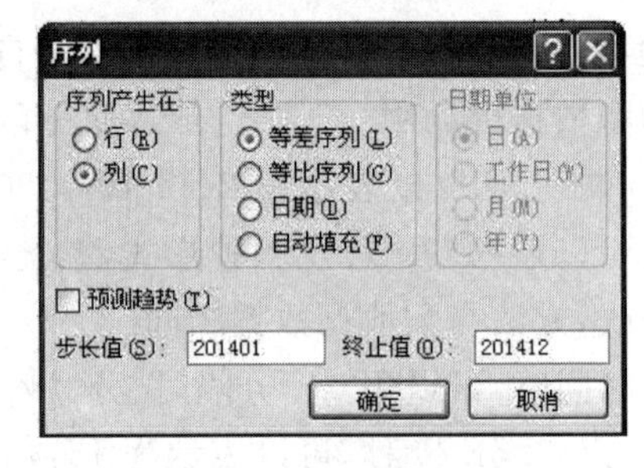

图4-12　“序列”对话框

填充等比数列的方法与等差数列基本相同，读者可尝试操作，不再赘述。

3）自定义序列

Excel 2010自带了一些填充序列，如图4-13所示，用户可在任意单元格输入其中的任意一个值，用填充柄拖动，实现填充。当然，用户也可以创建自定义序列，操作步骤如下。

（1）输入将要作为填充序列的数据，在工作表中选定相应的区域，如图4-14所示。

（2）在“文件”选项卡中单击“选项”命令弹出“Excel选项”对话框，选择“高级”选项卡中的“常规”一栏，单击“编辑自定义列表”按钮，弹出“自定义序列”对话框，如图4-13所示。

（3）单击“导入”按钮，图4-14中的数据将导入到图4-13的“输入序列”列表框中，单击“添加”按钮，在自定义序列的最后一行出现刚刚添加的序列，单击“确定”按钮，新序列就添加好了。

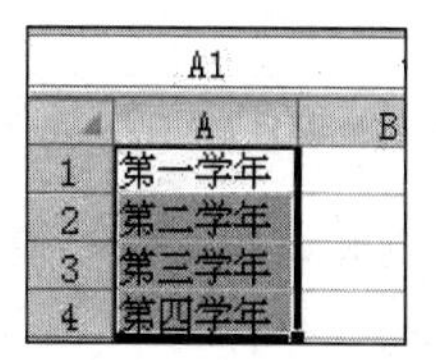

图 4-13 “自定义序列”对话框　　　　图 4-14 自定义序列填充

(4) 如果需要修改自定义序列，则在“自定义序列”列表框中选择要修改的序列，在“输入序列”列表框中进行修改；如果需要删除自定义序列，则选择要删除的序列，单击“删除”按钮即可。

已经添加的自定义序列，就可以像 Excel 2010 自带的序列一样填充了。

2. 数据有效性的设置

数据有效性可以对输入的数据进行限制，防止非法的输入。操作步骤如下。

(1) 选定要设置数据有效性的单元格区域。

(2) 单击“数据”选项卡中的“数据有效性”按钮，弹出“数据有效性”对话框。

(3) 选择对应的选项卡进行设置。

例如，图 4-1 中，学生的成绩应该在 0～100 之间，选中 E、F、G 3 列，在“数据有效性”选项卡的“设置”选项卡的“允许”下拉列表中选择“整数”，在“数据”下拉列表中选择“介于”，最小值、最大值分别输入 0 和 100，如图 4-15 所示。也可以在“输入信息”、“出错警告”选项卡进行其他相关设置。

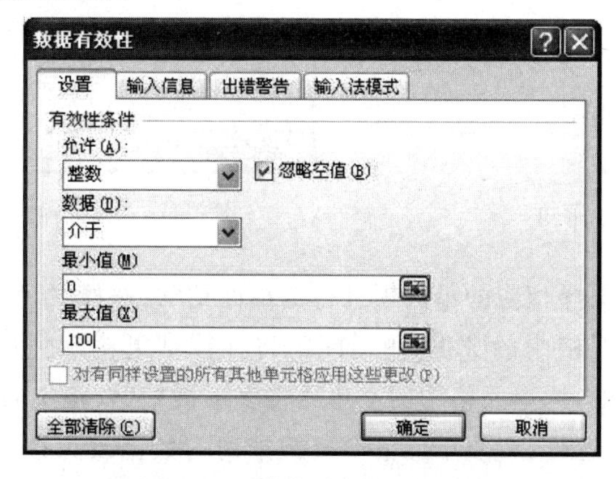

图 4-15 “数据有效性”对话框

3. 清除数据

清除数据是指将选定的单元格中的内容、格式或批注等从工作表中删除,单元格仍然留在工作表中。步骤如下。

(1) 选定要清除的单元格或单元格区域。

(2) 单击"开始"选项卡中的"编辑"组中的"清除"命令,在弹出的下拉菜单中选择相应的命令。

4. 复制、粘贴数据

Excel 2010 的"复制"、"剪切"、"粘贴"操作与 Word 类似,功能也相同,因此不再重复介绍。

Excel 2010 提供了"选择性粘贴",可以不粘贴整个单元格,而是选择单元格中特定的内容进行粘贴,步骤如下。

(1) 选定要复制的单元格。

(2) 单击"开始"选项卡上的"复制"按钮,或者按下快捷键 Ctrl+C。

(3) 选定粘贴区域的左上角单元格。

(4) 单击"开始"选项卡上的"粘贴"按钮上向下的黑色箭头,如图 4-16 所示,在弹出的下拉菜单中单击相应的按钮,即可只粘贴单元格的公式、值、格式等内容;也可以"选择性粘贴"命令,弹出"选择性粘贴"对话框,如图 4-17 所示。

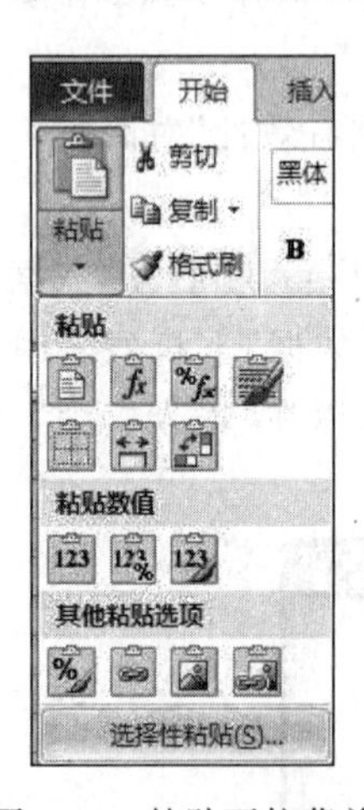

图 4-16　粘贴下拉菜单

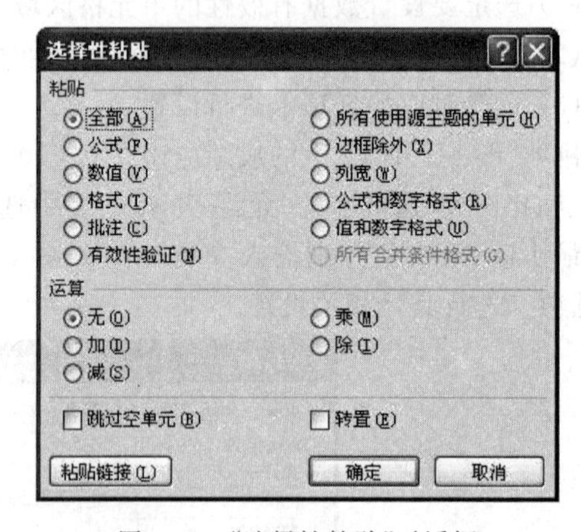

图 4-17　"选择性粘贴"对话框

在"粘贴"区域中选择相应的单选项进行选择性粘贴;选择"运算"区域中的选项,可以将原单元格和目标单元格中的数据进行计算,将计算结果粘贴到目标单元格中;若勾选"跳过空单元格"复选框,原单元格中的空单元格将不被粘贴,相应的目标单元格也不会被替换;若勾选"转置"复选框,将原单元格中按行排列的数据改为按列排列,按列排列的数据改为按行排列。

4.3.4 工作表的格式化

1. 设置对齐方式

Excel 2010 设置了默认的数据对齐方式，在新建工作表中间输入数据时，根据数据类型的不同自动对齐，用户也可以根据需要修改对齐方式。数据在单元格的水平和垂直方向都可以选择不同的对齐方式，Excel 2010 还为用户提供了单元格内容的缩进及旋转等功能。

选定要自定义对齐方式的单元格，右击，在弹出的快捷菜单中选择“设置单元格格式”，弹出“设置单元格格式”对话框，单击“对齐”选项卡，如图 4-18 所示。

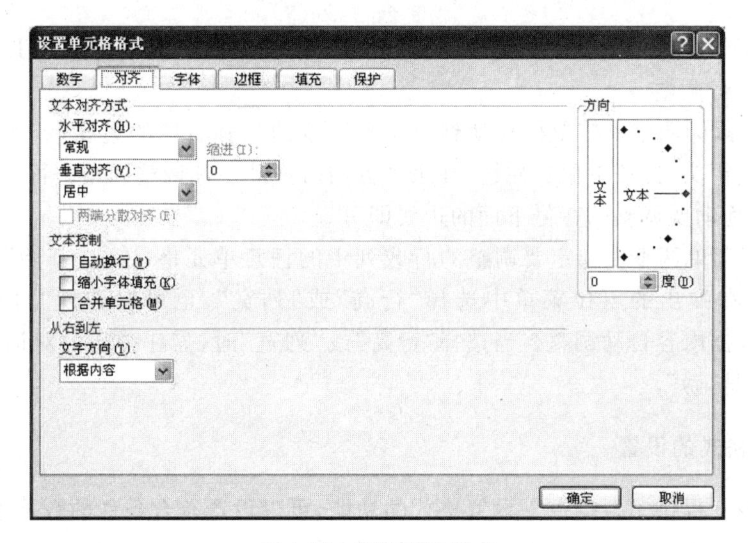

图 4-18 “对齐”选项卡

(1) “文本对齐方式”区域。可设置水平和垂直对齐方式。

(2) “文本控制”区域。选择“自动换行”复选框可以对输入的文本根据列宽自动换行；选择“缩小字体填充”可以缩小字体适应列宽；选择“合并单元格”复选框，可以将多个选定的单元格合并为一个。

(3) “方向”区域。可以将单元格中的数据从－90°到 90°之间旋转。

2. 字体的设置

为了使表格内容更加醒目，可以对一张工作表的各部分内容字体进行不同的设置。如图 4-2 中，“成绩分析表”、“姓名”等单元格的字体就根据内容进行了不同的设置。在“设置单元格格式”对话框选择“字体”选项卡，可以对字体、字形、字号、下划线、颜色、特殊效果等进行设置。

3. 边框的设置

在 Excel 2010 中默认显示的网格线是不能被打印出来的，用户需要自己给表格设置打印时所需的边框,如图 4-1 的网格线,是不能被打印出来的。在“设置单元格格式”对话框选择“边框”选项卡,可以对边框的线型、内部边框、外部边框和颜色等进行设置。图 4-2 是将图 4-1 设置边框以后的效果。

4. 底纹的设置

为了使表格的各个部分更加美观,便于浏览,Excel 2010 提供了对表格的不同部分设置底纹图案或背景颜色的功能。在“设置单元格格式”对话框的选择“填充”选项卡,可以设置当前选定单元格区域的底纹颜色、图案等。

5. 表格行高和列宽的设置

新建的工作表使用默认的行高和列宽,所有行高和列宽均相等,用户可以根据需要对行高和列宽进行调整。

(1) 使用鼠标调整。将鼠标移动到要调整宽度的列标右侧的边线上,当鼠标的形状变为左右双向箭头时,按下鼠标左键,在水平方向时拖动鼠标调整列宽。行高的调整方式类似,用鼠标拖动要调整的行号下面的边线即可。

(2) 使用菜单调整。选定要调整的行或列中的任意单元格,单击“开始”选项卡下的“格式”按钮,在弹出的下拉菜单中选择“行高”或“列宽”,也可以选择“自动调整”,让 Excel 2010 根据内容自动调整。当选择“行高”或“列宽”时,需在弹出的对话框中输入具体数字,单位是“磅”。

6. 条件格式的设置

Excel 2010 提供了根据条件设置格式的功能,可以设置符合条件的数据格式,而不符合条件的数据格式不发生改变。如图 4-2 中,如果想对每门课不及格的学生成绩进行设置,就可以使用这种方法。步骤如下:首先选中 E3:G14 单元格区域,单击“开始”选项卡中的“条件格式”按钮,弹出“条件格式”下拉菜单,如图 4-19 所示,单击“突出显示单元格规则”下拉菜单的“小于”选项,弹出“小于”对话框,如图 4-20 所示,“为小于以下值的单元格设置格式:”文本框中输入 60,“设置为”下拉列表框选择相应的格式,单击“确定”按钮。英语、微积分、计算机三门课程小于 60 分的成绩变为浅红填充色深红文本。

图 4-19 条件格式

在“条件格式”下拉菜单中可以选择“项目选取规则”,在下拉列表中选择“值最大的 10 项”、“值最小的 10 项”、“高于平均值”、“低于平均值”等设置单元格格式。

还可以通过“数据条”、“色阶”、“图标集”的设置为数据应用条件格式,只需快速浏览即可立

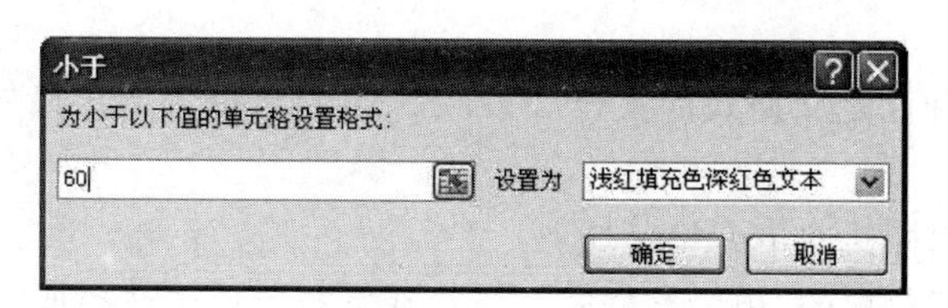

图 4-20 “小于”对话框

即识别一系列数值中存在的差异。

如果已有的条件格式不能满足需求,也可以通过“新建规则”自定义规则。

7. 套用表格格式和样式

1) 自动套用格式

自动套用格式是指 Excel 2010 内置的表格方案,在方案中已经对表格中的各个组成部分定义了特定的格式,用户可以直接使用它们快速设置。方法如下。

(1) 选择要使用自动套用格式的单元格区域。例如,在图 4-1 中选择 A1:I17 区域。

(2) 单击“开始”菜单的“套用表格格式”按钮,如图 4-21 所示,在弹出的下拉菜单中选择一种格式。出现“套用表格格式”对话框,单击“确定”按钮,所选单元格区域就套用了所选择的格式。

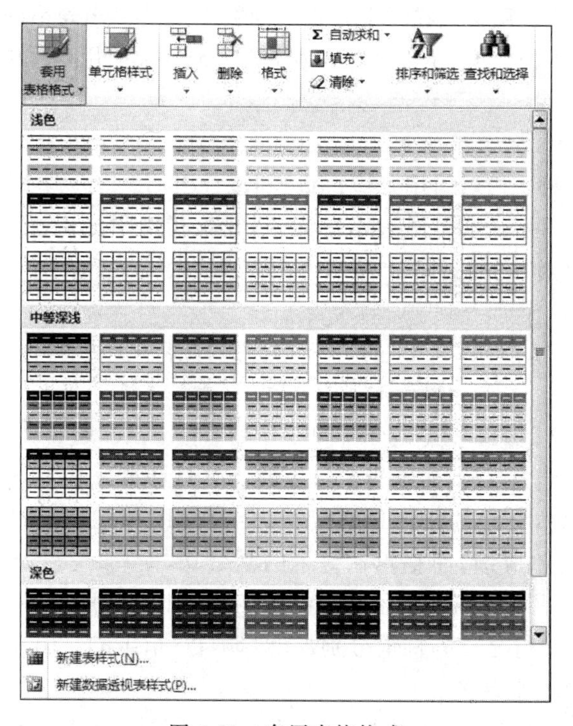

图 4-21 套用表格格式

若 Excel 2010 自带的格式不能满足需求,用户可以选择“套用表格格式”按钮,在弹出的下拉菜单中“新建表样式”,自定义套用格式。

2) 样式

样式是保存多种已定义格式的集合,Excel 2010 自带许多已定义样式,应用样式的操作步骤如下。

(1) 选择要使用样式的单元格区域。

(2) 单击“开始”菜单的“单元格样式”按钮,在下拉菜单中选择所需的样式即可。

用户也可以根据需要自定义样式,在“单元格样式”下拉菜单选择“新建单元格样式”,在弹出的对话框进行设置。

4.4 公式和函数

公式和函数是 Excel 的核心。在单元格输入公式或函数,Excel 2010 会立即显示计算的结果;如果公式或函数中引用的单元格数据发生改变,Excel 2010 会自动更新计算的结果。利用公式和函数可以完成如求和、平均、汇总等运算,充分发挥电子表格的作用。

4.4.1 单元格引用和区域引用

“引用”是对工作表的一个或一组单元格进行标识,它可以告诉 Excel 公式和函数使用哪些单元格的值。通过引用可以在一个公式或函数中使用工作表不同部分的数据,可以引用工作簿中不同工作表的数据,还可以对其他工作簿或其他应用程序中的数据进行引用。

1. 单元格引用

单元格引用有 3 种:相对引用、绝对引用和混合引用。

(1) 相对引用。用列标和行号表示单元格,它仅指出引用的相对位置。当把一个含有相对引用的公式或函数复制到其他单元格位置时,公式或函数中单元格地址也发生相应的改变。

【例 4-1】 如图 4-1 所示,在 I3、I4 单元格分别计算学生祝宝珍、蔡英超的总成绩。

操作步骤如下。

① 选中 I3 单元格,输入公式“=E3+F3+G3”,按 Enter 键确定输入,在 I3 单元格可以看到计算出的总成绩是 276,而编辑栏显示的仍然是计算公式“=E3+F3+G3”。

② 复制 I3 单元格,将它粘贴到 I4 单元格,会看到 I4 单元格内的数据与 I3 不同,它显示的是学生蔡英超的总成绩,而编辑栏显示的是公式“=E4+F4+G4”。公式中的单元格随目标单元格位置的改变而发生了相应的改变,如图 4-22 所示。

(2) 绝对引用。在行号和列标前分别加上“$”,它指出的是引用的绝对位置,绝对引用的单元格地址不会发生改变。

假设上例中在 I3 单元格输入的是“=$E$3+$F$3+$G$3”,就是单元格的绝对引用,确定输入后 I3 单元格显示的值与上例一样都是 276。复制 I3 到 I4,I4 单元格显示的计算结果仍然是 276,编辑栏显示的仍然是“=$E$3+$F$3+$G$3”。绝对引用的单元格地址没有发生改变,如图 4-23 所示。

I4 =E4+F4+G4

	A	B	C	D	E	F	G	H	I
1	成绩分析表								
2	学号	姓名	院系	性别	英语	微积分	计算机	平均成绩	总成绩
3	201401	祝宝珍	信息管理	女	96	93	87		276
4	201402	蔡英超	金融	男	54	62	38		154
5	201403	江润芹	金融	女	93	95	98		
6	201404	李晶	会计	女	68	98	76		
7	201405	李永凯	信息管理	男	88	75	39		
8	201406	朱玉良	会计	男	79	89	99		
9	201407	高冬妍	金融	女	98	88	78		
10	201408	李贺	会计	女	94	85	76		
11	201409	李鹏飞	信息管理	男	99	99	99		
12	201410	许锡亮	信息管理	男	83	84	85		
13	201411	尹花	金融	女	97	97	68		
14	201412	田慧玲	会计	女	60	77	90		
15	平均分								
16	最高分								
17	最低分								

图 4-22　相对引用

I4 =$E$3+$F$3+$G$3

	A	B	C	D	E	F	G	H	I
1	成绩分析表								
2	学号	姓名	院系	性别	英语	微积分	计算机	平均成绩	总成绩
3	201401	祝宝珍	信息管理	女	96	93	87		276
4	201402	蔡英超	金融	男	54	62	38		276
5	201403	江润芹	金融	女	93	95	98		
6	201404	李晶	会计	女	68	98	76		
7	201405	李永凯	信息管理	男	88	75	39		
8	201406	朱玉良	会计	男	79	89	99		
9	201407	高冬妍	金融	女	98	88	78		
10	201408	李贺	会计	女	94	85	76		
11	201409	李鹏飞	信息管理	男	99	99	99		
12	201410	许锡亮	信息管理	男	83	84	85		
13	201411	尹花	金融	女	97	97	68		
14	201412	田慧玲	会计	女	60	77	90		
15	平均分								
16	最高分								
17	最低分								

图 4-23　绝对引用

(3) 混合引用。在行列的引用中,一个相对引用,另一个绝对引用,如 $E3 或 E$3。混合引用的单元格复制时,相对引用的部分随公式或函数位置的变化而变化,绝对引用部分不发生改变。

上述例子中,单元格的引用都在同一工作表中,除此之外,单元格引用也可以在同一工作簿的不同工作表中,甚至可以在不同工作簿中。在不同工作簿中引用单元格格式如下:

[工作簿名称]工作表名称!单元格引用

其中“[]”表示可省略,引用时不输入。

例如:

“=工作簿 2Sheet1!A1”指的是“工作簿 2.xlsx”文件中的 Sheet1 工作表中的 A1 单元格。

若在同一工作簿中引用,则可以省略“[工作簿名称]”,输入“Sheet1!A1”。

若在同一工作簿的同一工作表引用,则省略“[工作簿名称]工作表名称!”,只输入 A1

即可。

2. 区域引用

公式或函数中经常用到对区域内多个单元格的引用，例如：

A3:G5 代表左上角 A3 单元格到右下角 G5 单元格这个矩形区域，如图 4-24 中黑色框部分。

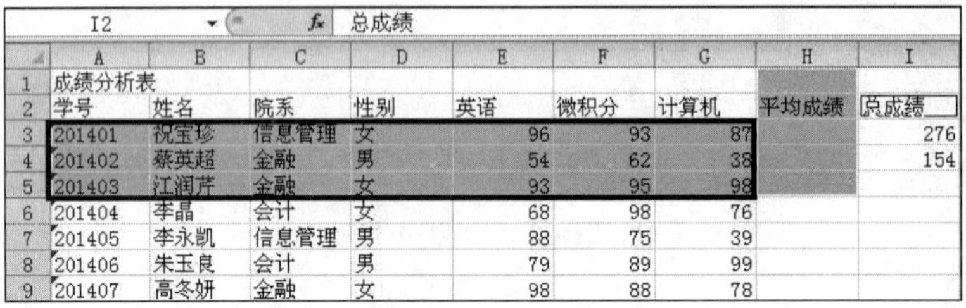

I2　fx　总成绩

	A	B	C	D	E	F	G	H	I
1	成绩分析表								
2	学号	姓名	院系	性别	英语	微积分	计算机	平均成绩	总成绩
3	201401	祝宝珍	信息管理	女	96	93	87		276
4	201402	蔡英超	金融	男	54	62	38		154
5	201403	江润芹	金融	女	93	95	98		
6	201404	李晶	会计	女	68	98	76		
7	201405	李永凯	信息管理	男	88	75	39		
8	201406	朱玉良	会计	男	79	89	99		
9	201407	高冬妍	金融	女	98	88	78		

图 4-24　区域引用

A3:G5,H1:H5,I2 代表 A3:G5 和 H1:H5 两个矩形区域内所有单元格以及 I2 单元格，如图 4-24 中阴影部分。

区域引用也可以使用单元格引用的 3 种方式。

4.4.2　公式

公式是由常量、运算符、单元格引用、区域引用和函数等构成的等式。

1. 运算符

Excel 中的运算符如表 4-1 所示。

表 4-1　Excel 中的运算符

类　型	运　算　符	含　义
算术运算符	＋、－、＊、／、＾、％	加、减、乘、除、乘方、取余数
文本运算符	&	字符串连接
比较运算符	＝、＞、＞＝、＜、＜＝、＜＞	等于、大于、大于等于、小于、小于等于、不等于

(1) 算术运算符。用于完成数学运算，运算结果为数值型数据。

(2) 文本运算符。用于连接两个字符串，运算结果为字符型数据。例如，表达式“山东财经大学”&“东方学院”的计算结果为字符串“山东财经大学东方学院”。

(3) 比较运算符。用于比较数据的大小，结果为逻辑型数据。参与比较的数据类型必须一致。比较运算应遵循以下规则。

① 数值型数据按数值大小比较。

② 字符型数据按照字符的 ASCII 码值进行比较，中文字符按照拼音进行比较。

③ 逻辑值数据 FALSE 小于 TRUE。

④ 日期型、日期时间型数据时间早的数据小于时间晚的数据。

各运算符优先级如表 4-2 所示。

表 4-2 运算优先级

运算符(优先级由高到低)
-(负号)
%
^
*、/
+、-
&
>、>=、<、<=、<>

2. 公式的输入

在 Excel 2010 中输入公式,必须以“=”开头,可以在编辑栏也可以在单元格直接输入公式,确认输入后,编辑栏中显示的是原始公式,而单元格中显示公式计算的结果。

例 4-1 中,在 I3 中输入的“=E3+F3+G3”,就是一个公式。

4.4.3 函数

Excel 2010 为用户提供了大量的函数,可以进行数学、文本、逻辑、查找信息等计算,使用函数可以方便数据的录入,提高计算的速度。Excel 2010 除了自带内置函数外,还允许用户自定义函数。函数的格式如下:

```
函数名(参数 1,参数 2,…)
```

使用函数有两种方法,直接输入或者通过选项卡选取,操作方法如下。

1. 输入函数

(1) 输入内容。

在单元格中,输入“=”,然后输入一个字母(如 a),查看可用函数列表。

使用向下键向下滚动浏览该列表。

在滚动浏览列表时,将看到每个函数的屏幕提示。例如,ABS 函数的屏幕提示是“返回数值的绝对值,即不带符号的数值。”

用户也可以不通过函数列标选取,直接输入函数。

(2) 选择函数并填写参数。

在列表中,双击要使用的函数。Excel 2010 将在单元格中输入函数名称,后面紧跟一个左括号,例如,“=SUM(”。

在左括号后面输入一个或多个参数。Excel 2010 将提示应该输入何种类型的信息作为参数。有时候是数字,有时候是文本,有时候是对其他单元格的引用。

例如,ABS 函数要求使用数字作为参数。UPPER 函数(可将小写文本转换为大写文本)要求使用文本字符串作为参数。PI 函数不需任何参数,因为它只返回 pi(3.14159…)值。

注意:

① 输入公式或函数都应以“=”开头。

② 公式或函数中引用单元格或单元格区域,可以输入,也可以用鼠标拖动直接选定。

2. 通过选项卡选取函数

单击"公式"选项卡中的"插入函数"按钮，在弹出的"插入函数"对话框进行相应的选择和设置。

【例 4-2】 在图 4-1 所示的成绩分析表中，完成以下操作。

(1) 利用公式和函数将学生祝宝珍的平均成绩填充在 H3 单元格。

(2) 计算祝宝珍同学的平均分等级，填充在 J3 单元格。等级标准为：平均分在 60 分以下，则等级为"不合格"；大于等于 60 分，等级为"合格"。

操作步骤如下。

(1) 选定 H3 单元格，在编辑栏中输入"=a"，双击选择 AVERAGE，用鼠标拖动选择 E3:G3 区域，按 Enter 键确定输入。

(2)

① 选定 J3 单元格，单击"公式"选项卡中的"插入函数"按钮，在弹出的"插入函数"对话框"或选择类别"下拉列表选择"常用函数"，"选择函数"列表框可以选择 IF，如图 4-25 所示。

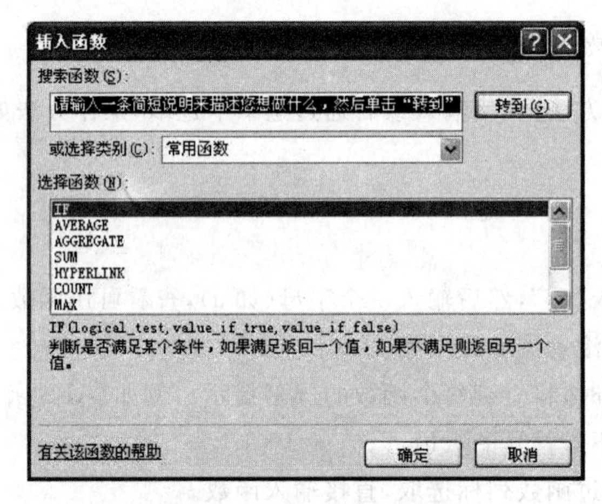

图 4-25 "插入函数"对话框

② 选择完成后确定输入，弹出"函数参数"对话框。如图 4-26 所示，填入相应参数。

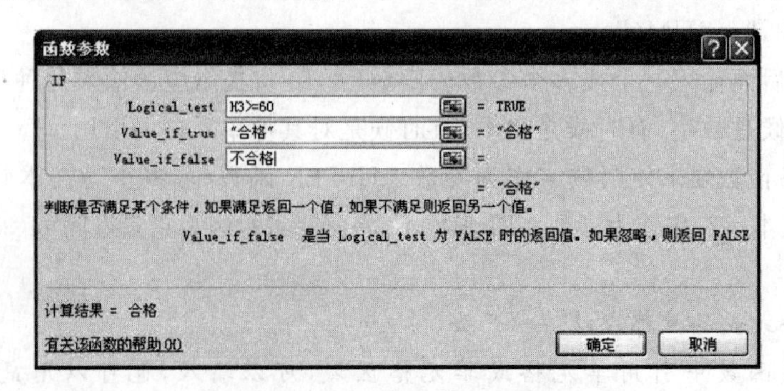

图 4-26 "函数参数"对话框

③ 确定输入后,J3 单元格显示成绩等级为“合格”,而编辑框显示的是“=IF(H3>=60,"合格","不合格")”,如图 4-27 所示。也可以在 J3 单元格将该公式直接输入。

J3 fx =IF(H3>=60,"合格","不合格")

	A	B	C	D	E	F	G	H	I	J
1	成绩分析表									
2	学号	姓名	院系	性别	英语	微积分	计算机	平均成绩	总成绩	
3	201401	祝宝珍	信息管理	女	96	93	87	92	276	合格
4	201402	蔡英超	金融	男	54	62	38		154	
5	201403	江润芹	金融	女	93	95	98			

图 4-27 例 4-2 的结果

例 4-2 中的两个小题,分别使用了输入函数的两种方法。其中第(2)题使用了 IF 函数,IF 函数的详细介绍参加 4.4.3 节。

注意:使用公式或函数输入数据的单元格,可以复制到其他位置,复制后相对引用的单元格地址发生改变;也可以使用自动填充。

例如,图 4-27 中 J3 已经计算出了成绩等级,可以使用填充柄向下拖动鼠标到 J14 单元格,表中所有学生的成绩等级就都计算出来了。

用同样的方法可以计算所有学生的平均成绩和总成绩。

4.4.4 Excel 2010 常用函数

1. IF 函数

语法格式:

```
IF(logical_test,value_if_true,value_if_false)
```

功能:判断逻辑表达式 logical_test 的值,若为逻辑值,则返回 value_if_true;若为逻辑假,则返回 value_if_false。

IF 函数可以嵌套使用,用来对多种情况进行判断,输出对应的结果。

例如,将例 4-2 第(2)题的成绩等级分为 5 级,大于等于 90 为“优”,大于等于 80 小于 90 的为“良”,大于等于 70 小于 80 的为“中”,大于等于 60 小于 70 的为“及格”,小于 60 的为“不及格”。将祝宝珍同学的成绩等级填入到 J3 单元格中。则应在 J3 单元格输入公式:

```
=IF(H3>=90,"优", IF(H3>=80,"良", IF(H3>=70,"中",
IF(H3>=60,"及格","不及格"))))
```

2. SUM 函数

语法格式:

```
SUM(number1,number2,…)
```

功能:返回所有参数之和,参数可以是常量、表达式或者某一单元格区域,若是单元格区域,则对区域中所有数字求和。

例如，SUM(3,5,10)，求 3+5+10 之和。

SUM(A2:A6)，将单元格 A2、A3、A4、A5、A6 单元格中所有数值相加。

SUM(A2:A6,B7,10)，将单元格 A2、A3、A4、A5、A6、B7 中的数值和数字 10 相加。

3. AVERAGE 函数

语法格式：

```
AVERAGE(number1,number2,…)
```

功能：返回所有参数的平均值。其他参数使用方法与 SUM 函数类似。

4. MAX 函数

语法格式：

```
MAX(number1,number2,…)
```

功能：返回所有参数的最大值。其他参数使用方法与 SUM 函数类似。

5. MIN 函数

语法格式：

```
MIN(number1,number2,…)
```

功能：返回所有参数的最小值。其他参数使用方法与 SUM 函数类似。

6. COUNT 函数

语法格式：

```
COUNT(value1, value2,…)
```

功能：value1、value2、…是包含或者引用各种数据类型的 1～30 个参数，该函数用来统计数值类型参数的个数。

例如，图 4-28 所示，E1:E14 单元格区域中有空单元格、字符型数据、数值型数据。COUNT(E1:E14)返回 12，只返回数值型数据的个数。COUNT(E1:E14,89)返回 13。

7. COUNTIF 函数

语法格式：

```
COUNTIF(range,criteria)
```

功能：计算 range 指定的单元格区域中，满足条件 criteria 的单元格的个数。条件 criteria 可以为数字、表达式或者文本。

例如，在图 4-28 中，计算英语成绩为 90 分以上的人的个数。COUNTIF(E1:E14,">=90")。

Excel 2010 自带了很多内置函数，本书就不一一介绍了，读者可以通过图 4-25 的插

E14 f_x 60

	A	B	C	D	E	F
1	成绩分析表					
2	学号	姓名	院系	性别	英语	微积分
3	201401	祝宝珍	信息管理	女	96	93
4	201402	蔡英超	金融	男	54	62
5	201403	江润芹	金融	女	93	95
6	201404	李晶	会计	女	68	98
7	201405	李永凯	信息管理	男	88	75
8	201406	朱玉良	会计	男	79	89
9	201407	高冬妍	金融	女	98	88
10	201408	李贺	会计	女	94	85
11	201409	李鹏飞	信息管理	男	99	99
12	201410	许锡亮	信息管理	男	83	84
13	201411	尹花	金融	女	97	97
14	201412	田慧玲	会计	女	60	77
15	平均分					
16	最高分					
17	最低分					

图 4-28　COUNT 函数的使用

入函数对话框的“搜索函数”文本框，输入简短的说明来描述想做什么，单击“转到”，Excel 2010 将为您推荐相应的函数；也可以在“或选择类别”中选择函数种类，在“选择函数”列表框选择所需的函数。Excel 2010 将会在该窗口下方提示选中函数的格式和功能。

4.5　数据图表

图表是 Excel 2010 最常用的对象之一，它是根据选定的工作表单元格区域（称为数据源）内的数据按照一定的数据系列而生成的，用图形表示工作表数据的方法。图表能够更形象地反映出数据的关系及趋势，当数据源数据发生变化时，图表中对应的数据也对应发生改变。使用图表可以使数据更加直观，一目了然。

Excel 2010 提供了强大的图表功能，有柱形图、条形图、折线图、饼图等，可以方便用户根据需要进行选择。例如，公司主管要了解某商品每月的销售情况，他不但要了解每月销售的具体数据，更要关心每月数据的变化，用折线图就能满足他的需求。如果他想了解每种产品营业额占所有商品销售营业额的百分比，就应该选择饼图，更能体现部分与整体之间的关系。了解 Excel 2010 常用的图表及其用途，正确选择图表，可以使数据更加清晰。

4.5.1　图表结构

Excel 2010 的图表按照所在位置可以分为两种。

(1) 嵌入式图表。与数据源在同一个数据表中。

(2) 独立式图表。以一张独立的工作表的形式存在，默认名称为 Chart1。

图 4-29 是在 4.1 节出现过的信息管理系学生成绩柱状图，通过它来了解图表的基本组成。

图表主要组成部分及其作用如下所示。

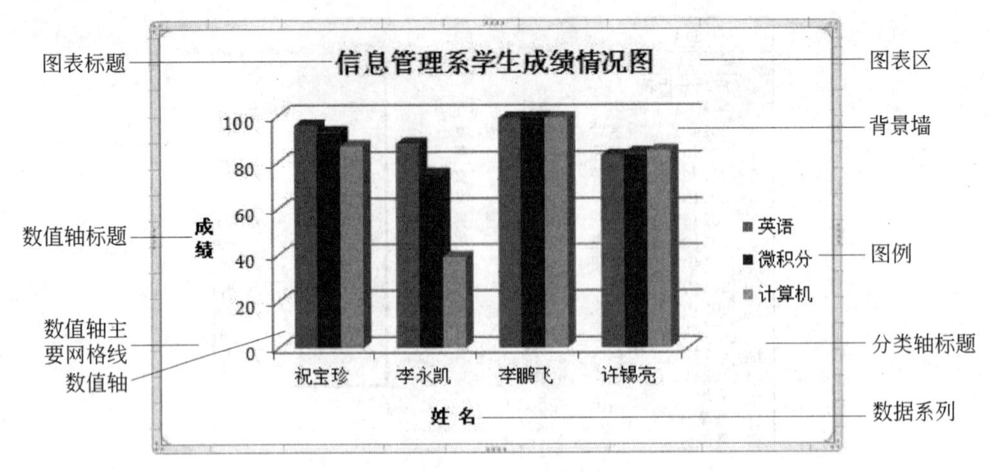

图 4-29 图表的组成

① 图表区。整个图表及其包含的元素。

② 图表标题。图表的文本标题,它自动与坐标轴对齐或在图表顶端居中,也可以省略不写。

③ 坐标轴。为图表提供计量和比较的参考线,一般包括 x 轴、y 轴。

④ 网格线。绘图区的线条,配合坐标轴的刻度显示数据。

⑤ 图例。用于标示图表中数据系列的颜色。

⑥ 背景墙。数据系列后面的区域,用于显示维度和边角尺寸。

4.5.2 创建图表

通过例 4-3 来学习如何创建图表。

【例 4-3】 以图 4-1 数据为基础建立图 4-3 所示的图表,操作步骤如下。

(1) 在"插入"选项卡找到中间文字的"图表"组,单击"柱形图"按钮,在弹出的下拉菜单中选择"三维簇状柱形图",如图 4-30 所示。也可以单击"创建图表"按钮,在弹出的"插入图表"对话框选择。选择完成后,工作区中出现一个图表,它并不符合人们的目标,需要设置。

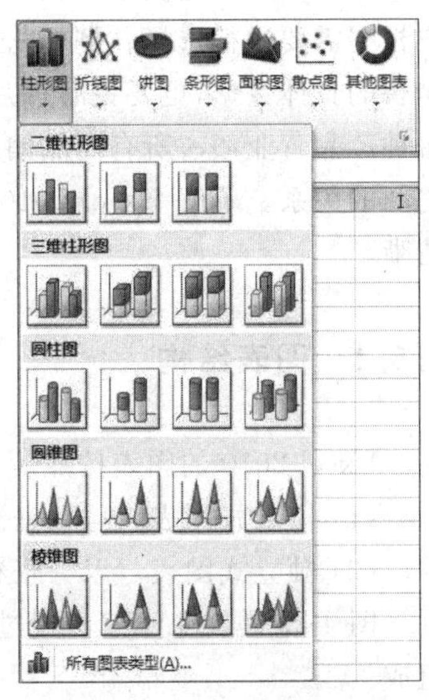

图 4-30 柱形图菜单

(2) 标题栏出现"图表工具"选项卡,单击"选择数据"按钮,如图 4-31 所示,弹出"选择数据源"对话框,如图 4-32 所示。单击"图表数据区域"最右侧的"选择数据"按钮,"选择数据源"对话框折叠起来,鼠标变成空心十字,配合 Ctrl 键选择信息管理系 4 名学生的姓名、英语、微积分、计算机成绩。选区如图 4-33 所示。选择完成再次单击"选择数据"按钮,展开"选择数据源"对话框。

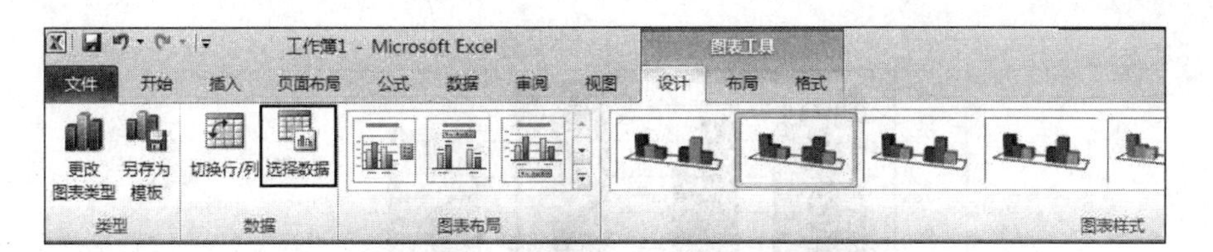

图 4-31 图表工具

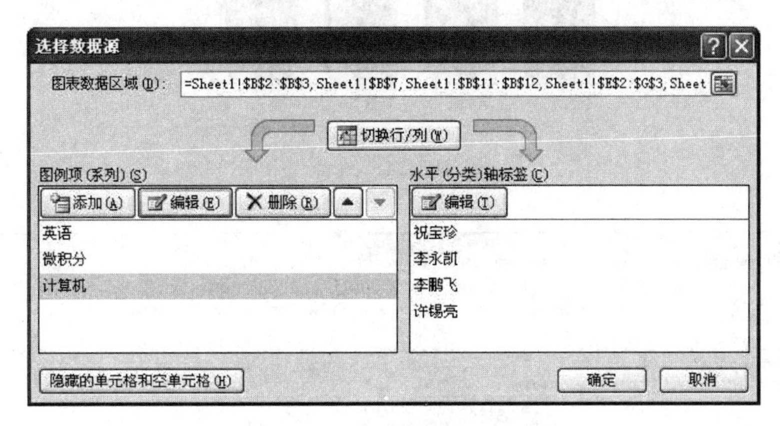

图 4-32 “选择数据源”对话框

E11 fx 89

	A	B	C	D	E	F	G	H	I
1	成绩分析表								
2	学号	姓名	院系	性别	英语	微积分	计算机	平均成绩	总成绩
3	201401	祝宝珍	信息管理	女	96	93	87	92.00	276.00
4	201402	蔡英超	金融	男	54	62	38	51.33	154.00
5	201403	江润芹	金融	女	93	95	98	95.33	286.00
6	201404	李晶	会计	女	68	98	76	80.67	242.00
7	201405	李永凯	信息管理	男	88	75	39	67.33	202.00
8	201406	朱玉良	会计	男	79	89	99	89.00	267.00
9	201407	高冬妍	金融	女	98	88	78	88.00	264.00
10	201408	李贺	会计	女	94	85	76	85.00	255.00
11	201409	李鹏飞	信息管理	男	99	99	99	99.00	297.00
12	201410	许锡亮	信息管理	男	83	84	85	84.00	252.00
13	201411	尹花	金融	女	97	97	68	87.33	262.00
14	201412	田慧玲	会计	女	60	77	90	75.67	227.00
15	平								
16	最								
17	最								
18									

选择数据源

eet1!$B$11:$B$12,Sheet1!$E$3:$G$3,Sheet1!$E$7:$G$7,Sheet1!$E$11:$G$12

图 4-33 选区

(3) 单击“切换行/列”按钮，姓名出现在“水平轴标签”栏，“图例项”栏出现“系列 1”、“系列 2”、“系列 3”，单击“系列 1”，单击“编辑”按钮，在“编辑数据系列”对话框“系列名称框”输入 E2。确定后，将“系列 1”改为“英语”。用上述方法将“系列 2”、“系列 3”改为“微积分”、“计算机”，如图 4-32 所示。

(4) 确定后的图表如图 4-34 所示。与目标图表相比还缺少标题等组成部分。单击“图表工具”选项卡下的“布局”选项卡，依次单击“图表标题”按钮、“图表上方”，在图标区输入图表标题，如图 4-35 所示。添加坐标轴标题、修改图例的方法类似。

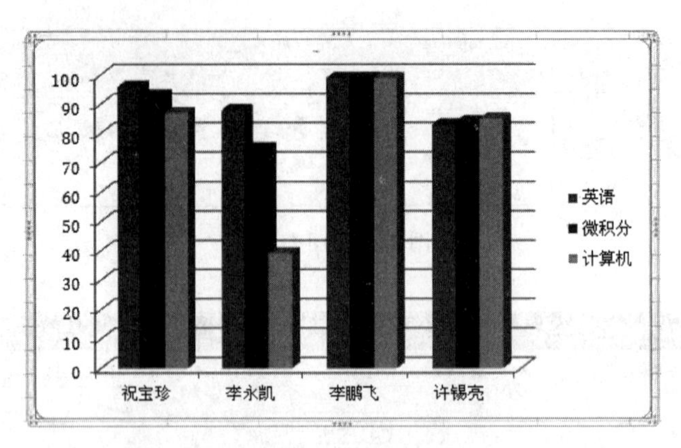

图 4-34　图表

图 4-35　“布局”选项卡

(5) 创建的图表是嵌入式图表,出现在当前工作表 Sheet1 中,嵌入式图表可以转换为独立式图表,单击“图表工具”选项卡下的“设计”选项卡,单击最右侧的“移动图表”,在弹出的“移动图表”对话框选择“新工作表”,确定即可。

4.5.3　图表的格式化与编辑

图表的格式化与编辑是指按用户的要求对图表内容、图表格式、图表布局和外观进行编辑和设置的操作,使图表的显示效果满足用户的需求。

1. 格式化图表

要对图表进行格式化,必须从工作表切换到图表。嵌入式图表只需单击图表任意位置;独立式图表需单击工作表标签切换到图表。格式化图表有两种方法。

(1) 单击“图表工具”选项卡下的“格式”选项卡,单击格式面板最左侧的下拉列表,可以选择图表区域,如图 4-36 所示。选择不同的区域,格式面板会发生相应的变化。用户可以通过格式面板将对应区域的格式进行设置。

(2) 想要编辑图表的哪一部分,就在图表上双击它,会弹出对应的格式对话框,如双击图例,弹出的对话框如图 4-37 所示。

图表的格式化包括 3 部分。

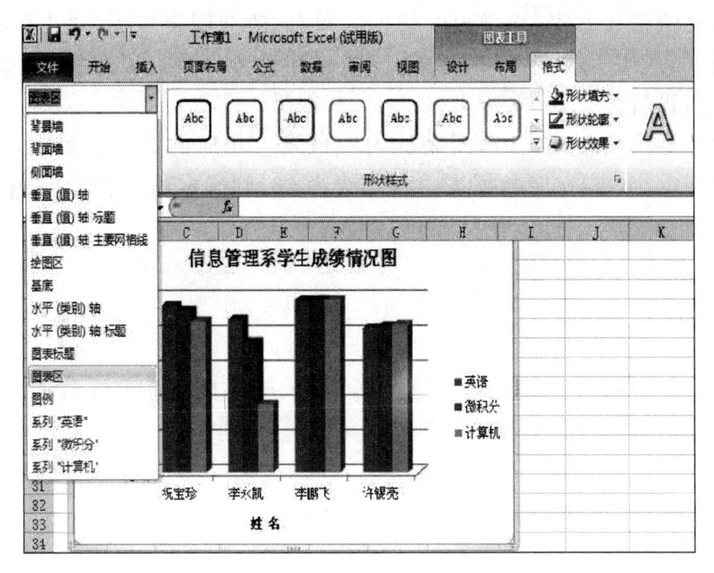

图 4-36 "格式"选项卡

图 4-37 "设置图例格式"对话框

① 对图表文字的格式化、坐标轴刻度的格式化、改变数据标志的颜色、网格线的设置、图表格式和自动套用等。

② 对图表中的图例进行添加、修改、删除和移动。

③ 对图表中的数据系列或数据点进行添加和删除。

2. 编辑图表

编辑图表可以修改图表标题、为图表添加数据标志和删除图表文字等。

在图表的任意位置右击,在弹出的快捷菜单有"改变图表类型"、"选择数据"、"移动图表"、"三维旋转"4 个选项,可以对图表进行调整和设置。也可以单击"图表工具"选项卡对应的按钮进行设置。

当数据源的数据发生改变时,图表的内容也发生相应的改变。例如,例 4-3 中,学生祝宝珍的英语成绩为 96,在原数据表中将其改为 66,则确定输入后,图表中表示祝宝珍的英语成绩系列自动变短。

4.6 数据管理

Excel 2010 不但具有数据计算和处理的能力,而且具有强大的数据管理的能力。可以通过数据清单对数据进行排序、筛选、分类和汇总等操作。

4.6.1 数据清单

1. 数据清单的概念

数据清单是位于工作表中的有组织的信息集合,可以精确地存储数据的一个矩形区域。数据清单也可以看作是数据库表格。

如图 4-38 所示,A2:I14 区域就是一个数据清单。

	A	B	C	D	E	F	G	H	I
1	成绩分析表								
2	学号	姓名	院系	性别	英语	微积分	计算机	平均成绩	总成绩
3	201401	祝宝珍	信息管理	女	96	93	87	92.00	276.00
4	201402	蔡英超	金融	男	54	62	38	51.33	154.00
5	201403	江润芹	金融	女	93	95	98	95.33	286.00
6	201404	李晶	会计	女	68	98	76	80.67	242.00
7	201405	李永凯	信息管理	男	88	75	39	67.33	202.00
8	201406	朱玉良	会计	男	79	89	99	89.00	267.00
9	201407	高冬妍	金融	女	98	88	78	88.00	264.00
10	201408	李贺	会计	女	94	85	76	85.00	255.00
11	201409	李鹏飞	信息管理	男	99	99	99	99.00	297.00
12	201410	许锡亮	信息管理	男	83	84	85	84.00	252.00
13	201411	尹花	金融	女	97	97	68	87.33	262.00
14	201412	田慧玲	会计	女	60	77	90	75.67	227.00
15	平均分								
16	最高分								
17	最低分								

图 4-38 数据清单

2. 创建数据清单应遵循的规则

(1) 数据清单的第一行必须为字符型数据,作为相应的列的标题。其他每一行数据构成一条记录。

(2) 数据清单的每一列包含相同类型的数据。

(3) 不允许出现空行和空列,也不允许有完全相同的两行。

3. 使用数据清单编辑数据

数据清单中的数据除了可以用工作表编辑外,还可以使用数据记录单来编辑。选中

图 4-38 中的 A2:I14 区域，单击标题栏上的“自定义快速访问工具栏”按钮，如图 4-39 所示，在弹出的下拉菜单选择“其他命令”，弹出“Excel 选项”对话框，在“从下列位置选择命令”下拉列表选择“不在功能区中的命令”，在下面的列表框选择“记录单”，单击“添加”按钮，如图 4-40 所示。确定后，在标题栏的“自定义快速访问工具栏”按钮左侧出现“记录单按钮”，如图 4-41 所示。

图 4-39 “自定义快速访问工具栏”按钮

图 4-40 “Excel 选项”对话框

选中 A2:I14 区域，单击“记录单按钮”，弹出记录单对话框，如图 4-42 所示。用户可以使用记录单进行如下操作。

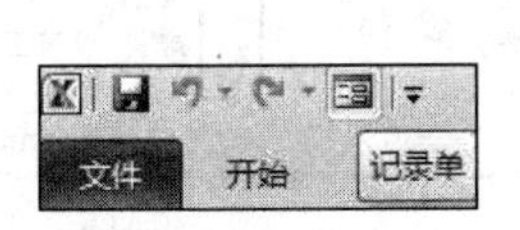

图 4-41 “记录单”按钮

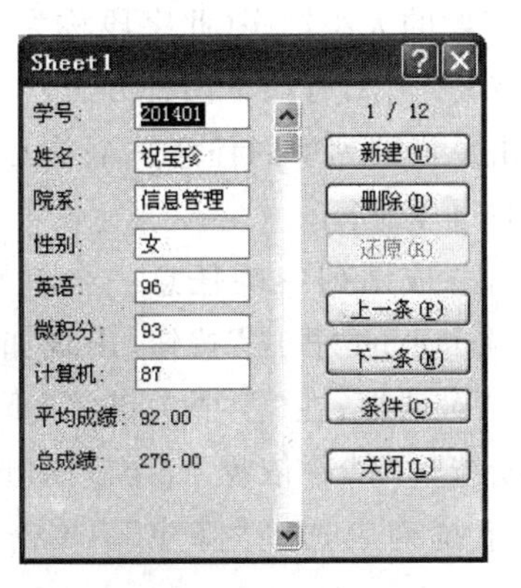

图 4-42 记录单对话框

1) 查看记录

对话框左侧显示第一条记录各字段的数据，右侧最上面显示当前数据清单中的总记录数和当前显示的是第几条记录。可以使用“上一条”和“下一条”按钮、垂直滚动条等来查看不同记录。当记录很多时，还可以利用“条件”按钮查找某些特定的记录。例如，要查找所有信息管理系的女生的记录，可单击“条件”按钮，“院系”栏输入“信息管理”，在“性别”栏中输入“女”，则在对话框中就只显示符合条件的记录了。

2) 编辑记录

单击要编辑的文本框，定位光标，就可以直接编辑修改记录。

3) 新建记录

在对话框中单击“新建”按钮，记录单左边显示一条空白记录，然后依次输入新记录的各个字段的值，输入完毕，按 Enter 键。如此重复，可以添加多条记录。

4) 删除记录

在“记录单”对话框中，定位到要删除的记录，单击“删除”按钮来删除当前记录。此操作不能撤销。

4.6.2 数据的排序

在工作表中输入的数据往往是没有规律的，但在日常数据处理中，经常需要按某种规律排列数据。Excel 2010 可以按字母、数字或日期等数据类型进行排序，排序有“升序”和“降序”两种方式。可以使用一列数据作为一个关键字段进行排序，称为简单排序；也可以使用多列数据作为关键字段进行排序，称为复杂排序。

数值型数据按照数值大小排序；字符型数据英文字母按照字母顺序排序，汉字按照拼音或笔画排序；日期时间型数据按照时间早晚排序；(即没有填入任何值)无论升序还是降序空值总是排在最后。

1. 简单排序

按一个字段的大小排序(此字段称为关键字段)，例如，将图 4-38 的数据按照总成绩从多到少的顺序排序，有如下两种方法。

(1) 单击总成绩列中的任意一个单元格；单击“数据”选项卡上的 “升序”按钮或“降序”按钮，如图 4-43 所示。

(2) 单击总成绩列中的任意一个单元格；单击“数据”选项卡上的“排序”按钮，出现如图 4-44 所示的“排序”对话框；在“主要关键字”下拉列表中选择“总成绩”，“排序依据”下拉列表选择“数值”，“次序”下拉列表选择“降序”。单击“确定”按钮。

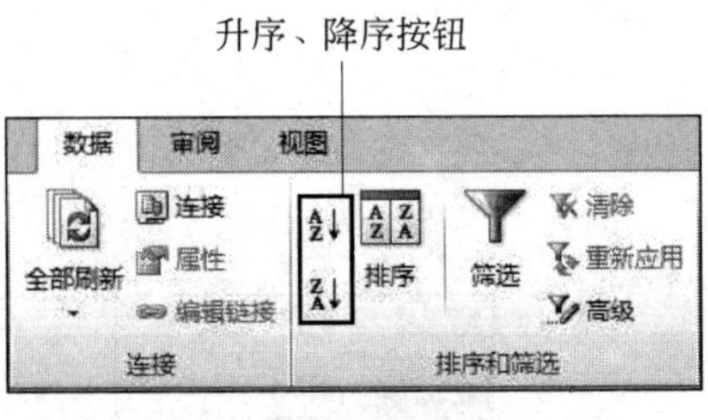

图 4-43　排序

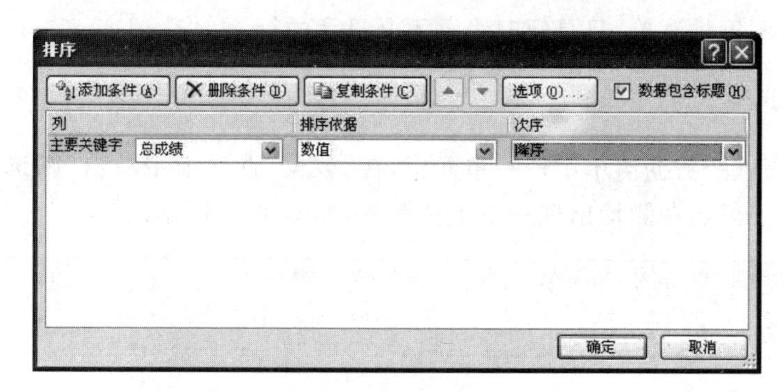

图 4-44 “排序”对话框

2. 复杂排序

如果在排序时,数据清单中关键字段的值相同(此字段称为主关键字段),则需要再按另一个字段的值来排序(此字段称为次关键字段),以此类推,还有第三关键字段。称需要用到多个关键字进行的排序为复杂排序。例如,按性别分别查看男女生的总成绩,按降序排序。操作方法如下。

打开如图 4-44 所示的排序对话框,为“主要关键字”选择“性别”、“数值”、“升序”;单击“添加”按钮,为“次要关键字”选择“总成绩”、“数值”、“降序”。单击“确定”按钮,结果如图 4-45 所示。

	A	B	C	D	E	F	G	H	I
1	成绩分析表								
2	学号	姓名	院系	性别	英语	微积分	计算机	平均成绩	总成绩
3	201409	李鹏飞	信息管理	男	99	99	99	99.00	297.00
4	201406	朱玉良	会计	男	79	89	99	89.00	267.00
5	201410	许锡亮	信息管理	男	83	84	85	84.00	252.00
6	201405	李永凯	信息管理	男	88	75	39	67.33	202.00
7	201402	蔡英超	金融	男	54	62	38	51.33	154.00
8	201403	江润芹	金融	女	93	95	98	95.33	286.00
9	201401	祝宝珍	信息管理	女	96	93	87	92.00	276.00
10	201407	高冬妍	金融	女	98	88	78	88.00	264.00
11	201411	尹花	金融	女	97	97	68	87.33	262.00
12	201408	李贺	会计	女	94	85	76	85.00	255.00
13	201404	李晶	会计	女	68	98	76	80.67	242.00
14	201412	田慧玲	会计	女	60	77	90	75.67	227.00
15	平均分								
16	最高分								
17	最低分								

图 4-45 复杂排序结果

在“排序”对话框中,单击“选项”按钮,出现“排序选项”对话框,在“方向”选项框中,可以选择“按列排序”或“按行排序”,在“方法”选项框中,可以选择“字母排序”或“笔画排序”。

4.6.3 数据筛选

筛选是根据给定的条件,从数据清单中找出并显示满足条件的记录,不满足条件的记录被暂时隐藏起来。Excel 2010 提供了两种筛选清单命令:自动筛选和高级筛选。与排序不同，筛选并不重排清单，只是暂时隐藏不必显示的行。

1. 自动筛选

单击需要筛选的数据清单中任一单元格，在“数据”选项卡中单击“筛选”按钮。自动筛选后，在每个字段名右侧均出现一个下拉箭头，如图4-46所示。

	A	B	C	D	E	F	G	H	I
1	成绩分析表								
2	学号	姓名	院系	性别	英语	微积分	计算机	平均成绩	总成绩
3	201401	祝宝珍	信息管理	女	96	93	87	92.00	276.00
4	201402	蔡英超	金融	男	54	62	38	51.33	154.00
5	201403	江润芹	金融	女	93	95	98	95.33	286.00
6	201404	李晶	会计	女	68	98	76	80.67	242.00
7	201405	李永凯	信息管理	男	88	75	39	67.33	202.00
8	201406	朱玉良	会计	男	79	89	99	89.00	267.00
9	201407	高冬妍	金融	女	98	88	78	88.00	264.00
10	201408	李贺	会计	女	94	85	76	85.00	255.00
11	201409	李鹏飞	信息管理	男	99	99	99	99.00	297.00
12	201410	许锡亮	信息管理	男	83	84	85	84.00	252.00
13	201411	尹花	金融	女	97	97	68	87.33	262.00
14	201412	田慧玲	会计	女	60	77	90	75.67	227.00
15	平均分								
16	最低分								
17	最高分								

图4-46 自动筛选

1）设置自动筛选

单击某个列标题上的下拉箭头，展开的下拉列表如图4-47所示，可以选择要筛选的具体值或者设置筛选条件。

图4-47 自动筛选下拉菜单

① 可以按照“升序”、“降序”、“颜色”对当前列排序。

② “数据筛选”下拉菜单。可以根据需要在数据筛选下拉菜单中选择“等于”、“不等于”……选项，在弹出的对话框中设置具体值，也可以单击“自定义筛选”进行设置。

③ 可以在下面的列表框勾选决定是否显示某个具体的值。

例如，只显示信息管理系的总成绩大于 240 分的男生。就需要对院系、总成绩、性别三列同时进行自动筛选。筛选结果如图 4-48 所示。

	A	B	C	D	E	F	G	H	I
1	成绩分析表								
2	学号	姓名	院系	性别	英语	微积分	计算机	平均成绩	总成绩
11	201409	李鹏飞	信息管理	男	99	99	99	99.00	297.00
12	201410	许锡亮	信息管理	男	83	84	85	84.00	252.00

图 4-48　自动筛选结果

注意：自动筛选可以同时满足涉及多列数据的多个条件，条件之间是逻辑与的关系，即筛选结果同时满足所有条件。

2）取消自动筛选

取消某一列的自动筛选，则可以选择该列下拉菜单中的“从***中清除筛选”将筛选清除。

取消数据清单中所有列的自动筛选，则在“数据”选项卡中单击“清除”按钮。

若要关闭自动筛选箭头，则在“数据”选项卡中再次单击“筛选”按钮即可。

2. 高级筛选

如果多个筛选条件之间涉及逻辑或的关系，则需要使用高级筛选。

建立高级筛选之前，首先必须在数据清单之外的空白区域建立一个筛选条件区域，在该区域内设定筛选条件。

一个筛选条件区域通常至少包含两行，第一行用来指定列标题，其余行用来指定筛选条件。例如，显示英语、微积分、计算机三门成绩都大于 80 分或者总成绩大于 240 分的学生。筛选条件区域如图 4-49 所示。

	A	B	C	D	E	F	G	H	I
1	成绩分析表								
2	学号	姓名	院系	性别	英语	微积分	计算机	平均成绩	总成绩
3	201401	祝宝珍	信息管理	女	96	93	87	92.00	276.00
4	201402	蔡英超	金融	男	54	62	38	51.33	154.00
5	201403	江润芹	金融	女	93	95	98	95.33	286.00
6	201404	李晶	会计	女	68	98	76	80.67	242.00
7	201405	李永凯	信息管理	男	88	75	39	67.33	202.00
8	201406	朱玉良	会计	男	79	89	99	89.00	267.00
9	201407	高冬妍	金融	女	98	88	78	88.00	264.00
10	201408	李贺	会计	女	94	85	76	85.00	255.00
11	201409	李鹏飞	信息管理	男	99	99	99	99.00	297.00
12	201410	许锡亮	信息管理	男	83	84	85	84.00	252.00
13	201411	尹花	金融	女	97	97	68	87.33	262.00
14	201412	田慧玲	会计	女	60	77	90	75.67	227.00
15	平均分								
16	最低分								
17	最高分								
18					英语	微积分	计算机	总成绩	
19					>=80	>=80	>=80		
20								>=240	

图 4-49　高级筛选条件区域

由此筛选条件可以看出,筛选条件区域行与行之间是逻辑或的关系,同行的单元格之间是逻辑与的关系。列出条件后,就可以设置高级筛选了,步骤如下。

(1) 单击“数据”选项卡下“排序和筛选”面板中的“高级”按钮,弹出“高级筛选”对话框,如图 4-50 所示。

(2) 在“方式”选项选择结果的显示位置。

(3) 确定“列表区域”和“条件区域”。

(4) 单击“确定”按钮。

筛选结果如图 4-51 所示。

图 4-50 “高级筛选”对话框

如果将自动筛选中的例子“只显示信息管理系的总成绩大于 240 分的男生。”修改为只显示信息管理系的学生或者总成绩大于 240 分的男生,又该如何操作呢?请读者思考并尝试操作,将两次筛选的结果进行比较。

	A	B	C	D	E	F	G	H	I
1	成绩分析表								
2	学号	姓名	院系	性别	英语	微积分	计算机	平均成绩	总成绩
3	201401	祝宝珍	信息管理	女	96	93	87	92.00	276.00
5	201403	江润芹	金融	女	93	95	98	95.33	286.00
6	201404	李晶	会计	女	68	98	76	80.67	242.00
8	201406	朱玉良	会计	男	79	89	99	89.00	267.00
9	201407	高冬妍	金融	女	98	88	78	88.00	264.00
10	201408	李贺	会计	女	94	85	76	85.00	255.00
11	201409	李鹏飞	信息管理	男	99	99	99	99.00	297.00
12	201410	许锡亮	信息管理	男	83	84	85	84.00	252.00
13	201411	尹花	金融	女	97	97	68	87.33	262.00
15	平均分								
16	最低分								
17	最高分								

图 4-51 高级筛选结果

4.6.4 数据的分类汇总

分类汇总是把数据清单中的数据分门别类地统计处理。不需要用户自己建立公式,Excel 2010 将会自动对各类别的数据进行求和、求平均等多种计算,并且把汇总的结果以“分类汇总”和“总计”显示出来。在 Excel 2010 中分类汇总可进行的计算有求和、平均值、最大值、最小值等。分类汇总又分为简单分类汇总和嵌套分类汇总。

注意:数据清单中必须包含带有标题的列。

分类汇总之前,必须先要对分类汇总的列排序。

1. 简单分类汇总

对一个字段仅做一种方式的汇总,称为简单汇总。例如,按学生所在院系查看英语、微积分、计算机三门课程的平均分。操作步骤如下。

(1) 首先按照院系列排序。排序后相同院系学生的记录连在一起。

(2) 单击“数据”选项卡中“分级显示”面板中的“分类汇总”按钮，弹出图4-52所示的“分类汇总”对话框。

(3) 在“分类字段”下拉列表中选择“院系”，这是要分类汇总的列标题；在“汇总方式”下拉列表中选择“平均值”；在“选定汇总项”下面的列表中选中“英语”、“微积分”、“计算机”复选框；因为结果要显示在数据列表的下面，所以选中“汇总结果显示在数据下方”复选框。

(4) 定义完毕，单击“确定”按钮得到如图4-53所示的结果。

(5) 工作表的左侧出现分级显示区，图中左上方的1、2、3按钮可以控制显示或隐藏某一级别的明细数据，通过左侧的“+”、“-”按钮也可以实现这一功能。

如果想清除分类汇总回到数据清单的初始状态，可以单击分类汇总对话框中的“全部删除”按钮。

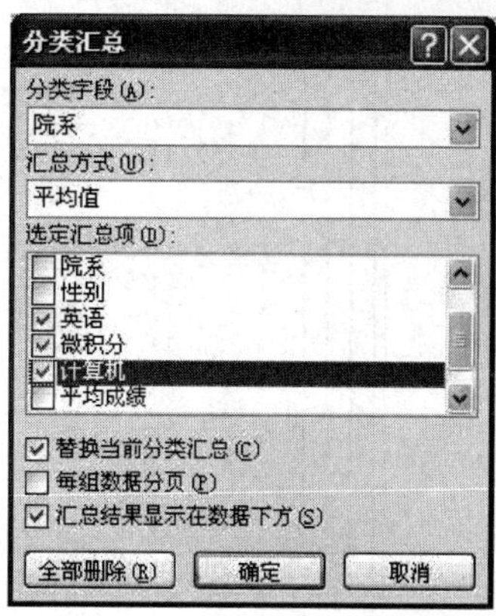

图4-52 “分类汇总”对话框

	A	B	C	D	E	F	G	H	I
1	成绩分析表								
2	学号	姓名	院系	性别	英语	微积分	计算机	平均成绩	总成绩
3	201401	祝宝珍	信息管理	女	96.00	93.00	87.00	92.00	276.00
4	201405	李永凯	信息管理	男	88.00	75.00	39.00	67.33	202.00
5	201409	李鹏飞	信息管理	男	99.00	99.00	99.00	99.00	297.00
6	201410	许锡亮	信息管理	男	83.00	84.00	85.00	84.00	252.00
7			信息管理 平均值		91.50	87.75	77.50		
8	201402	蔡英超	金融	男	54.00	62.00	38.00	51.33	154.00
9	201403	江润芹	金融	女	93.00	95.00	98.00	95.33	286.00
10	201407	高冬妍	金融	女	98.00	88.00	78.00	88.00	264.00
11	201411	尹花	金融	女	97.00	97.00	68.00	87.33	262.00
12			金融 平均值		85.50	85.50	70.50		
13	201404	李晶	会计	女	68.00	98.00	76.00	80.67	242.00
14	201406	朱玉良	会计	男	79.00	89.00	99.00	89.00	267.00
15	201408	李贺	会计	女	94.00	85.00	76.00	85.00	255.00
16	201412	田慧玲	会计	女	60.00	77.00	90.00	75.67	227.00
17			会计 平均值		75.25	87.25	85.25		
18	平均分								
19	最低分								
20	最高分								
21			总计平均值		84.08	86.83	77.75		
22									

图4-53 简单分类汇总结果

2. 嵌套分类汇总

嵌套分类汇总是指对同一个数据清单进行多次分类汇总，又分为两种情况。

1) 对同一列进行多种汇总

例如，按院系求英语、微积分、计算机的平均分，并统计各院系的人数。

这个例子需要两种汇总方式，第一种是求平均值，第二次是计数，两种都是对同一列“院系”进行分类汇总。操作如下。

在以上简单汇总的结果基础上，再次打开“分类汇总”对话框，“分类字段”选择“院系”，“汇总方式”中选择“计数”，“选定汇总项”下面的列表中选中“学号”复选框，取消掉“替换当前分类汇总”的选择，单击“确定”按钮，完成分类汇总。结果如图4-54所示。

	A	B	C	D	E	F	G	H	I
1	成绩分析表								
2	学号	姓名	院系	性别	英语	微积分	计算机	平均成绩	总成绩
3	201401	祝宝珍	信息管理	女	96.00	93.00	87.00	92.00	276.00
4	201405	李永凯	信息管理	男	88.00	75.00	39.00	67.33	202.00
5	201409	李鹏飞	信息管理	男	99.00	99.00	99.00	99.00	297.00
6	201410	许锡亮	信息管理	男	83.00	84.00	85.00	84.00	252.00
7	4		**信息管理 计数**						
8			**信息管理 平均值**		91.50	87.75	77.50		
9	201402	蔡英超	金融	男	54.00	62.00	38.00	51.33	154.00
10	201403	江润芹	金融	女	93.00	95.00	98.00	95.33	286.00
11	201407	高冬妍	金融	女	98.00	88.00	78.00	88.00	264.00
12	201411	尹花	金融	女	97.00	97.00	68.00	87.33	262.00
13	4		**金融 计数**						
14			**金融 平均值**		85.50	85.50	70.50		
15	201404	李晶	会计	女	68.00	98.00	76.00	80.67	242.00
16	201406	朱玉良	会计	男	79.00	89.00	99.00	89.00	267.00
17	201408	李贺	会计	女	94.00	85.00	76.00	85.00	255.00
18	201412	田慧玲	会计	女	60.00	77.00	90.00	75.67	227.00
19	4		**会计 计数**						
20			**会计 平均值**		75.25	87.25	85.25		
21	12		**总计数**						
22	平均分								
23	最低分								
24	最高分								
25			**总计平均值**		84.08	86.83	77.75		
26									

图 4-54　嵌套分类汇总结果(一)

2）对不同列分别进行多次分类汇总

在一个分类汇总结果的基础上，再使用其他分类字段进行分类汇总。这种情况下的分类汇总必须保证在所有汇总之前，以两个分类字段作为主要关键字和次要关键字，对数据清单进行排序。

例如，在按院系求英语、微积分、计算机平均分的基础上，统计各个院系的男女生人数。操作如下。

在以上例子的基础上，再次打开“分类汇总”对话框，单击“全部删除”按钮。将以前的分类汇总删除。

我们需要对数据清单重新排序。选中 A2:I14 区域，单击“排序”按钮，设置“主要关键字”为“院系”，“次要关键字”为“性别”，单击“确定”按钮。

第一次分类汇总，设置按院系求英语、微积分、计算机平均分，方法与简单分类汇总完全相同。

第二次分类汇总，再次打开“分类汇总”对话框。“分类字段”选择“性别”，“汇总方式”中选择“计数”，“选定汇总项”下面的列表中选中“学号”复选框，取消掉“替换当前分类汇总”的选择，单击“确定”按钮，完成分类汇总。结果如图 4-55 所示。

4.6.5　数据透视表

之所以称为数据透视表，是因为可以动态地改变它们的版面布置，以便按照不同方式分析数据，也可以重新安排行号和列标。每一次改变版面布置时，数据透视表会立即按照新的布置重新计算数据。另外，如果原始数据发生更改，则可以更新数据透视表。

	A	B	C	D	E	F	G	H	I
1	成绩分析表								
2	学号	姓名	院系	性别	英语	微积分	计算机	平均成绩	总成绩
3	201405	李永凯	信息管理	男	88.00	75.00	39.00	67.33	202.00
4	201409	李鹏飞	信息管理	男	99.00	99.00	99.00	99.00	297.00
5	201410	许锡亮	信息管理	男	83.00	84.00	85.00	84.00	252.00
6	3			**男 计数**					
7	201401	祝宝珍	信息管理	女	96.00	93.00	87.00	92.00	276.00
8	1			**女 计数**					
9			**信息管理 平均值**		91.50	87.75	77.50		
10	201402	蔡英超	金融	男	54.00	62.00	38.00	51.33	154.00
11	1			**男 计数**					
12	201403	江润芹	金融	女	93.00	95.00	98.00	95.33	286.00
13	201407	高冬妍	金融	女	98.00	88.00	78.00	88.00	264.00
14	201411	尹花	金融	女	97.00	97.00	68.00	87.33	262.00
15	3			**女 计数**					
16			**金融 平均值**		85.50	85.50	70.50		
17	201406	朱玉良	会计	男	79.00	89.00	99.00	89.00	267.00
18	1			**男 计数**					
19	201404	李晶	会计	女	68.00	98.00	76.00	80.67	242.00
20	201408	李贺	会计	女	94.00	85.00	76.00	85.00	255.00
21	201412	田慧玲	会计	女	60.00	77.00	90.00	75.67	227.00
22	3			**女 计数**					
23			**会计 平均值**		75.25	87.25	85.25		
24	12			**总计数**					
25			**总计平均值**		84.08	86.83	77.75		
26	平均分								
27	最低分								
28	最高分								

图 4-55 嵌套分类汇总结果(二)

创建数据透视表的方法如下。

(1) 在“插入”选项卡的“表格”面板中,单击“数据透视表”下拉箭头,选择“数据透视表”按钮,弹出如图 4-56 所示对话框。

(2) 在“请选择要分析的数据”中选中“选择一个表或区域”,并选中要建立数据透视表的数据。

(3) 在“选择放置数据透视表的位置”中选择“现有工作表”,并选中要放置数据透视表的位置。

(4) 单击“确定”按钮,在 Excel 2010 窗口右侧弹出如图 4-57 所示的任务窗格。

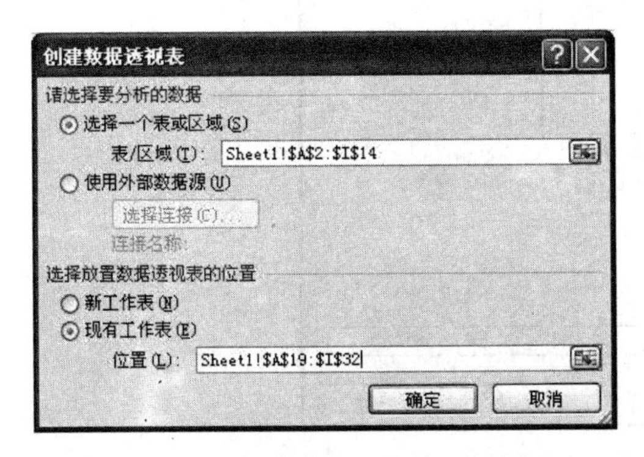

图 4-56 “创建数据透视表”对话框

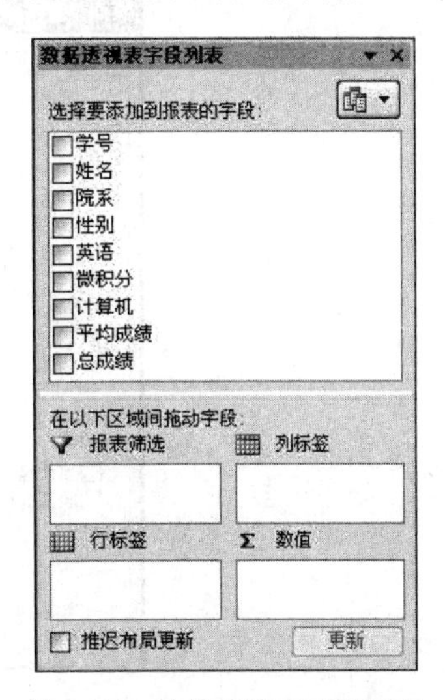

图 4-57 数据透视表字段列表

(5) 在“数据透视表字段列表”任务窗格中拖动相应的属性到行标签、列标签或者数据区域完成布局，单击“关闭”按钮。

到这里，4.1 节里面的 3 个表的制作方法就全部讲解完成。图 4-3 中最下面三行平均分、最高分、最低分的数据，读者可以根据所学知识自己补充完整。

4.7 页面设置与打印

在编辑好工作表或图表之后，打印前，应使用打印预览功能模拟显示，若不满意，可通过“页面设置”进行适当设置，直到效果满意时再打印。

4.7.1 页面设置

单击“页面布局”选项卡，通过“页面设置”面板中的命令可以进行页面的打印方向、缩放比例、纸张大小以及打印质量的设置，如图 4-58 所示。注意，如果计算机没有添加打印机，“页边距”、“纸张方向”等按钮将不可用。

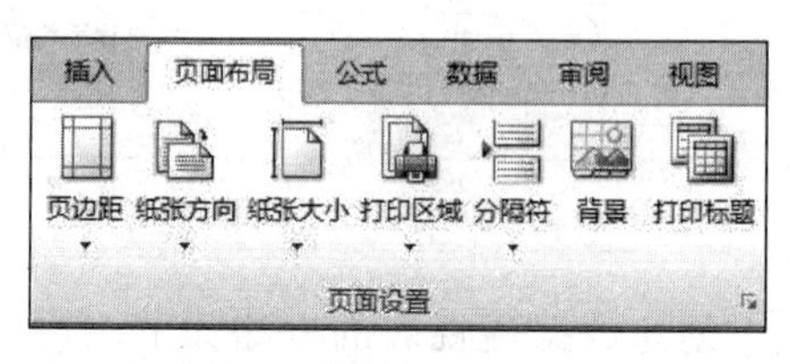

图 4-58 页面设置

1. 页边距的设置

单击“页边距”按钮，在弹出的下拉菜单中单击“自定义边距”按钮，弹出“页面设置”对话框的“页边距”选项卡，如图 4-59 所示。可以分别在“上”、“下”、“左”、“右”编辑框中设置页边距；在“页眉”、“页脚”编辑框中设置页眉和页脚的位置；在“居中方式”中可以选择“水平”或“垂直”。

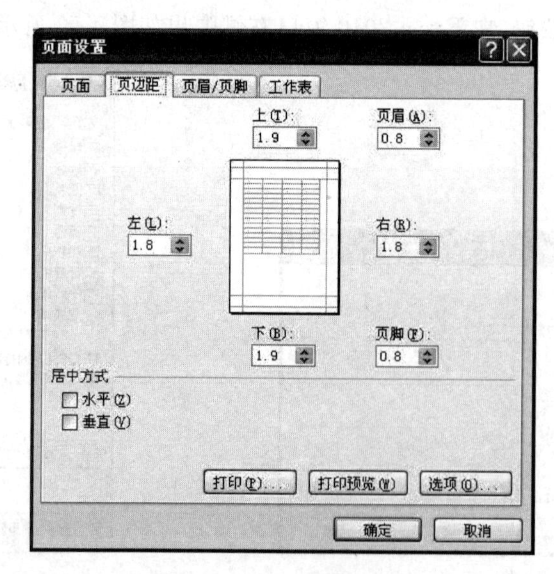

图 4-59 “页边距”选项卡

2. 页眉/页脚的设置

单击“页面设置”对话框中的“页眉/页脚”选项卡，如图4-60所示，如果设置页眉和页脚，可单击“页眉”和“页脚”的下拉列表，选择内置的页眉和页脚格式。也可分别单击“自定义页眉”、“自定义页脚”按钮，在相应的对话框中自己定义。

3. 工作表的设置

单击“页面设置”对话框中的“工作表”选项卡，如图4-61所示。

图4-60 “页眉/页脚”选项卡

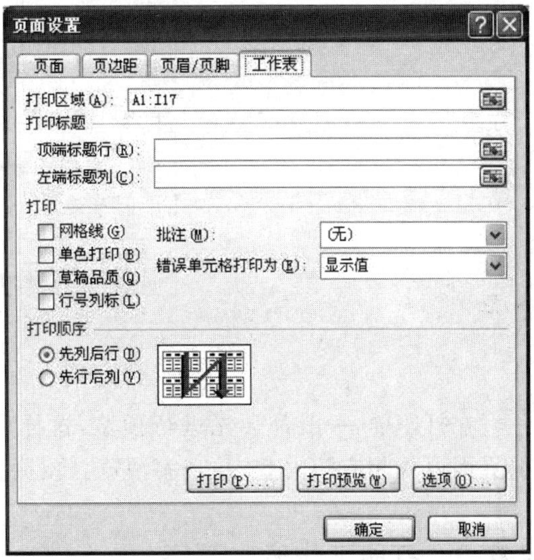

图4-61 “工作表”选项卡

(1) 打印区域。若不设置，则当前整个工作表为打印区域；若需设置，则单击“打印区域”右侧的折叠按钮，在工作表中拖动选定打印区域后，再单击“打印区域”右侧的折叠按钮，返回对话框，单击“确定”按钮。

(2) 打印标题。如果要使每一页上都重复打印列标志，则单击图中的“顶端标题行”编辑框，然后输入列标志所在行的行号；如果要使每一页上都重复打印行标志，则单击“左端标题列”编辑框，然后输入行标志所在列的列标。

(3) 打印选项。该区域有很多复选框，根据需要自行选择即可。选中图中的“行号列标”复选框可以每页都打印行号和列标。

单击“文件”选项卡的“打印”按钮，在该页面单击“页面设置”按钮，也可以打开“页面设置”对话框。

4.7.2 打印预览

选择要打印的工作表为当前工作表，单击“文件”选项卡的“打印”按钮，中间界面出现打印设置，如图4-62所示。右侧界面出现打印预览。

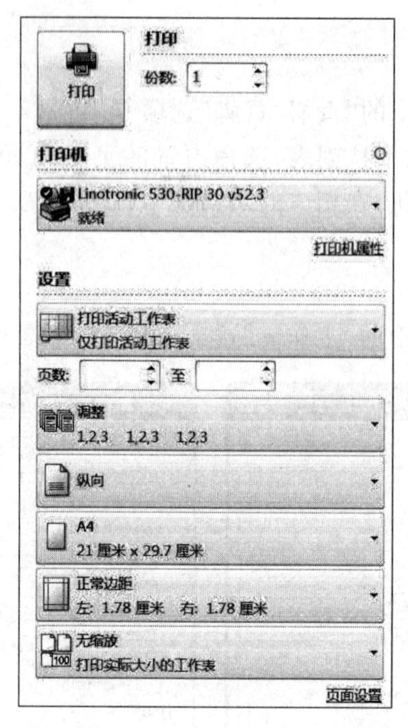

图 4-62 打印

在打印前,一般都会先进行预览,这样可以防止不必要的浪费。根据需求在图 4-62 的界面填入相应的内容,并观察预览。预览会随调整发生改变。

4.7.3 打印工作表

对工作表进行页面设置,并通过打印预览后,就可以打印工作表。在确定打印之前,还要放好纸张、打开打印机、检查打印机是否工作正常,一切没有问题后,可单击"打印"按钮,出现"打印到文件"对话框。在该对话框中进行所需的相应设置后,单击"确定"按钮即可开始打印。

第5章　演示文稿软件 PowerPoint 2010

PowerPoint 2010 与 Word 2010、Excel 2010 等应用软件一样，也是 Microsoft 公司推出的 Office 2010 办公系列软件的重要组件之一。PowerPoint 2010 是当今最流行的制作演示文稿的专业化软件，主要用于设计制作包含一组电子版幻灯片的演示文稿。用 PowerPoint 制作的幻灯片不仅可以包含丰富的文字、图形、图像、图表、音频、视频等内容，还可以设置幻灯片上的对象的动画效果，组织幻灯片的不同的放映方式等。在应用中，除了最常见的通过计算机或者大屏幕投影仪向观众进行展示之外，还可以通过网络进行展示、进行会议交流等。

本章主要介绍 PowerPoint 2010 的主要功能、演示文稿的创建和编辑、幻灯片外观的设置、幻灯片动态效果的添加、超链接与动作设置、演示文稿的放映和输出等内容。

5.1　PowerPoint 2010 主要功能

PowerPoint 2010 的主要功能有 6 项。

1. 演示文稿的创建及内容的编辑

要制作演示文稿，首先要使用 PowerPoint 2010 创建演示文稿文件，然后根据构思在文件中添加需要的幻灯片，在幻灯片上添加需要的文字、图片、表格等内容。

2. 幻灯片的美化

可以使用 PowerPoint 2010 提供的“主题”、“母版”等功能来美化幻灯片，丰富幻灯片的外观效果。

3. 幻灯片动态效果的添加

幻灯片完成后就可以进行放映，为了能够加强幻灯片的放映效果，可以使用 PowerPoint 2010 提供的幻灯片“切换”功能和“动画”功能来添加幻灯片的动态效果。

4. 超链接与动作设置

幻灯片放映的顺序会默认使用幻灯片的编辑顺序，如果在放映时需要改变幻灯片的放映顺序，就需要使用“超链接”和“动作设置”等功能。

5. 演示文稿的放映

演示文稿的放映方式会默认使用“演讲者放映”，如果需要在不同的场合放映幻灯片，就需要定义不同的放映方式。

6. 演示文稿的输出

演示文稿可以保存成不同格式的文件，并可以定义多种输出方式。

本章将通过一个“智能手机简介”演示文稿的制作过程来讲解 PowerPoint 2010 的主要功能，完成后的幻灯片效果如图 5-1 所示。

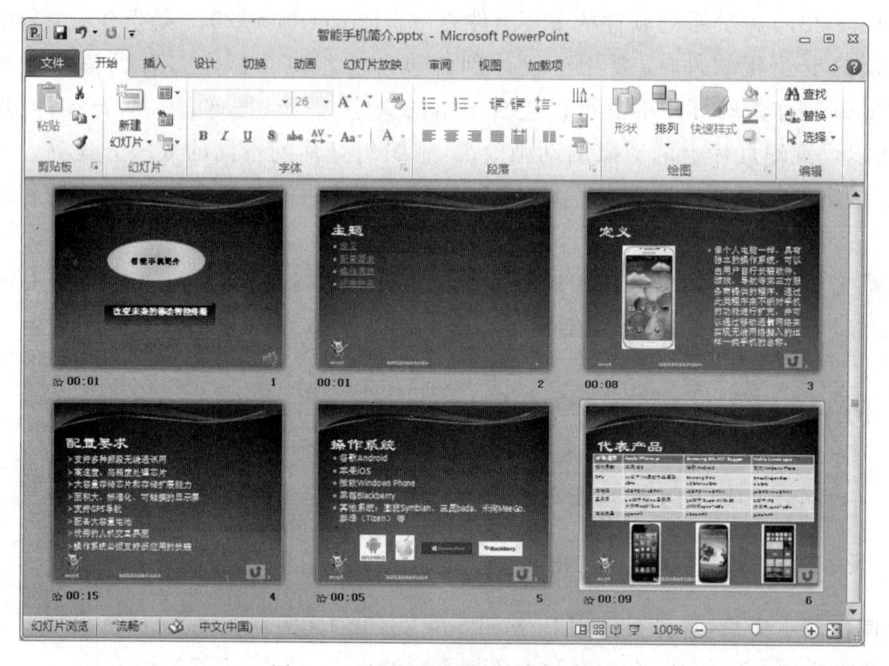

图 5-1 “智能手机简介”演示文稿

5.2 演示文稿的创建及幻灯片内容的编辑

5.2.1 PowerPoint 2010 窗口组成

PowerPoint 2010 典型的操作界面分为“文件”、“开始”、“插入”、“设计”、“切换”、“动画”、“幻灯片放映”、“审阅”及“视图”等选项卡，如图 5-2 所示。其中 PowerPoint 2010 包含的特有的区域如下。

(1) 编辑区。编辑栏中间最大的区域为幻灯片编辑区，在此可以对幻灯片内容进行编辑。

(2) 视图区。编辑栏左侧的区域为视图区，默认视图方式为“幻灯片”视图，单击“大纲”可以切换到“大纲视图”。

① “幻灯片”视图模式以单张幻灯片的缩略图为基本单元排列，当前编辑幻灯片以着重色标出。在此视图模式下，可以实现幻灯片的整张复制、粘贴、新幻灯片的插入、幻灯片删除、幻灯片样式更改等操作。

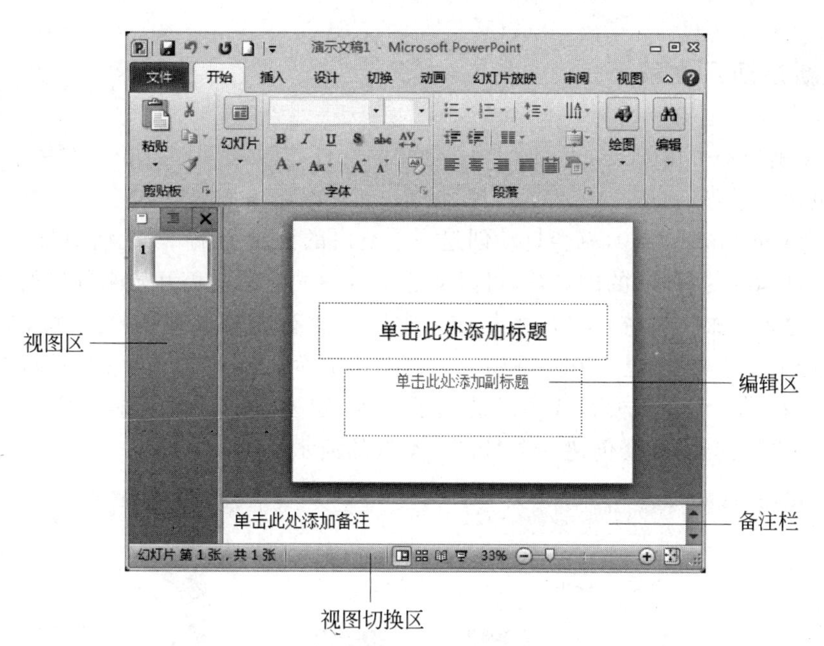

图 5-2 PowerPoint 2010 特有的窗口界面

② “大纲视图”模式将每张幻灯片的包含的文本占位符的内容以列表方式进行展示，单击列表中的内容项可以对幻灯片内容进行快速编辑。如果要输入大量文字，使用大纲视图最为方便，如图 5-3 所示。

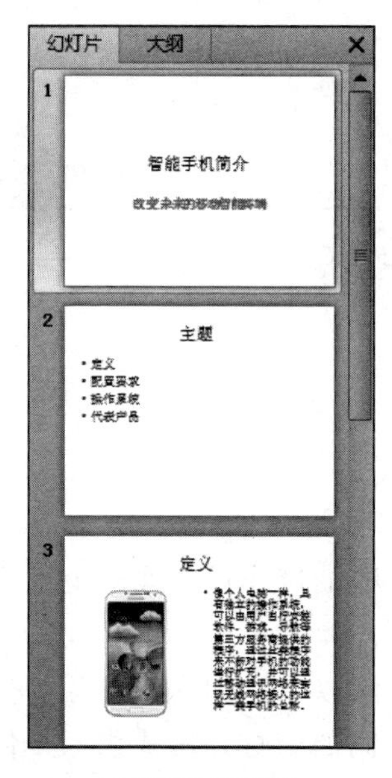

(a) 幻灯片缩略图

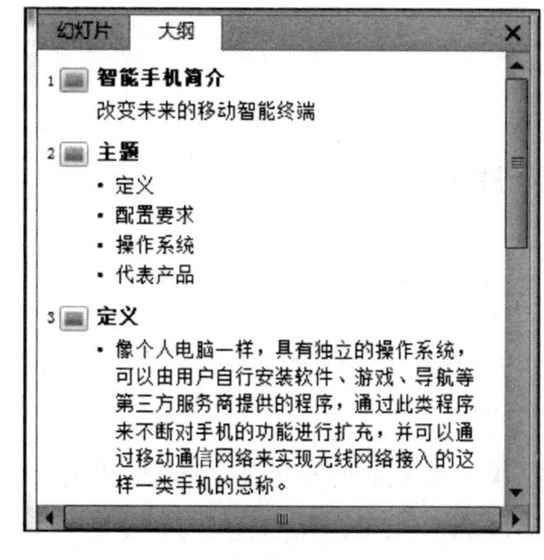

(b) 大纲模式视图

图 5-3 幻灯片缩略图与大纲模式视图

5.2.2 新建演示文稿

演示文稿是一个由 PowerPoint 2010 创建的文件,其扩展名为 pptx,在每个演示文稿中,都会包含若干张幻灯片。

启动 PowerPoint 2010,就会自动创建一个空白的演示文稿,该文稿中就会自动添加一张版式为“标题幻灯片”的幻灯片,可以从这个空白的演示文稿开始来制作幻灯片。

另外,也可以根据系统自带的模板或者主题创建新的演示文稿,具体操作步骤是在“文件”选择卡下单击“新建”命令,在窗口右侧列出的“可用的模板和主题”进行选择,单击“创建”就会新建一个相应模板或主题的演示文稿,如图 5-4 所示。选择“样本模板”里的“培训”模板进行创建,就会创建一个“培训”类型的演示文稿。

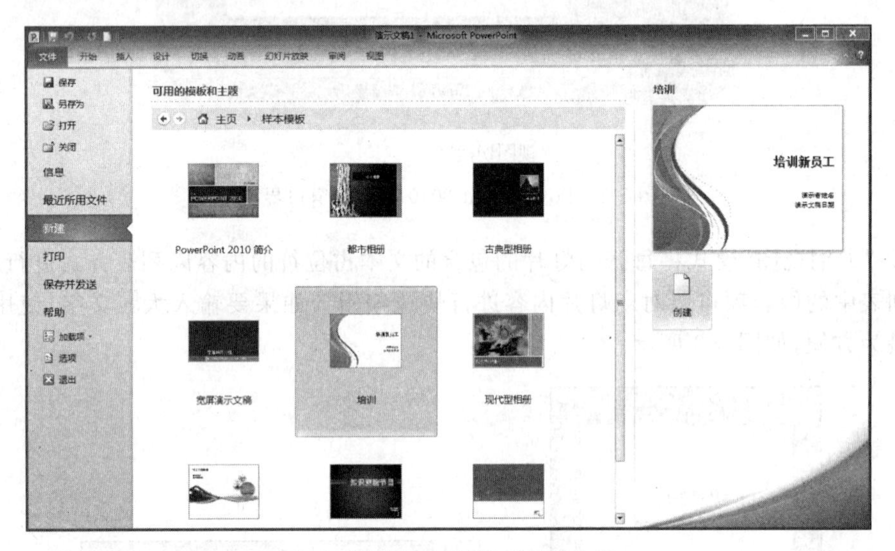

图 5-4 根据“培训”模板创建文稿

5.2.3 幻灯片的制作

1. 幻灯片版式的选择

一个演示文稿是由多张幻灯片组成,因此演示文稿的制作过程实际上就是文稿中的幻灯片的制作过程。

在制作幻灯片时,首先要考虑幻灯片内包含的元素以及它们在幻灯片的位置关系和排列方式。PowerPoint 2010 为幻灯片预先设计了不同的幻灯片版式供用户使用。版式是指幻灯片上标题和副标题文本、列表、图片、表格、图表、形状和视频等元素的排列方式。

幻灯片版式主要由占位符组成。占位符是一种带有虚线或阴影线边缘的框,绝大部分幻灯片版式中都有这种框。占位符是版式中的容器,可以容纳的元素包括文本(如标题、正文文本和项目符号列表)和内容(如表格、图表、SmartArt、视频、图片及剪贴画等)。

不同的幻灯片版式，会包含不同类型的占位符，并对它们之间的位置关系进行定义。

要想查看 PowerPoint 2010 提供的幻灯片版式，在“开始”选项卡的“幻灯片”组中，单击“版式”按钮，就可以查看已有的幻灯片版式，如图 5-5 所示。

针对于不同的幻灯片内容输入的要求，要选择相应的幻灯片版式。若已有的幻灯片版式无法满足要求，就要对其进行修改或者自己设计幻灯片上相应元素的位置及排列方式。

根据本章示例的要求，第 1 张幻灯片要作为封面使用，提示本演示文稿的内容的主题，因此在版式中应该选择“标题幻灯片”版式，由于该版式也是系统默认提供的版式，因此无须修改，直接使用即可。

在幻灯片中输入内容时，需要单击对应的占位符，看到一个闪烁的光标之后，输入内容即可。

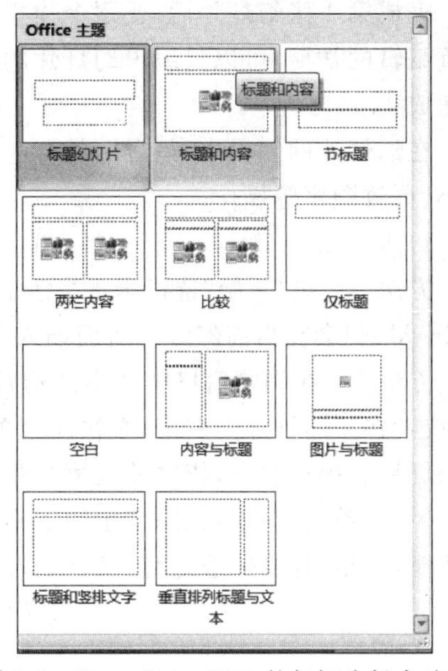

图 5-5 PowerPoint 2010 的幻灯片版式对比

根据文稿构思，需要在第 1 张幻灯片中输入标题“智能手机简介”和副标题“改变未来的移动智能终端”，完成编辑的效果如图 5-6 所示。

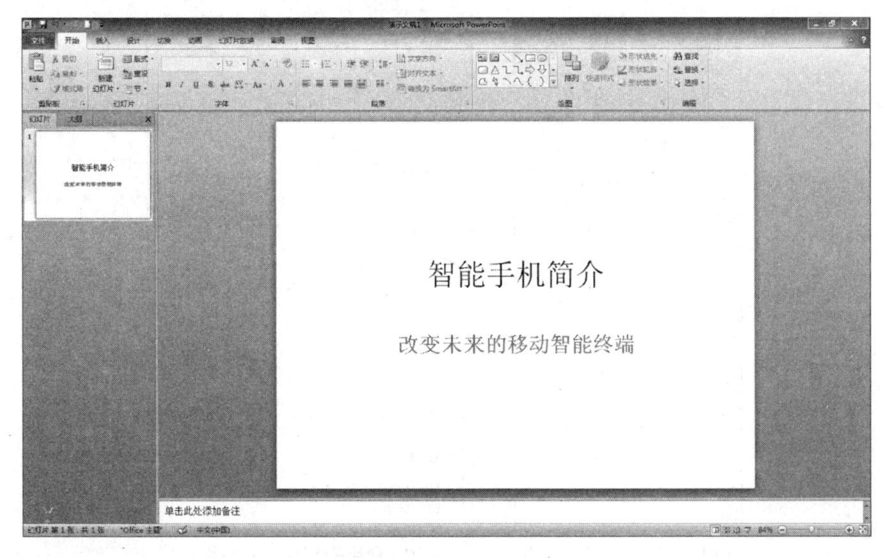

图 5-6 第 1 张幻灯片

另外，如果想插入其他对象，可以使用幻灯片编辑区中央的快速按钮区来快速插入六种类型的对象。

2. 幻灯片的编辑

完成第 1 张幻灯片后，要逐个建立后面的幻灯片并编辑每张幻灯片的内容。在演示文稿编辑的初期，可以只编辑幻灯片的版式和内容，幻灯片的美化和动画效果在中后期逐步完成。

在幻灯片的编辑中，包含对幻灯片的插入（新建）、复制、移动、删除、隐藏、显示、放大、缩小、更改顺序等操作。

1）插入幻灯片

方法一：在“开始”选择卡的“幻灯片”组中，单击“新建幻灯片”按钮，或者按快捷键 Ctrl＋M，则会在当前幻灯片后面插入默认的版式的幻灯片，版式默认为“标题和内容”。

方法二：在浏览窗格中选中某幻灯片，按 Enter 键则会在该幻灯片后面插入新幻灯片，或者在某幻灯片上右击，在快捷菜单中选择“新建幻灯片”，也会在该幻灯片后面插入新幻灯片。根据要求，依次插入第 2 张～第 6 张幻灯片。

另外，单击“新建幻灯片”按钮下半部分时，除了可以选择幻灯片版式，还可以有其他的功能，包括“复制所选幻灯片”、“幻灯片(从大纲)…”和“重用幻灯片…”，如图 5-7 所示。

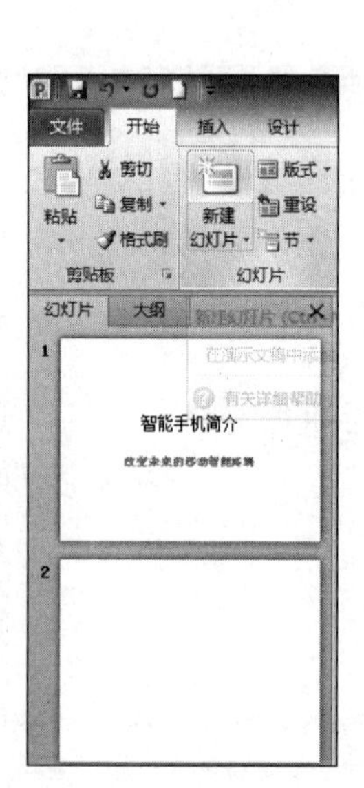

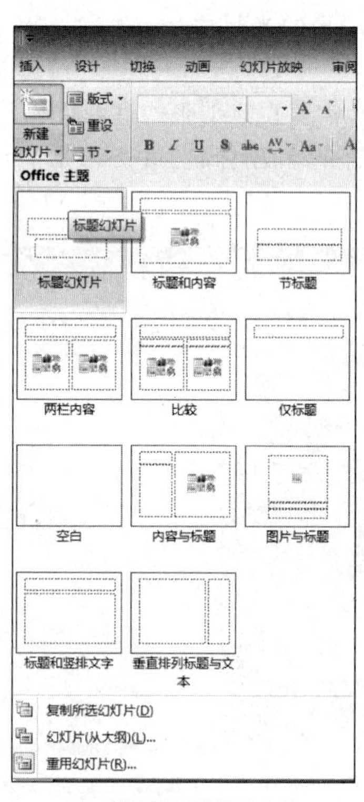

(a) 利用新建幻灯片按钮　　(b) 利用幻灯片版式窗格

图 5-7　插入幻灯片

其中，“复制所选幻灯片”可以复制选定的一张或多张幻灯片，插入到已选的幻灯片后面；“重用幻灯片…”则可以选择将另外一个演示文稿的幻灯片插入到当前幻灯片中。此外，如果每张幻灯片的标题和文本内容已经在另外的文档中做成了有层次结构的大纲文档，那么可以利用“幻灯片(从大纲)…”命令快速插入包含标题和文本内容的各张幻灯片。

2) 复制与移动幻灯片

复制操作有两种方法。

方法一：选定要复制的一张或多张幻灯片，然后单击“剪贴板”组中的“复制”按钮(快捷键 Ctrl+C)，则会将选定幻灯片复制到剪贴板，在目的位置单击“粘贴”按钮完成复制。

若单击“复制”按钮旁边的黑色三角号，则会打开选择项，若选择第二个复制(快捷键 Ctrl+D)，则会直接在被选幻灯片后面插入被选幻灯片的复制幻灯片。

方法二：选定幻灯片打开快捷菜单，若选择“复制”，则会将选定幻灯片复制到剪贴板；若选择“复制幻灯片”，则会直接在被选幻灯片后面插入被选幻灯片的复制幻灯片。

移动操作：选定幻灯片，单击“剪贴板”组中的“剪切”按钮(快捷键 Ctrl+X)，则会将选定幻灯片复制到剪贴板，在目的位置单击“粘贴”按钮完成移动。

用鼠标完成移动或者复制操作：选定幻灯片，按住左键进行拖动，则是移动操作；若拖动时按住 Ctrl 键，则是复制操作。

3) 删除幻灯片

选定要删除的幻灯片，使用快捷菜单的“删除幻灯片”即可删除该幻灯片。

4) 隐藏和显示幻灯片

选定幻灯片，使用快捷菜单的“隐藏幻灯片”，或者使用“幻灯片放映”选项卡中的“隐藏幻灯片”按钮，可以隐藏该幻灯片。被隐藏的幻灯片在放映时不显示，但仍然可以在演示文稿中显示和编辑。以相同的方式再操作一遍则取消隐藏。

5) 放大与缩小幻灯片

单击要更改显示比例的区域，如大纲区、幻灯片区、备注区等，选择“视图”→“显示比例”按钮，则打开显示比例窗格调整显示比例，可以使用系统预定义的显示比例数值，也可以手工输入比例。在主窗口右下方的“比例缩放区”使用滑动块，只能调整幻灯片区的比例大小。

6) 更改幻灯片的顺序

产生幻灯片移动或者删除时，剩下的幻灯片会自动重新排序。

3. 幻灯片内容的输入和编辑

现在已经完成了全部幻灯片的插入，除了第一张是默认“标题幻灯片”版式之外，其余都是“标题与内容”版式。在编辑每张幻灯片内容时，可以先根据要求更改版式，再对其内容进行输入和编辑。

对于占位符中的文本，可以设置其字体、字号、字形、颜色、对齐方式、行距、缩进、项目符号和编号等格式，使用方法同 Word 中没有大的区别。占位符本身作为一个图形对象进行编辑，如可以改变大小和位置、设置边框和填充颜色等，其使用方法与文本框非常类似。

但是，占位符的文本与文本框中的文本在使用中有很大区别。

(1) 文本占位符由幻灯片的版式和母版格式决定，而文本框则是通过“插入”操作添加到幻灯片上。

(2) 文本占位符中的内容可以在大纲视图中显示,而文本框中的内容不能显示。

(3) 当输入的文本内容过多或过少时,文本占位符可以自动调整字号的大小以适应;而文本框则是自动调整自身的高度以适应。

(4) 文本框可以与各种图形、图片、公式等对象构成一个更复杂的组合对象,而文本占位符则不能进行组合。

另外,如果在文本占位符中出现输入文字占满整个窗口的情况,会在占位符左下侧自动产生一个"自动调整选项"按钮,默认是"根据占位符调整文本",如图 5-8 所示。

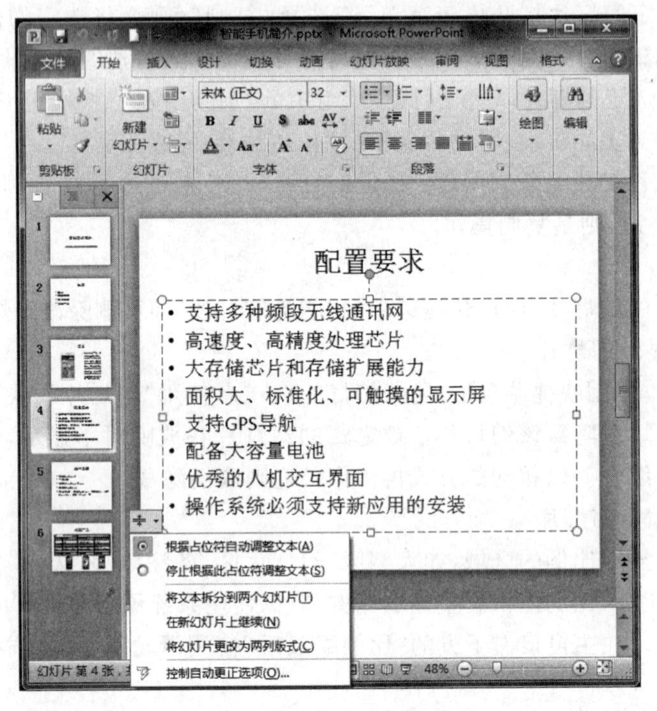

图 5-8　占位符自动调整选项

其不同选项的含义分别如下。

①"根据占位符调整文本"。PowerPoint 自动调整文本大小。

②"停止根据此占位符调整文本"。PowerPoint 不自动调整文本大小。

③"拆分两个幻灯片间的文本"。将文本分配到两个幻灯片中。

④"在新幻灯片上继续"。创建一张新的并且具有相同标题的空白幻灯片。

⑤"将幻灯片更改为两列版式"。将原始幻灯片中的单列版式改为双列版式。

⑥"控制自动更正选项"。关闭或者打开某种自动更正功能。

根据构思,输入第 2 张～第 6 张幻灯片的内容。其中第 2 张幻灯片采用"标题与内容"版式,第 3 张幻灯片文字是智能手机的定义,为了丰富页面内容,将插入一张智能手机的图片,因此采用的是"两栏内容"版式。其中右侧内容栏输入智能手机定义,左侧内容栏将插入一张智能手机图片。该图片保存在计算机的文件夹中。

插入图片的方式有以下几种。

方法一：单击占位符中间的快速按钮区中的“插入来自文件的图片”按钮，找到计算机中的相应图片插入。

方法二：使用“插入”选项卡中的“图像”组内的“图片”按钮进行插入。

插入后效果如图 5-9 所示。

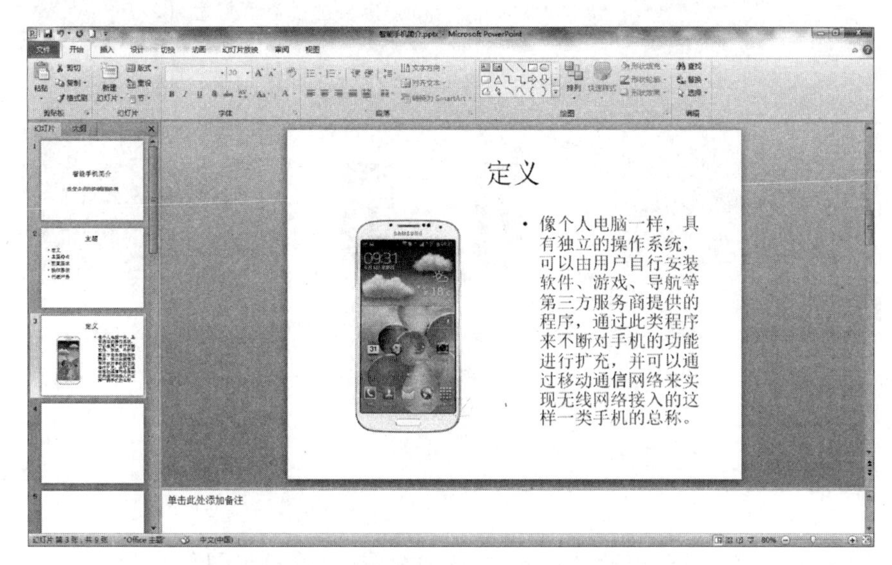

图 5-9　第 3 张幻灯片

建完第 3 张幻灯片后，如果按 Enter 或者使用快捷菜单建立新的幻灯片，则新幻灯片与第 3 张幻灯片有同样的版式。

除了“图片”之外，利用“插入”选项卡，还可以插入更多的对象。

分别输入第 4 张和第 5 张幻灯片的内容。第 6 张幻灯片要建立表格，来对比 3 款有代表性智能手机的参数。建立方法如下。

方法一：单击占位符中央的“插入表格”按钮，定义表格的行数和列数进行插入。

方法二：单击“插入”选项卡的“表格”按钮，用鼠标选择行数和列数进行插入，如图 5-10 所示。

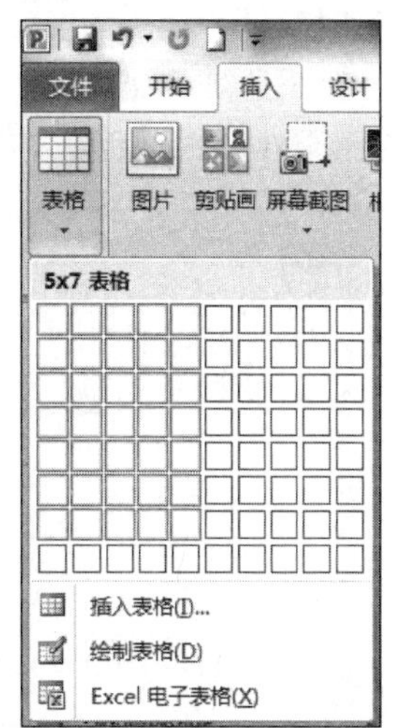

图 5-10　利用表格按钮插入表格

根据要求，插入一个 7 行 5 列的表格。

单击下方的“插入表格”，会弹出“插入表格”的对话框；单击“绘制表格”将用画笔进行表格绘制；单击“Excel 电子表格”，则会插入一个 Excel 类型的表格，并会打开 Excel 中的选项卡，可以对 Excel 工作表进行编辑。

在表格下方对应的地方插入三款手机的图片，完成的第 6 张幻灯片如图 5-11 所示。

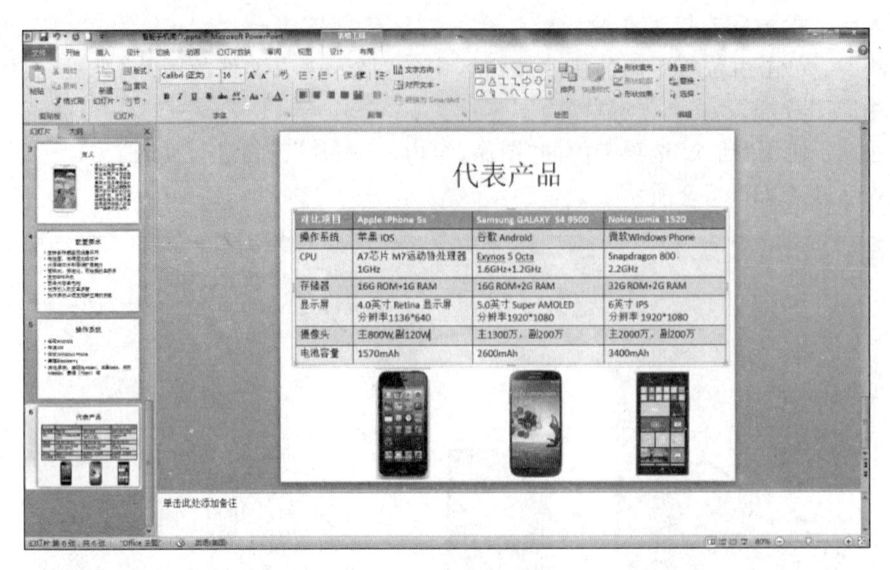

图 5-11　第 6 张幻灯片

5.2.4　幻灯片视图

如果要查看已完成的幻灯片的内容,默认的视图是“普通视图”。另外还有幻灯片浏览视图、阅读视图、备注页视图、母版视图和放映视图。在“视图”选项卡中可以对 4 种视图进行切换,利用主窗口下放的视图切换按钮可以在普通视图、幻灯片浏览视图和阅读视图进行切换。

图 5-12 是演示文稿的幻灯片浏览视图,该视图可以帮助用户查看幻灯片的缩略图。母版视图会在编辑母版时打开,放映视图则是在放映时打开。

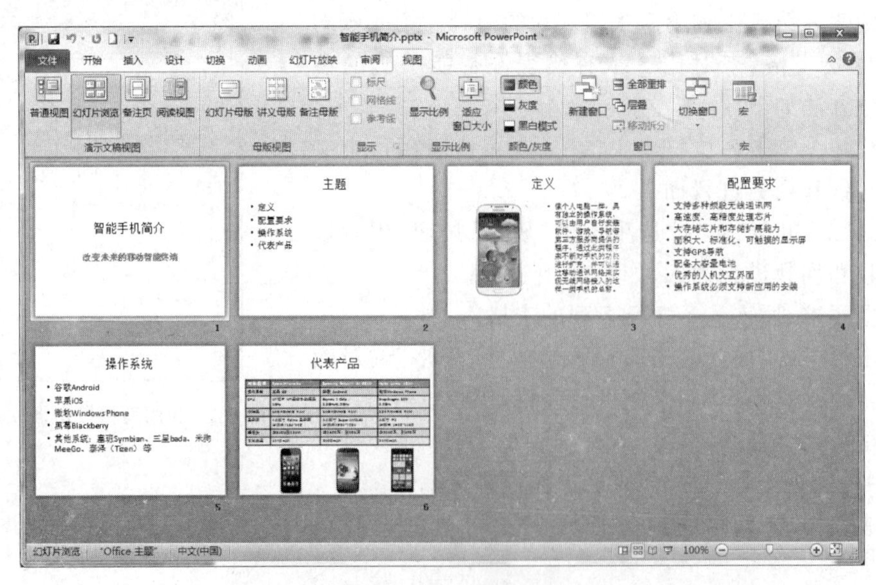

图 5-12　幻灯片浏览视图

如果要以整页的格式查看和使用备注，可以使用备注页视图，该视图效果如图 5-13 所示。

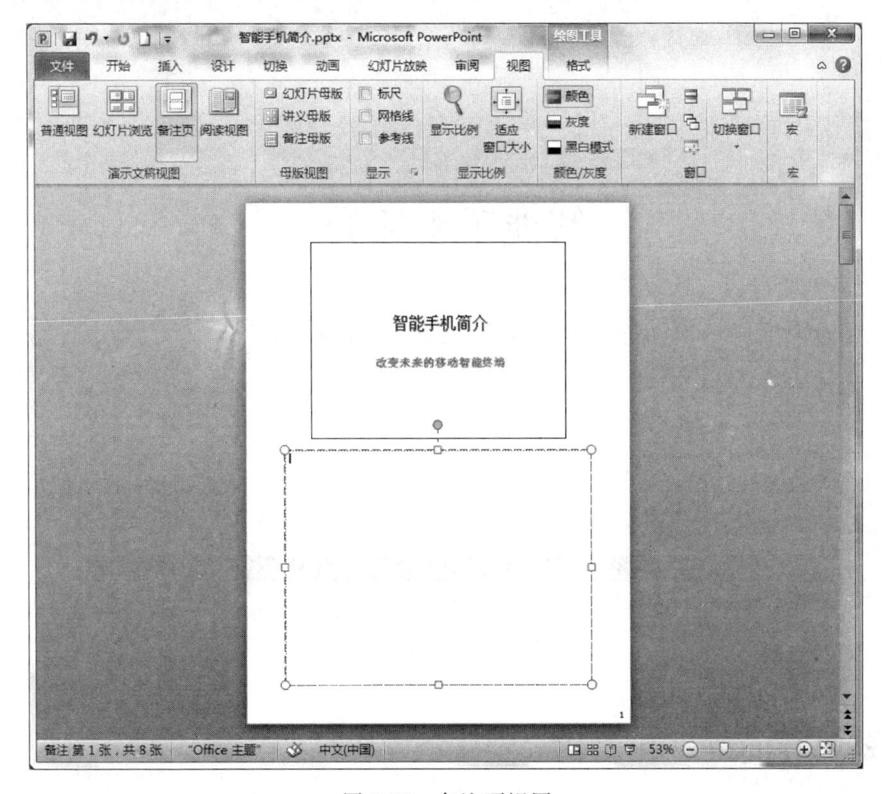

图 5-13 备注页视图

阅读视图是一种特殊的查看模式，使用户在屏幕上阅读扫描文档更为方便。如果用户希望在一个设有简单控件以方便审阅的窗口中查看演示文稿，则可以使用阅读视图，如图 5-14 所示。

5.2.5 演示文稿的保存和简单放映

演示文稿编辑完成后要进行保存。单击快速访问工具栏上的“保存”按钮，则会打开“保存”对话框，指定保存位置和文件名进行保存，演示文稿的默认扩展名是 pptx。另外，演示文稿还可以保存成多种其他格式，如 ppt、pdf、ppsx 等常用的格式。在文稿第一次保存时，默认文件名就是主标题的名称，即“智能手机简介”。

此时若想查看幻灯片的放映效果，可以在“幻灯片放映”选项卡的“开始放映幻灯片”组中，单击“从头开始”按钮，演示文稿就会进入放映状态，屏幕上会以整屏的形式出现第 1 张幻灯片，单击或者按 Enter 键会切换到下一张幻灯片。如果只想从当前幻灯片开始放映，可以单击“从当前幻灯片开始”按钮或单击窗口右下角的“幻灯片放映”按钮。

图 5-14　阅读视图

5.3　幻灯片的改进和美化

5.3.1　幻灯片内容的改进

在演示文稿初步编辑完成后，要对文稿进行进一步的改进。

首先，分析每张幻灯片的内容，看有无重复，有没有精简的可能。每张幻灯片的文字尽量简洁。经过分析发现，幻灯片 4 的几点内容可以进行精简。另外为了丰富幻灯片 5 的内容与显示效果，在幻灯片 5 中加入各个操作系统的标志。另外要准备一张用来对比各种操作系统的所占据的市场份额的表格，内容如表 5-1 所示。

表 5-1　智能手机操作系统占据全球市场份额对比

品　牌	Android	iOS	WP	Blackberry	Others
全球市场份额(2013 年第 4 季度)	70.3%	20.9%	2.6%	3.2%	2.9%

对于百分比的数据，使用饼图进行数据对比效果要更好。因此在幻灯片 5 后面插入一张幻灯片，根据上表建立饼图，修改后的幻灯片 5 和幻灯片 6 如图 5-15 和图 5-16 所示。

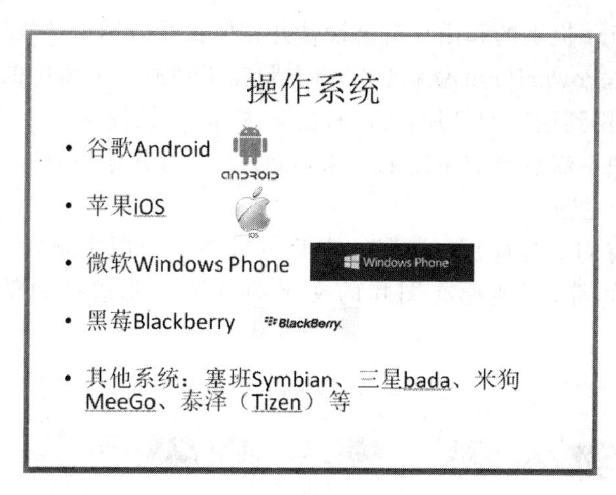

图 5-15 修改后的幻灯片 5

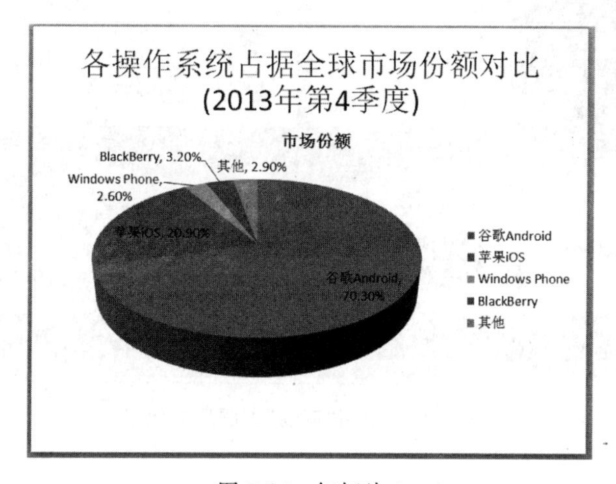

图 5-16 幻灯片 6

5.3.2 主题的应用

利用 PowerPoint 的主题、母版可以快速地美化幻灯片，并使演示文稿中的所有幻灯片具有一致的外观风格。

PowerPoint 的主题包含协调配色方案、背景、字体样式和占位符位置，它是主题效果、主题颜色和主题字体三者的结合。PowerPoint 提供多个主题供用户使用，用户也可以根据实际需要创建自己的主题。选用某个主题后，可以指定选定的幻灯片或者文稿中的所有幻灯片应用该主题。

1. 主题的使用

现在要为“智能手机简介”演示文稿应用一个 PowerPoint 提供的主题。在“设计”选项卡的“主题”组中，单击主题方案列表右下角的下拉按钮，会列出很多“主题”方案。这些主题包括 PowerPoint 提供的和用户自己设计并存储在系统默认位置的 Office 主题。

单击一个主题，PowerPoint 就将选定的主题应用到演示文稿中的所有的幻灯片。如果只想让该主题应用到选定幻灯片，可以右击某主题，在快捷菜单上单击“应用于选定幻灯片”命令。若用户不满意当前主题的效果，可以更换为其他主题。其中 PowerPoint 默认的主题是“Office 主题”。

图 5-17 是所有幻灯片应用“流畅”主题后的效果。应用主题后，由于会改变占位符的大小、位置和字体等，可能原有图片的文字的位置需要进行调整，才能保证更好的效果。

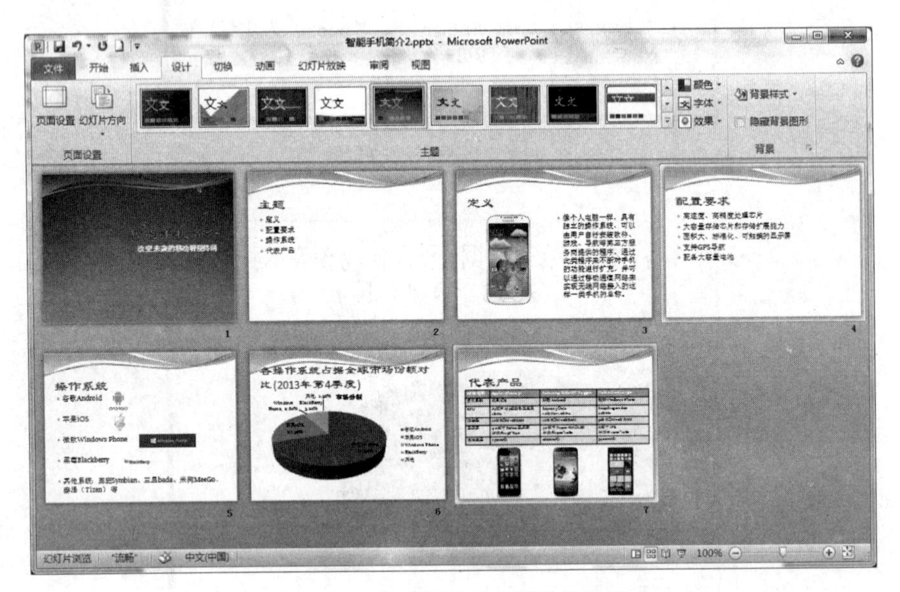

图 5-17 使用“流畅”主题后的效果

2. 改变主题配色方案

若需要更改主题配色方案，在“设计”选项卡的“主题”组中，单击“颜色”按钮，在展开的列表中列出的所有主题的配色方案中，选择“穿越”，可以将当前“流畅”的主题的配色方案改为“穿越”主题的配色方案。注意配色方案的更改不涉及其他元素，如字体、背景。若已有的配色方案都不满意，可以单击“新建主题颜色”，打开定义窗口自己定义配色方案，并定义名称保存，如图 5-18 所示。

单击“字体”按钮，可以更改当前主题的标题字体和正文文本字体。单击“效果”按钮，可以更改主题效果。需要注意的是，配色方案可以应用给所有幻灯片，也可以应用给指定幻灯片，但是字体和效果只能应用于所有幻灯片。

若希望保存更改后的主题，在“设计”选项卡上的“主题”组中，单击“更多”按钮，单击“保存当前主题”。在“文件名”框中，为主题输入适当的名称，然后单击“保存”按钮。修改后的主题在本地驱动器上的 Document Themes 文件夹中保存为 .thmx 文件，并将自动添加到“设计”选项卡上“主题”组中的自定义主题列表中。

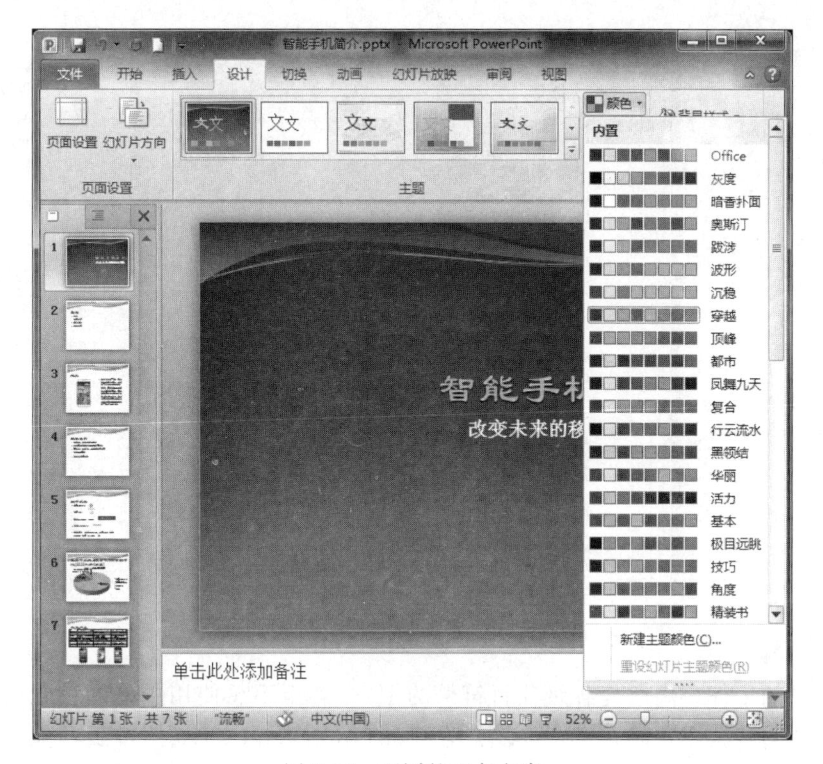

图 5-18　不同的配色方案

3. 改变幻灯片背景样式

背景样式是 PowerPoint 独有的样式，它们使用新的主题颜色模式，新的模型定义了将用于文本和背景的两种深色和两种浅色。浅色总是在深色上清晰可见，而深色也总是在浅色上清晰可见。

在“设计”选项卡上的“背景”组中，单击“背景样式”，可以看到 12 种预置的背景样式，其中第一行是纯色填充，第二行是双色渐变填充，第三行是图案填充。在某个背景上的快捷菜单中，选择“应用于所有幻灯片”则将该背景应用于文稿中所有幻灯片；若单击“应用于所选幻灯片”则将该背景应用于所选幻灯片。

若预置的背景无法满足要求，可以单击“设置背景格式…”命令，可以打开“设计背景格式”对话框，对背景进行详细设置。设置完成后单击“全部应用”按钮，则将该背景应用于文稿中所有幻灯片；单击“关闭”按钮，则将该背景应用于所选幻灯片，如图 5-19 所示。

若希望演示文稿中某张或某几张幻灯片的背景与其他幻灯片不一样，通常应首先为多数幻灯片设置相同的背景，然后再单独设置某张幻灯片的特殊背景。

5.3.3　幻灯片母版的使用

利用 PowerPoint 2010 提供的主题，可以快速让演示文稿中的幻灯片具有统一的外观效果。但是，若希望在应用某主题时在所有幻灯片上添加相同的标识，或者标题、文本

图 5-19 “设置背景格式”对话框

都改成不同的字体或者改变各级项目符号的图案,甚至不想使用主题的背景而是要自己定义幻灯片的背景图片时,这时候就需要用到 PowerPoint 2010 的母版功能。母版可以在已有主题上进行添加和修改,也可以不使用预置主题,自己定义更多的外观。

幻灯片母版是幻灯片层次结构中的顶层幻灯片,用于存储有关演示文稿的主题和幻灯片版式的信息,包括背景、颜色、字体、效果、占位符大小和位置。每个演示文稿至少包含一个幻灯片母版。修改和使用幻灯片母版的主要优点是可以对演示文稿中的每张幻灯片(包括以后添加到演示文稿中的幻灯片)进行统一的样式更改。

使用幻灯片母版时,由于无须在多张幻灯片上输入相同的信息,因此节省了时间。由于幻灯片母版影响整个演示文稿的外观,因此在创建和编辑幻灯片母版或相应版式时,将会在“幻灯片母版”视图下操作。

PowerPoint 2010 提供了幻灯片母版、讲义母版和备注母版。幻灯片母版控制标题版式幻灯片、标题内容版式幻灯片等各种版式幻灯片的外观格式;讲义母版是为按讲义方式打印幻灯片而提供的。备注母版是针对幻灯片备注页而设置的母版。在“视图”选项卡的“母版视图”组中,单击不同按钮可以分别进入这些母版。

现在希望“智能手机简介”演示文稿中所有幻灯片的标题文本设置成“黄色”、“隶书”字体,并且在每张幻灯片上插入同一幅图片,步骤如下。

(1) 在“视图”选项卡的“母版视图”组中,单击“幻灯片母版”按钮,进入“幻灯片母版”视图,选定“幻灯片母版”,可以看到幻灯片母版包含演示文稿的版式和主题信息,如图 5-20 所示。

从左边视图窗格,可以看到与该母版相关联的版式,系统默认所有版式与当前母版关联。当母版发生改变后,会反映到与该母版相关联的幻灯片版式中。鼠标移到某版式上,能看到当前演示文稿中应用该版式的幻灯片。对每个版式,可以选择是否显示标题和页

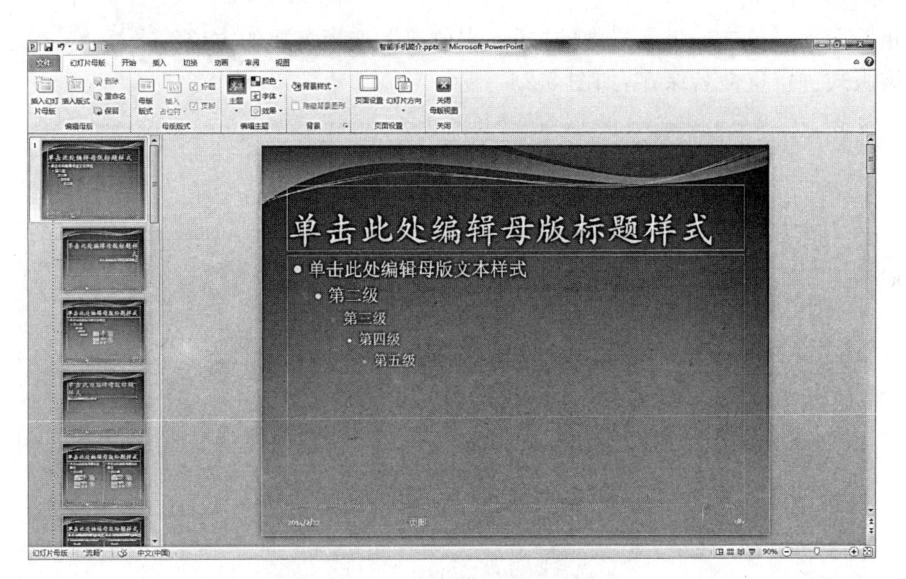

图 5-20 幻灯片母版视图

脚，如图 5-21 所示。

若想解除某在文稿中未使用的版式与当前母版的关联，可以在某版式上右击，选择“删除版式”，注意文稿中已使用的版式无法删除，如图 5-22 所示。

图 5-21 查看已使用版式及相关幻灯片

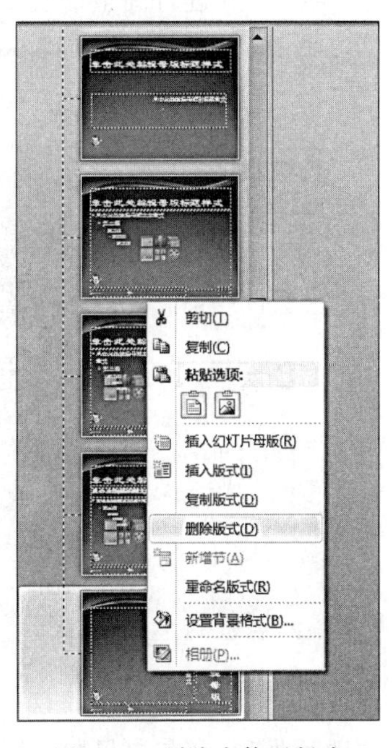

图 5-22 删除未使用版式

若用户想自己定义一个版式与该母版关联，可以选择“插入版式”，并定义该版式上包含的相关元素。单击母版版式内的“插入占位符”，选择需要的占位符来插入，定义完成后可对该版式进行重命名保存，如图 5-23 所示。

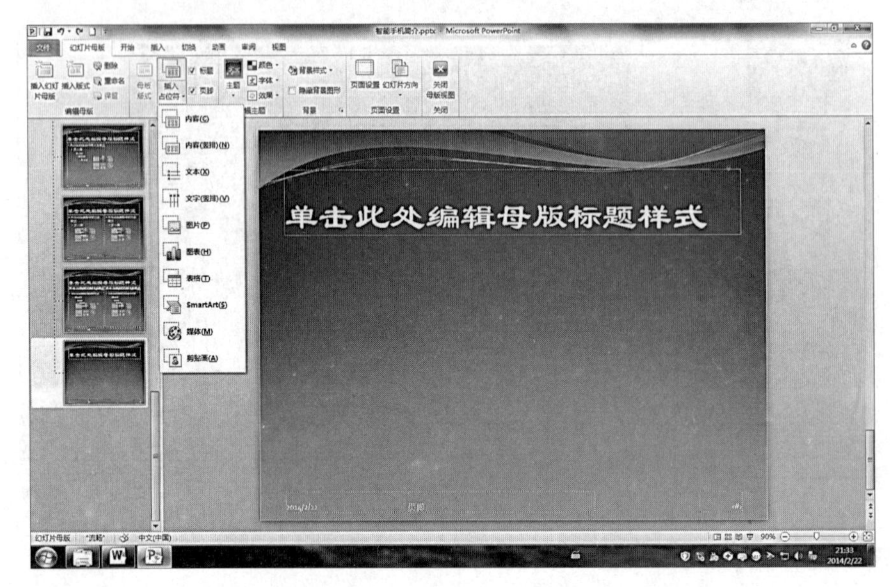

图 5-23 自定义版式

根据要求，单击“单击此处编辑母版标题样式”，设为“黄色”、“隶书”字体。然后插入一张图片，在“插入”选项卡的“图像”组中单击某个命令按钮，这里单击“图片”按钮，找到所需图片插入，并进行调整修改后的幻灯片母版如图 5-24 所示。

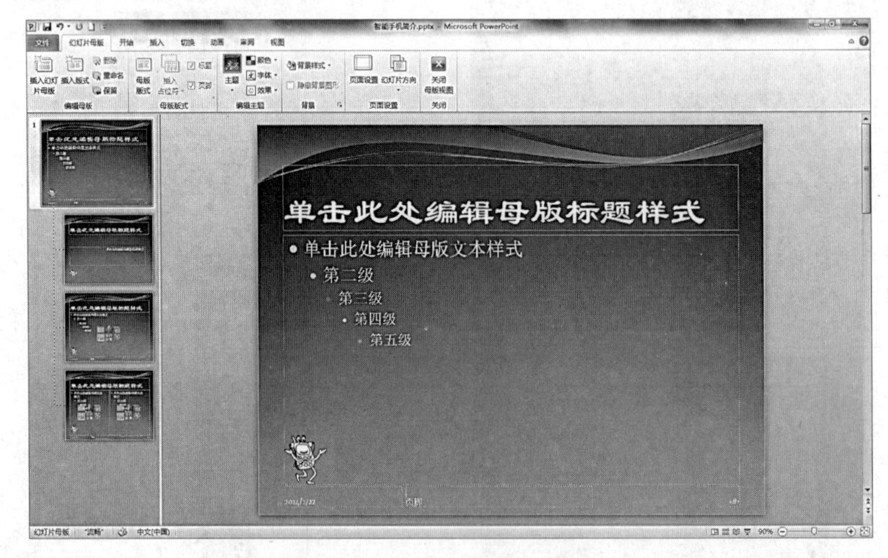

图 5-24 修改后的幻灯片母版

修改后发现，在与该母版关联的版式中都进行了修改。单击“关闭母版视图”后，查看应用这些版式的幻灯片也看到这些改变。

经过观察后发现，标题幻灯片也插入了图片，对于作为封面的标题幻灯片来说，一般不需要插入内容幻灯片的图片。因此需要对幻灯片母版进行修改。

重新进入“幻灯片母版”视图，进入“标题幻灯片”版式发现无法删除图片，因为幻灯片母版是幻灯片层次结构中的顶层幻灯片，在母版中定义的元素无法在其下层的版式中删除。

要想在标题幻灯片版式中删除该图片，必须先在母版中删除，然后分别定义下层的版式，分别插入该图片，经过再次修改的母版视图如图 5-25 所示。只在“标题和内容”版式中插入图片，其余版式不插入。

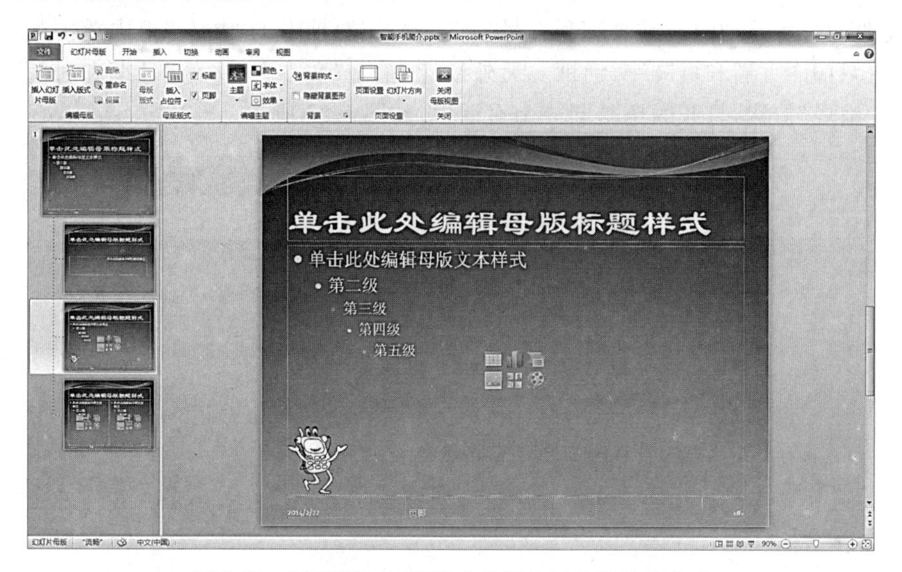

图 5-25 “标题和内容”版式中插入图片的处理方式

经过修改后，关闭“母版视图”，查看修改后的幻灯片，如图 5-26 所示。

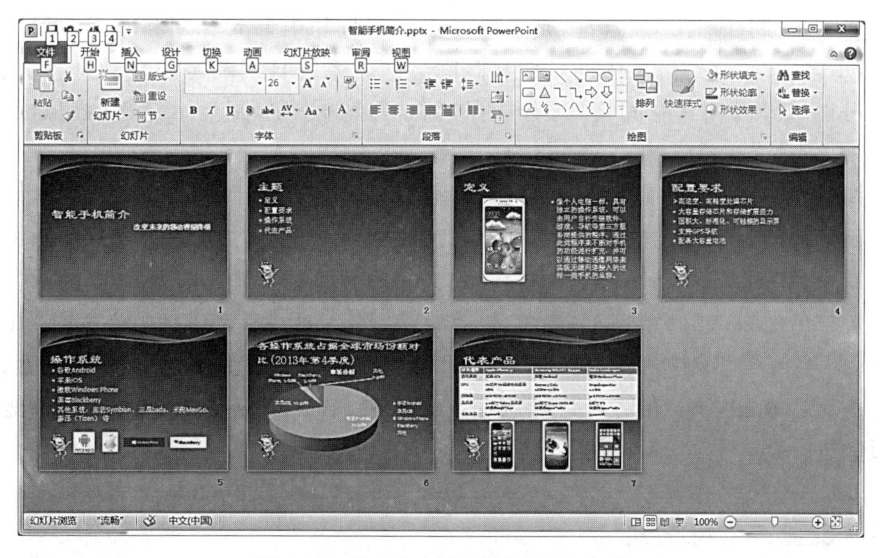

图 5-26 修改幻灯片母版后的幻灯片

除了现有的母版之外,还可以插入一个新的幻灯片母版,并定义与该母版关联的新的版式。

(2) 在母版中,还可以修改内容占位符内的文本样式,可以定义每一个级别文本的项目符号、字体大小、颜色等。单击某一级文本后,使用右键菜单进行定义,该修改会应用到与该母版关联的所有版式中。也可以单独在某一个版式进行定义和修改。

讲义母版与备注母版的修改方法同幻灯片母版类型,可以自己尝试。

(3) 除了母版可以定义幻灯片上统一显示的元素之外,利用"页眉和页脚"命令也可以为每张幻灯片添加统一的页脚和编号。在"插入"选项卡的"文本"组中单击"页眉和页脚"按钮,打开"页眉和页脚"对话框。另外注意,单击"文本"组中的"日期和时间"按钮和"幻灯片编号"按钮,打开的也是同一个对话框,如图 5-27 所示。

图 5-27 "页眉和页脚"对话框

若选定"日期和时间"复选框,则可以在每张幻灯片中插入日期和时间,可以选择"自动更新"单选按钮,则幻灯片中的日期和时间会随着系统日期和时间自动进行更新,在下拉框中可以选择日期和时间格式;若选择"固定"单选按钮,则显示定义的固定的日期和时间。

选择"幻灯片编号",则自动为幻灯片编号并显示在幻灯片中。若定义页脚文字"改变未来的移动智能终端",则也可以在每张幻灯片中显示。选定"标题幻灯片中不显示",则在标题幻灯片中,不显示上面这些内容。定义完成后的显示效果如图 5-28 所示。

与传统的 PowerPoint 2003 版本不同的是,PowerPoint 2010 中插入的"日期和时间"、"页脚"、"编号"这些内容,在每张幻灯片上都可以单独定义其占位符的位置、外观和字体大小颜色等,也可以在幻灯片母版中统一设置。而 PowerPoint 2003 中只能在幻灯片母版中进行统一设置,无法在某张幻灯片中进行单独修改。

5.3.4 设置占位符格式

除了利用主题和母版统一设置幻灯片的外观效果及文本等,也可以单独定义某张幻灯

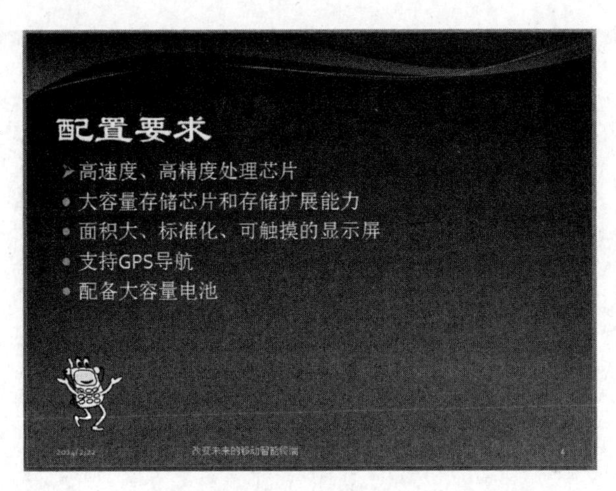

图 5-28 定义完成后的幻灯片

灯片的文本格式包括字体、字号、颜色等。幻灯片中的文本也有段落的概念，如对齐方式、行距等，可以在“开始”选项卡的“字体”组、“段落”组找到相应的按钮命令，操作方法同 Word，在此不再讲解。

与 Word 相比，幻灯片中的文本的最大特点就是它们都是图形对象中的文本，无法单独存在。包括占位符、文本框和自选图形都输入图形对象。虽然占位符内的文本在使用方法上与其他对象中的文本有很大区别，但是作为占位符本身，是作为图像对象来定义和编辑的。下面对标题幻灯片内的主副标题的占位符进行处理，步骤如下。

(1) 单击“智能手机简介”的文本占位符，将其选定，注意不是选定占位符内的文字；

(2) 单击“绘图工具”→“格式”选项卡，打开绘图工具功能区，单击“编辑形状”按钮，在展开的列表中选择“更改形状”→“基本形状”→“椭圆”并单击，此时占位符形状已经改为“椭圆”，但由于此时文本占位符默认无填充颜色，所以并看不出变化。

(3) 仍然选定该占位符，单击功能区“形状样式”组的对话框启动器，打开“设置形状格式”对话框(或者使用右键快捷菜单)，在“填充”选项卡下，选择“渐变填充”，类型为“射线”，方向为“中心辐射”，渐变色为“橙色”。

(4) 对于副标题，也可以做类似的设置，最后效果如图 5-29 所示。

通过上面的例子可发现，文本占位符的使用方式同文本框等其他图形对很类似，在文本占位符中输入文字就像是在图形对象中添加文字。这种概念与 Word 中对字的处理概念不一样。

5.3.5 添加媒体对象

可以在幻灯片中插入媒体对象音频和视频，来丰富幻灯片的播放效果。

1. 插入文件中的音频

现在为演示文稿配上声音。假设现在有“手机铃声.mp3”音频文件，选定第 1 张幻灯

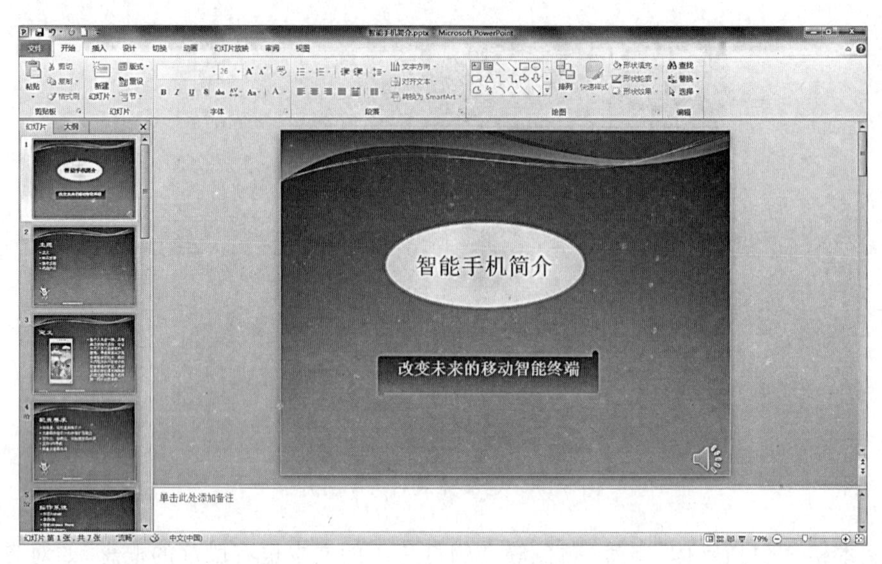

图 5-29　第 1 张幻灯片改变后的效果

片，在“插入”选项卡的“媒体”组中，单击 按钮（或者单击“音频”按钮，在打开的列表中选择“文件中的音频…”命令），打开“插入音频”对话框，找到所需音频文件，单击“插入”按钮。

插入音频文件后，PowerPoint 会在幻灯片的正中央显示一个音频图标 ，鼠标移动到图标上会显示播放控制工具栏，可以将图标移动到幻灯片的适当位置。

在放映时，音频图标会在幻灯片中出现，单击该图标可以播放音频。若想对该音频进行进一步的设置，可以打开“音频工具”→“播放”选项卡，查看更多的设置，如图 5-30 所示。

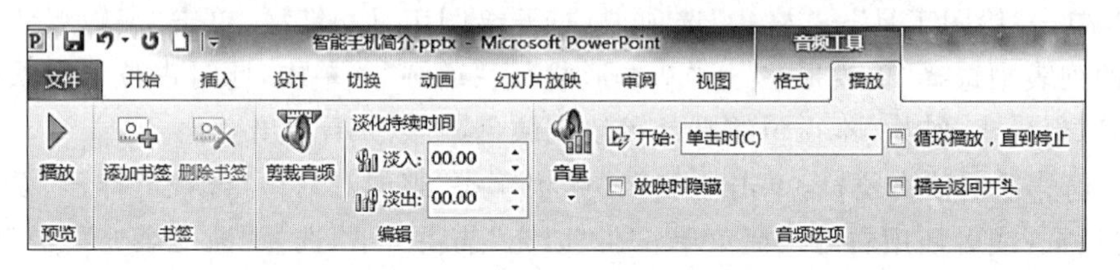

图 5-30　“播放”选项卡

在该选项卡中，可以对音频添加书签、对音频进行剪裁、设置播放的淡入淡出效果、调整播放音量、设置如何开始播放：自动开始、单击图表开始还是跨幻灯片播放。可以设置放映时隐藏音频图标。默认播放音频是播放一遍，可以设置音频循环播放直到放映停止，或者播放完音频返回开头。

2. 插入其他类型的音频

还可以插入录制的音频和剪贴画音频，操作过程比较简单，不再讲解。

3. 插入视频文件

在“插入”选项卡的“媒体”组中，单击“视频”按钮，可以插入视频。注意视频格式必须是 PowerPoint 可以支持的格式，否则无法插入，使用方法与音频基本类似，不再讲解。

5.4 添加动态效果

演示文稿与Word文档相比，最大的特色就是它的动态效果。良好的动态效果应该完美地配合演示的进度，以紧紧地吸引观众的注意力。

首先来理解演示文稿的动态效果如何实现。演示文稿是由一张张的幻灯片组成，放映演示文稿时，在默认设置中，通过放映者的操作（单击或者按Enter键等），幻灯片按制作的先后次序逐张出现在屏幕上。

在PowerPoint中，一张幻灯片的放映其实包括两部分内容：一是幻灯片本身，可以把它看成是一个舞台；二是幻灯片上的各种对象（文本、图形、图像等）。幻灯片本身的出现方式在PowerPoint中称为“切换”；幻灯片上的各种对象的出现方式，在PowerPoint中称为“动画”。因为目前没有设置任何切换效果和动画效果，所以每张幻灯片的背景及内容都是同时出现的。

下面介绍如何设置幻灯片的切换和动画效果。

5.4.1 设置幻灯片的切换效果

幻灯片的切换效果是在演示期间从一张幻灯片移到下一张幻灯片时在“幻灯片放映”视图中出现的动态效果。可以控制切换效果的速度，添加声音，甚至还可以对切换效果的属性进行自定义。

选定需要设置切换效果的幻灯片，在“切换”选项卡的“切换到此幻灯片”组中，可以看到当前列出的11种切换效果。也可以单击切换效果列表右下角的下拉按钮，在打开的列表中列出了多种切换效果，单击一种切换效果，则该切换效果就应用于所选幻灯片。应用以后，在幻灯片窗格就会播放这种切换效果，也可以单击“预览”按钮观看切换效果，如图5-31所示。

图5-31 “切换”功能区

“效果选项”按钮可以对所选切换变体进行更改，变体可以让你更换切换效果的属性，如它的形状、方向或颜色，不同的切换效果有不同的变体。

如果让演示文稿中所有幻灯片都使用同一种切换效果，则单击“计时”组中的“全部应用”按钮即可。如果要删除幻灯片的切换效果，只需在切换效果列表中选择“无”，单击即可删除所选幻灯片的切换效果，再单击“计时”组中的“全部应用”按钮可删除所有幻灯片的切换效果。

默认的幻灯片换片方式为“单击鼠标时”，即在幻灯片放映中单击切换到下一张幻灯片。若该选项未被选中，则放映中单击不会切换，不过这时键盘和右键快捷菜单的操作依然有效。如果希望幻灯片自动换片,则选中“设置自动换片时间”,然后再后面的文本框中输入一个时间,如“00:02”,那么幻灯片放映2s后会自动切换到下一张。

另外,在切换时还可以指定整个切换过程持续的时间,在“持续时间”后面的文本框设置换片速度。从“声音”列表框中选中一种声音还可以在换片时配上声音效果。

5.4.2 设置幻灯片的动画效果

幻灯片切换是设置整张幻灯片在放映过程中的出现方式,而幻灯片动画则是设置幻灯片上每个对象的出现效果,即给幻灯片上的文本或对象添加进入、退出、大小或者颜色变化甚至移动等视觉效果或声音效果。

要设置动画首先需选中幻灯片中的某个或某些对象,然后单击“动画”选项卡,利用功能区上的相应按钮来设置各种动画效果,如图5-32所示。

图5-32 “动画”选项卡

默认“动画”组窗格内只显示“进入”的动画效果。单击动画效果列表右下角的下拉按钮(或者单击“添加动画”按钮),在展开的列表中列出了各种“进入”、“强调”、“退出”效果和“动作路径”。

“进入”是设置对象出现的方式;“退出”是设置对象退出幻灯片的方式;“强调”是设置对象在幻灯片中的效果,而“动作路径”则可以设置对象动画运动轨迹,如图5-33所示。

单击下面的“更多进入效果…”等选项,还可以看到更多的动画效果。

现在对幻灯片1的标题“智能手机简介”设置动画效果,操作步骤如下。

(1) 选中“智能手机简介”的占位符,在“动画”选项卡中,单击“形状”。并单击“效果选项”,将方向改为缩小,形状改为菱形。

(2) 可以给同一对象添加更多的动画效果,仍然选中“智能手机简介”的占位符,单击“高级动画”组里的“添加动画”,选择“强调”里的“放大/缩小”,“效果选项”里使用默认选项。为了避免放大后字体和占位符过大,首先将字体和占位符适度变小。

(3) 再次为“智能手机简介”的占位符添加动画,添加“动作路径”中的“直线”,设置其“效果选项”中的方向为“上”,并适当调整起点和终点,使其从页面底部到页面中间。

(4) 此时“智能手机简介”的占位符已经添加了3个动画效果,单击“幻灯片放映”按钮,观看幻灯片动画实际的设置效果,可以看到,这些动画的默认启动方式都是需要“单击鼠标”,启动顺序就如图5-34中任务列表项前面的标号。能否让这些动画效果自动出现并且同时出现呢?

(5) 从图5-34中可以看到,音频播放是当幻灯片放映时自动开始的,因此它也是最早的一个动画。其余的3个动画效果应该也是以幻灯片放映为起点开始出现。

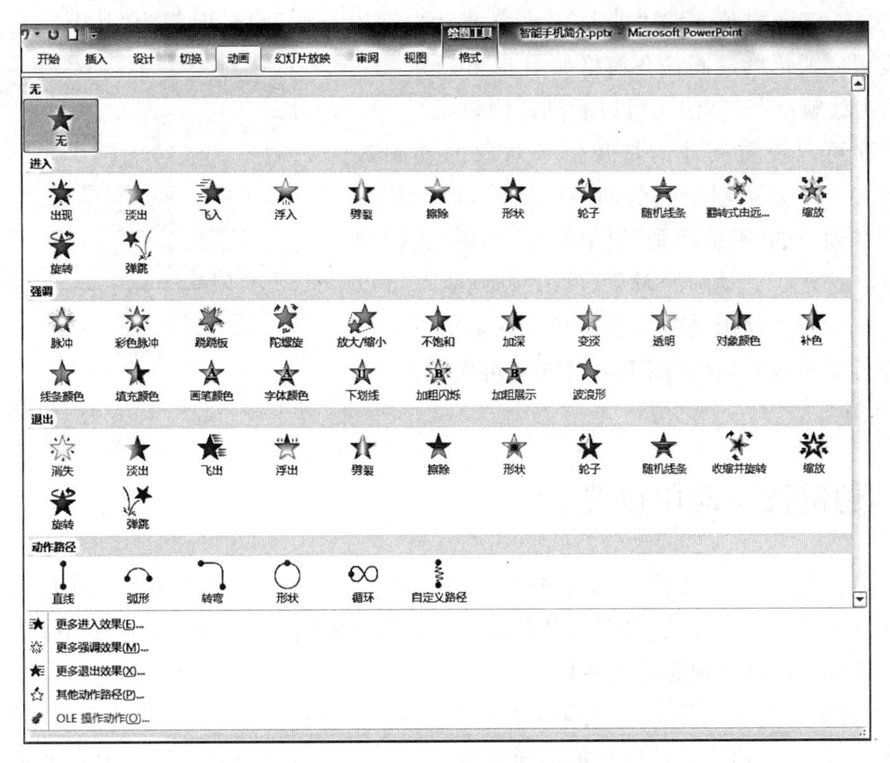

图 5-33 “动画”效果

首先，同时选中任务列表的 1、2、3 项，单击“计时”组的“开始”项的下拉按钮，将默认的“单击时”改为“与上一项同时”，则这 3 个动画效果会随着音频的播放同时出现并执行。为了让效果看得更清楚，将“持续时间”改为 5s。另外的一个操作方法是单击“动画窗格”中的下拉列表按钮，在展开的列表中单击“从上一项开始”；或者单击列表按钮中的“计时”按钮，打开“效果选项”对话框，如图 5-35 所示，在“开始”项下拉列表中选“与上一动画同时”(等同于“从上一项开始”)，在“期间”选择“非常慢(5 秒)”，这样开始播放演示文稿时，这 3 个动画就会同时启动。

图 5-34 设置标题动画后的动画窗格

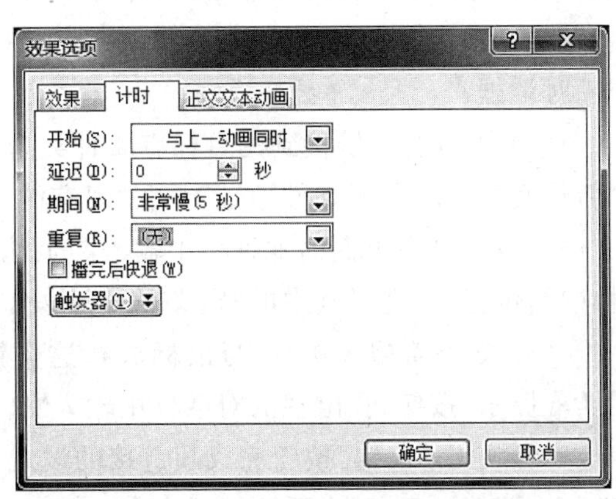

图 5-35 “效果选项”对话框

(6) 选定副标题，设置"进入"动画效果为"缩放"，动画启动时间为"从上一项之后开始"，设置完成后的动画任务窗格如图5-36所示。

(7) 放映这张幻灯片，可以看到动画效果。

依次可以设置其他幻灯片上个对象的动画效果。当多个对象采用相同的动画效果时，可以使用"动画"选项卡的"高级动画"组中的"动画刷"进行动画复制。选定含有动画的对象，单击"动画刷"，可以使用一次；双击"动画刷"，"动画刷"可以多次重复使用以进行动画复制，直到按Esc键或者再次单击"动画刷"为止。

图5-36 设置完成后的"动画窗格"

5.5 超链接与动作设置

很多情况下，演讲者需要根据演讲内容跳转到不同的位置，如演示文稿中的某张幻灯片或者打开其他演示文稿，甚至是其他类型的文档或者网页。利用PowerPoint的超链接和动作设置可以很好地完成这些任务。

"智能手机简介"演示文稿的第2张幻灯片显示了围绕智能手机的各个内容主题，如果在演讲过程中，演讲者希望单击不同的主题的文字能跳转到相应主题内容展示的幻灯片页面，而在每讲完一个主题内容之后，再回到主题菜单幻灯片，以便强化主题、方便进入其他相应主题、帮助观众把握演讲的脉络。

5.5.1 添加超链接

PowerPoint中实现超链接的方法有两种："超链接"和"动作"。

首先使用"超链接"为第2张幻灯片上的主题文字添加超链接，步骤如下。

(1) 选定第2张幻灯片，在幻灯片窗格选定主题文字"定义"，在"插入"选项卡的"链接"组中，单击"超链接"按钮(或使用右键快捷菜单里的"超链接…"命令)，打开"插入超链接"对话框。

(2) 可以看到链接到的目标有4种类型："现有的文件或网页"、"本文档中的位置"、"新建文档"和"电子邮件地址"。在"现有的文件或网页"中，可以打开计算机上的其他的文件。也可以在下面的地址栏中输入网页地址，打开一个网页。在本例中需要选择"本文档中的位置"。选择其中的"定义"幻灯片，如图5-37所示。

(3) 如果希望放映时，当鼠标放在这个链接文字上时出现一个提示信息，可以单击"屏幕提示"按钮，在出现的对话框中输入"智能手机的定义"，然后单击"确定"按钮。

(4) 单击"确定"按钮完成超链接的设置。在第2张幻灯片放映时，将鼠标移动到"定义"上，稍等一会，就会看到提示文字。

设置完成后，看到PowerPoint为代表超链接的文本"定义"添加了下划线，并且显示

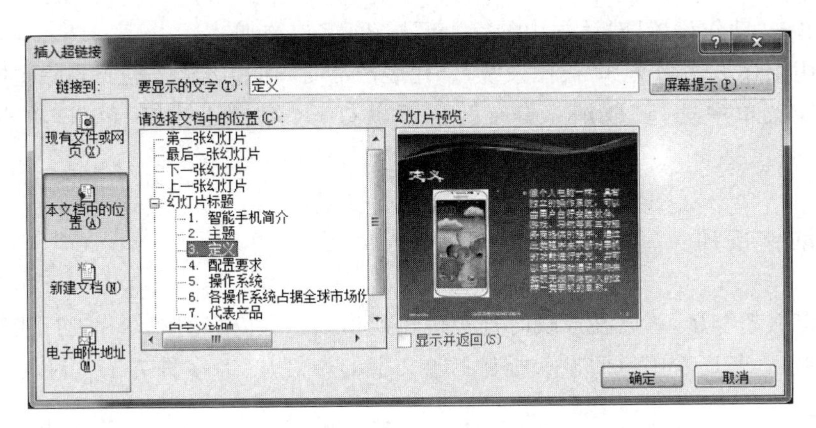

图 5-37 选择文档中的位置

为配色方案中定义的颜色。在放映时,单击超链接跳转后,超链接的颜色也会改变,因此,可以通过颜色分辨访问过的超链接。

另外,也可以用“动作”按钮为主题文本添加超链接,步骤如下。

(1) 在幻灯片窗格中选定文字“配置要求”,在“插入”选项卡的“链接”组中,单击“动作”按钮,打开“动作设置”对话框,如图 5-38 所示。

(2) “动作设置”对话框中包括“单击鼠标”和“鼠标移过”两个选项卡,两个选项卡里提供的设置内容都是一样的,触发时机都是在幻灯片放映时,只不过触发的方式不同,一个是“单击鼠标”时触发动作,另一个是“鼠标移过”对象时触发动作。

(3) 在“单击鼠标”选项卡中,单击“超链接到”,然后打开下拉列表框。从下拉列表中选择“幻灯片”项,则会打开“超链接到幻灯片”对话框,其中列出了当前演示文稿中的所有幻灯片的标题,从中选择“配置要求”,单击“确定”按钮(要想取消动作,选择“无动作”),如图 5-39 所示。

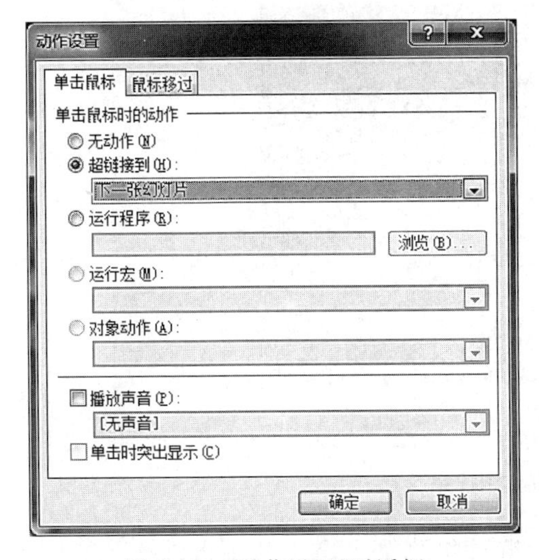

图 5-38 “动作设置”对话框

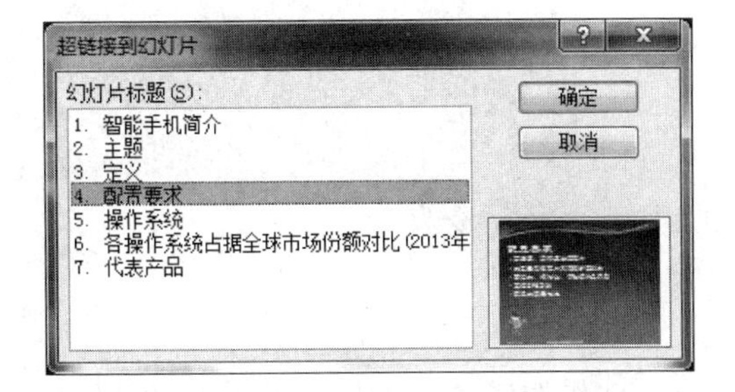

图 5-39 “超链接到幻灯片”对话框

(4) 单击“动作设置”对话框中的“确定”按钮，完成添加。

可以用上述方法为文本“操作系统”、“代表产品”添加超链接。若想删除超链接，可以在右键快捷菜单中选择“取消超链接”，也可以打开“编辑超链接”窗口，单击“删除超链接”。

5.5.2 动作按钮

通过定义超链接，可以在放映时直接跳转到相应主题内容的幻灯片进行演讲；该主题演讲完毕以后，若还希望返回显示所有主题文字的幻灯片，有多种方法，可以使用动作按钮来实现。

PowerPoint 带有一些制作好的动作按钮，可以直接将动作按钮插入到幻灯片中，或者为其重新定义超链接动作。动作按钮上的图形都是常有的易于理解的符号，也可以选用自定义动作按钮，然后根据所需定义的动作添加文字或者设置背景图片等。

现在为“智能手机简介”演示文稿的第 3 张～第 7 张幻灯片添加动作按钮，通过它直接返回到“主题”幻灯片。

(1) 选定第 3 张幻灯片，在“插入”选项卡的“插图”组中，单击“形状”按钮，在展开的列表中单击一个动作按钮。

(2) 在幻灯片右下角，按住鼠标左键拖曳画出所选的动作按钮，释放鼠标，这时“动作设置”对话框自动打开，在“超链接到”列表框会显示默认的对应动作。

(3) 现在更改成我们需要的动作，操作方法同上面一样，将链接定义到“主题”幻灯片，效果如图 5-40 所示。

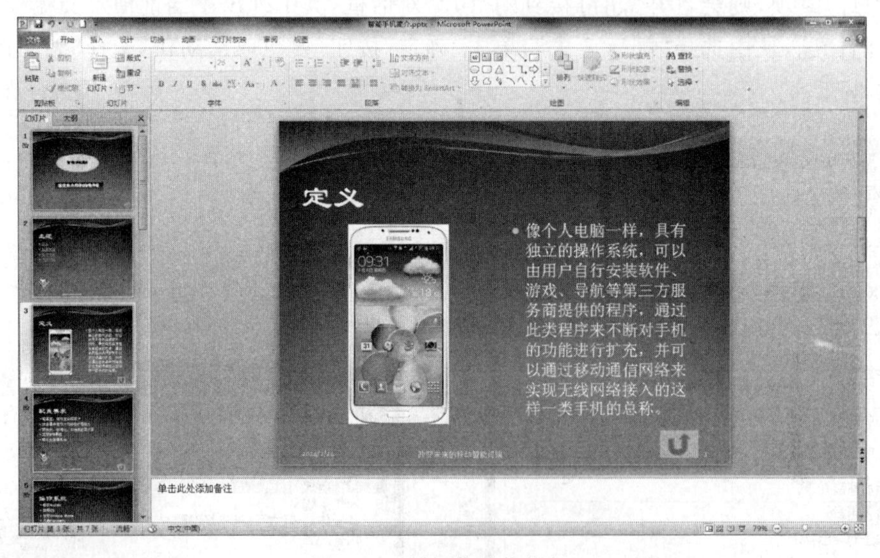

图 5-40 添加的动作按钮

动作按钮本身也是一种图形，可以对其进行编辑和设置，设置方法不再讲解。

设置好以后，将该按钮复制到第 4 张～第 7 张幻灯片。

5.6 演示文稿的放映

在演示文稿的放映过程中，可以通过鼠标或键盘的操作来切换幻灯片。幻灯片的默认放映方式是按照幻灯片的制作顺序依次放映。利用超链接和动作设置可以实现在演示文稿中的不同幻灯片之间的随意跳转。除此之外，PowerPoint 还提供了一些功能来改变幻灯片的默认的放映方式。

5.6.1 幻灯片放映控制

幻灯片默认放映过程如下。

(1) 在"幻灯片放映"选项卡的"开始放映幻灯片"组中，单击"从头开始"按钮；或者按键盘的 F5 键，演示文稿进入放映，屏幕上会以整屏的方式出现第 1 张幻灯片。

(2) 单击鼠标或者按 Enter 键会切换到下一幻灯片，按幻灯片的排放顺序依次放映幻灯片。直到最后一张幻灯片，单击，就会提示"放映结束，单击鼠标退出"。

若想在某张幻灯片开始放映，可以选定该幻灯片，单击"从当前幻灯片开始"，或单击窗口右下角的"幻灯片放映"按钮，或者按组合键 Shift＋F5。放映中如果想终止放映，可以按 Esc 键退出放映。

放映中，可以使用键盘的方向键区进行控制，也可以使用屏幕左下角的 4 个图标进行控制，还可以使用右键快捷菜单进行控制和跳转，如图 5-41 所示。

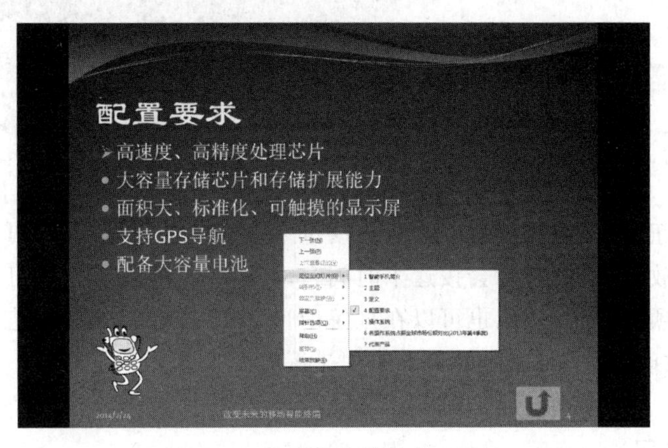

图 5-41　使用快捷菜单实现跳转

另外，使用快捷菜单里(或者屏幕左下角)的"指针选项"，来选择一种指针，在使用指针时可以设置笔迹颜色。

5.6.2 排练计时

若希望演示文稿能自动放映，不需要人工干预。首先要手动设置幻灯片的自动换片时间，如果演示文稿包含很多张幻灯片，每张内容不同，所需要观看的时间也不同，如果一张一张去设置，是很麻烦的事情。

利用 PowerPoint 提供的“排练计时”功能可以很好地解决这个问题。“排练计时”功能能够自动记录放映时每张幻灯片显示的持续时间，并将这个时间自动设置为幻灯片换片所需的时间间隔。

下面介绍如何为幻灯片记录排练时间。

(1) 打开演示文稿，在“幻灯片放映”选项卡的“设置”组中，单击“排练计时”按钮，演示文稿自动从第1张幻灯片开始放映，同时在屏幕左上角显示系统录制排练时间的信息，如图 5-42 所示。

(2) 此时，可以进行模拟演讲或估算演讲时间，完成后，单击“下一项”按钮，或者使用其他控制切换到下一张，此时 PowerPoint 就自动将第一张幻灯片的放映时间记录下来，并开始记录第二张幻灯片的放映时间。

(3) 重复步骤(2)，直到放映结束。在这期间可以单击“暂停”按钮，暂时停止排练计时；也可以单击“重复”按钮，重新排练当前幻灯片。如果当前幻灯片之后的幻灯片的换片时间不需要改变，那么可以按 Esc 键结束放映，这样就会只记录前半部分的幻灯片排练时间。

(4) 放映结束时会弹出一个对话框，如图 5-43 所示，单击“是”按钮，PowerPoint 将录制的各张幻灯片的排练时间设置为自动换片的时间；单击“否”按钮，则不保留刚才录制的排练时间。

图 5-42 排练计时信息及控制

图 5-43 保留排练时间的对话框

单击“是”按钮完成“排练计时”后，会自动进入幻灯片的浏览视图，可以查看每张幻灯片的排练时间。放映时，幻灯片会按这个时间自动切换。当然，如果幻灯片换片方式中的“单击鼠标时”选项被选中，那么也可以在排练时间未到之前单击鼠标进行切换。或者通过“设置幻灯片放映方式”对话框设置不使用排练时间换片。

5.6.3 录制旁白

PowerPoint 也允许为演示文稿配上解说(旁白)。要想录制旁白，首先保证计算机配有声卡和麦克风，然后在“幻灯片放映”选项卡的“设置”组中，单击按钮，此时会出现“录制幻灯片演示”对话框，如图 5-44 所示。

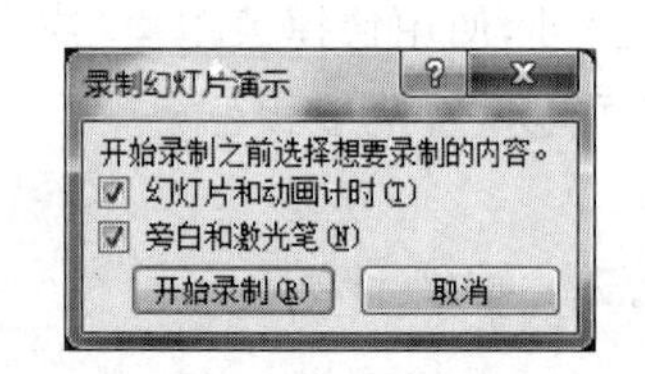

图 5-44 “录制幻灯片演示”对话框

单击“开始录制”按钮，演示文稿自动从头开始放映,同时在屏幕左上角显示录制的时间信息,如图 5-42 所示。

当前幻灯片的旁白录制完成后,可以将幻灯片切换到下一张,继续为下一张幻灯片录制旁白,直到所有幻灯片的旁白录制完成。如果希望从当前幻灯片开始录制,而不是从开头开始录制,在"幻灯片放映"选项卡的"设置"组中,单击"录制幻灯片演示"按钮,在打开的列表中单击"从当前幻灯片开始录制…"命令即可。

录制旁白的同时也会记录排练时间,完成录制后,演示文稿自动进入幻灯片浏览视图,每张录制了旁白的幻灯片的右下角会出现一个音频图标,放映幻灯片时,可以通过设置来决定旁白是否随之播放。

5.6.4 自定义放映

有时,演讲者需要针对不同的观众来展示演示文稿中的不同幻灯片。例如,要给不同专业的学生讲解电子表格软件的应用,介绍的内容大部分相同,只是针对不同专业的特点,在讲解的顺序和案例内容上有少量的调整。在这种情况下,可以利用 PowerPoint 提供的自定义放映功能,为不同专业的学生创建不同的自定义放映,而不必创建多个基本相同的演示文稿。自定义放映就是根据已经做好的演示文稿,自己定义放映其中的哪些张幻灯片以及放映的顺序。

下面为"智能手机简介"演示文稿创建自定义放映,步骤如下。

(1) 打开演示文稿,在"幻灯片放映"选项卡的"开始放映幻灯片"组中,单击"自定义幻灯片放映"按钮,在展开的列表中单击"自定义放映…"命令,打开"自定义放映"对话框,因为目前没有定义任何自定义放映,所以"自定义放映"框内是空的。

(2) 单击"新建"按钮,打开"定义自定义放映"对话框。

(3) 在"幻灯片放映名称"框中为演示文稿的第一个自定义放映定义一个名字,如输入"智能手机简介 2"。

(4) 从"在演示文稿中的幻灯片"列表框中选择需要添加的幻灯片,然后单击"添加"按钮,可以将选中的幻灯片添加到"在自定义放映中的幻灯片"列表框中,选择幻灯片时,可以按下 Shift 键或者 Ctrl 键配合选择幻灯片,再单击"添加"按钮,如图 5-45 所示。

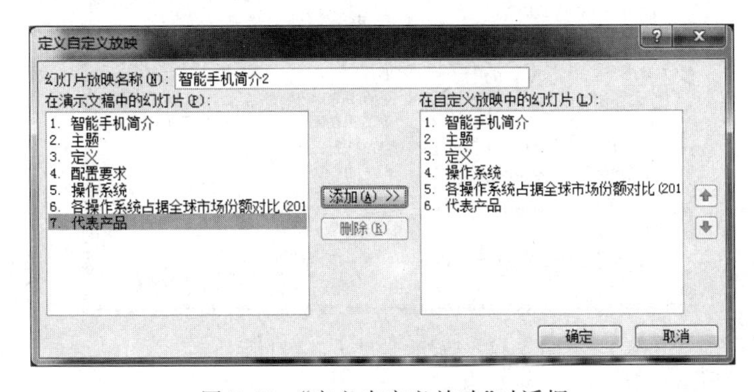

图 5-45 "定义自定义放映"对话框

(5) 幻灯片在"在自定义放映中的幻灯片"列表框中的顺序决定了它的放映顺序,可以通过"上移"或"下移"按钮进行调整。

(6) 完成后单击"确定"按钮,返回"自定义放映"对话框,可以看到该自定义放映已经出现在列表框中了。

设置好的自定义放映有如下使用方式。

(1) 在"幻灯片放映"选项卡的"开始放映幻灯片"组中,单击"自定义幻灯片放映"按钮,在展开的列表中单击要进行放映的自定义放映名称,或者单击"自定义放映…"命令,打开"自定义放映"对话框,然后在对话框中选定所需放映的自定义放映名称,单击"放映"按钮。

(2) 在"幻灯片放映"选项卡的"设置"组中,单击"设置幻灯片放映"按钮,在打开的"设置放映方式"对话框中,选中"自定义放映"单选按钮,然后从其下拉列表中选择要启动的自定义放映,单击"确定"按钮。

(3) 可以对幻灯片上某个对象设置动作或超链接以启动自定义放映,在"动作设置"对话框的"超链接到"下拉列表中选择"自定义放映"项,然后在出现的对话框中选择一个自定义放映,或者在"插入超链接"对话框中,选择"本文档中的位置"选项,然后选择"自定义放映"下列出的一个自定义放映,如果希望自定义放映结束后自动返回当前幻灯片,可以将"显示并返回"复选框选中。

另外,一张包含很多张幻灯片的演示文稿,如果在某种场合只有少量的几张幻灯片不需放映,这时可以通过隐藏幻灯片功能实现。

5.6.5 设置幻灯片放映方式

PowerPoint 还可以设置不同的放映方式。在"幻灯片放映"选项卡的"设置"组中,单击"设置幻灯片放映"按钮,打开的"设置放映方式"对话框,如图 5-46 所示。

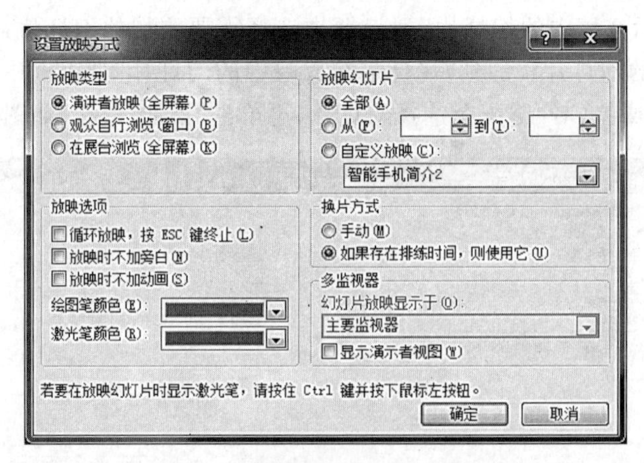

图 5-46 "设置放映方式"对话框

(1) 在"放映类型"区域中选择以下 3 种类型之一。

① 演讲者放映(全屏幕)。这是最常见的放映类型。在放映过程中,可以由演讲者

根据需要，人工随意控制幻灯片放映的进度。此种放映方式多用于讲课、做学术报告等。

② 观众自行浏览(窗口)。若演示文稿的放映环境是大型集会、展览中心等场所，并且还允许观众自己动手操作，可以选择该类型。此种放映方式以标准的 Windows 窗口放映演示文稿，观众可以用快捷菜单或 PageUp、PageDown 键在各张幻灯片之间移动；也可以复制、打印幻灯片，甚至对幻灯片进行编辑，还可以同时打开其他程序或浏览其他演示文稿等。

③ 在展台浏览(全屏幕)。若幻灯片放映时无人看管，可以选择此种方式。采用此种放映方式，演示文稿进行全屏幕放映，最后一张幻灯片放映完后，系统自动返回第 1 张开始重新放映，放映时禁止观众通过鼠标或键盘操纵放映的速度和顺序，只有按 Esc 键，才可以停止放映。使用此种放映方式，必须对演示文稿进行了“排练计时”，或者为每张幻灯片都设置了放映时间。

(2) 在“放映选项”区域中，可以设置以下内容。

① 循环放映，按 Esc 键终止。该设置会在幻灯片放映到最后一张时自动跳转到第一张继续放映，直到按 Esc 键才会终止放映。当“放映类型”为“在展台浏览(全屏幕)”时，该选项会被默认选中，并且不能取消。

② 放映时不加旁白。在幻灯片放映时不播放任何旁白。

③ 放映时不加动画。在幻灯片放映过程中不带任何动画效果，适合于快速浏览演示文稿。

(3) 在“放映幻灯片”区域中，可以设置演示文稿中幻灯片的放映范围。既可以设置放映“全部”幻灯片，也可以定义放映部分幻灯片，若存在一个自定义放映，也可以设置放映该自定义放映。

(4) 在“换片方式”中，若设置成“手动”换片，则无论是否设置了幻灯片的切换时间，都需要演讲者自行控制幻灯片的切换。若设置为“如果存在排练时间，则使用它”，则幻灯片为自动放映。

5.7 演示文稿的输出

除了可以在本地计算机上播放之外，演示文稿还有多种输出方法，以满足不同的需要，如使用打印机将演示文稿打印成幻灯片、讲义、备注、大纲视图等形式输出，可以打包成能在未安装 PowerPoint 的计算机上放映的文件或刻录成自动播放的 CD 光盘，还可以将演示文稿输出为 Web 网页、图形格式等。

5.7.1 演示文稿的打印

打印演示文稿之前，一般要进行页面设置，确定打印的一些具体参数。

(1) 在“设计”选项卡下，单击“页面设置”组中的“页面设置”按钮，打开“页面设置”对话框，如图 5-47 所示，可以设置幻灯片大小、高度、宽度、编号起始值及方向等。

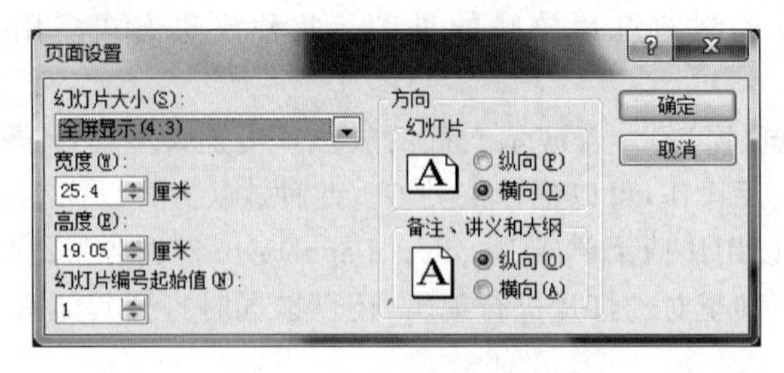

图 5-47 “页面设置”对话框

(2) 选择“文件”选项卡的“打印”项,可以看到如图 5-48 的界面。在此界面下,可以定义打印份数、打印机属性等。

图 5-48 “打印”设置

在“设置”当中,可以定义打印幻灯片的范围,包括全部幻灯片、所选幻灯片、当前幻灯片、自定义范围的幻灯片和自定义放映等,如图 5-49 所示。

在下面的选项中可以制定“打印版式”为整页幻灯片、备注还是大纲。若选择打印“讲义”的话,可以指定每张打印纸可以放几张幻灯片,如图 5-50 所示。“调整”选项可以指定打印的顺序,最下面的选择指定打印的色彩:彩色、灰度和纯黑白。

5.7.2 演示文稿的打包

PowerPoint 提供的打包功能可以将演示文稿及其所有的支持文件,包括链接文件、PowerPoint 播放器打包到一起,提供给其他计算机甚至未安装 PowerPoint 的计算机播放演示文稿。

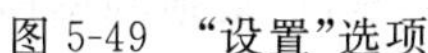

图 5-49 “设置”选项

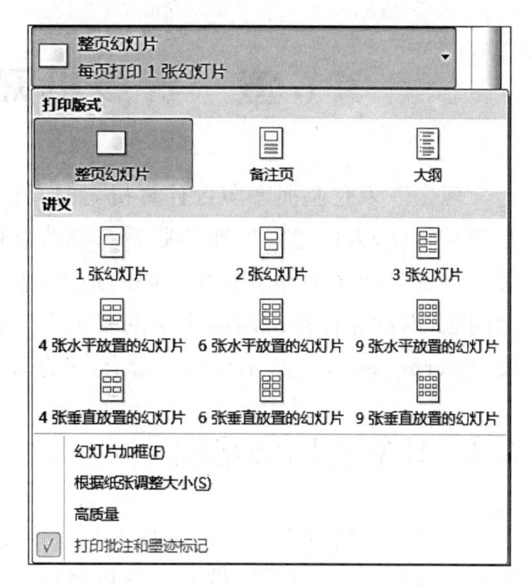

图 5-50 放幻灯片

在“文件”选项卡下,依次单击“保存并发送”、“将演示文稿打包成 CD”、“打包成 CD”,会出现“打包成 CD”对话框,如图 5-51 所示。单击“添加”按钮,可以添加所需打包的文件;单击“复制到文件夹”,则打包到指定的文件夹;单击“复制到 CD”,则直接刻录到 CD 上。单击“选项”按钮,可以设置打开密码和修改密码,并选中包中是否包含“链接的文字”和“嵌入的 TrueType 字体”。

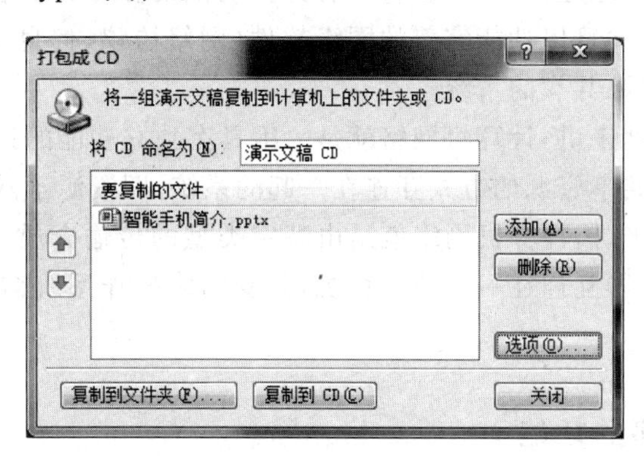

图 5-51 “打包成 CD”对话框

5.7.3 演示文稿的网上发布

可以将演示文稿另存为后缀名为 xml 的网页文件,或者使用“文件”选项卡的“保存并发送”按钮,选择“发布幻灯片”,选择要发布的幻灯片后进行发布。

第6章　计算机网络与Internet应用

现在许多企业拥有多台计算机，如何将它们连接起来，实现资源共享或者同时上网？互联网时代，人们之间的通信联系有哪些新的变化？同样，对于一个小型组织，有数十台甚至数百台计算机分别放在不同的地方，怎样实现协同工作与处理商务活动？为解答以上问题，本章在计算机网络定义的基础上，对计算机网络的功能、分类、结构、局域网的组成、Internet基础及Windows 7系统下的IE 8浏览器等内容进行介绍。

6.1　计算机网络基础

计算机网络技术是计算机技术与通信技术相互融合的产物，是正在推动着社会信息化的技术革命，人们可以借助计算机网络实现信息的交换和共享，广泛地利用信息进行生产过程的控制和经济决策。如今，计算机网络已经成为人们日常生活中必不可少的生产和生活工具。

6.1.1　计算机网络的定义

计算机网络就是将地理位置不同，将具有独立功能的多个计算机系统通过通信设备和通信线路连接起来，并且以功能完善的网络软件(网络协议、信息交换方式以及网络操作系统等)实现网络资源共享的系统。

从资源共享的角度来讲，计算机网络就是一组具有独立功能的计算机和其他设备，以允许用户相互通信和共享资源的方式互连在一起的系统，即资源子网。

从通信技术角度来讲，计算机网络就是由特定类型的传输介质(如双绞线、同轴电缆和光纤等)和网络适配器互连在一起的计算机，并受网络操作系统监控的网络系统，即通信子网。

6.1.2　计算机网络的功能

计算机技术和通信技术结合而产生的计算机网络，不仅使计算机的作用范围超越地理位置的限制，而且使计算机本身拓宽了服务，使得它在各领域发挥了重要作用，成为目前计算机应用的主要形式。计算机网络的主要功能有6项。

(1) 数据通信。它是计算机网络的基本功能。

(2) 资源共享。包含计算机硬件资源、软件资源和数据与信息资源的共享。

(3) 远程传输。分布在不向位置的用户可以相互传输数据信息，互相交流，协同工作。

(4) 集中管理。即在一台或多台服务器上管理分散在其他计算机上的资源。

(5) 负荷均衡。即网络中的工作负荷被均匀地分配给网络中的各计算机系统。

(6) 分布式处理。网络可以将一个比较大的问题或任务分解为若干个子问题或子任务,分散到网络中不同的计算机进行处理。

6.1.3 计算机网络的分类

计算机网络的类型有几种不同的分类方法:按通信方式分类,有点对点式和广播式;按速度和带宽分类,有窄带网和宽带网;按传输介质分类,如有线网和无线网;按拓扑结构分类,如总线型、星型、网状型;按地理范围分类,如局域网、城域网和广域网。下面按地理范围介绍计算机网络的分类。

1. 局域网(Local Area Network,LAN)

局域网是将较小地理范围内的各种数据通信设备连接在一起来实现资源共享和数据通信的网络(一般几千米以内)。这个小范围可以是一个办公室、一座建筑物或近距离的几座建筑物,如一个工厂或一个学校。它具有传播速度快,准确率高的特点。另外它的设备价格相对低一些,建网成本低。适合在某一个数据较重要的部门,某一企事业单位内部使用这种计算机网络实现资源共享和数据通信。

2. 城域网(Metropolitan Area Network,MAN)

城域网是一个将距离在几十千米以内的若干个局域网连接起来以实现资源共享和数据通信的网络。它的设计规模一般在一个城市之内,传输速度相对局域网慢一些。

3. 广域网(Wide Area Network,WAN)

广域网实际上是将距离较远的数据通信设备、局域网、城域网连接起来实现资源共享和数据通信的网络。一般覆盖面较大,一个国家,几个国家甚至于全球范围,如 Internet 就可以说是一个最大的广域网。广域网一般利用公用通信网络进行数据传输,传输速度相对较低,网络结构复杂,造价相对较高。

6.1.4 计算机网络拓扑结构

计算机网络的拓扑结构主要有总线型、环型、星型、树型、不规则网状等多种类型。拓扑结构的选择往往与传输介质的选择和介质访问控制方法的确定紧密相关,并决定着对网络设备的选择。

(1) 总线型结构是用一条电缆作为公共总线,入网的节点通过相应接口连接到总线上,如图 6-1 所示。在这种结构中,网络中的所有节点处于平等的通信地位,都可以把自己要发送的信息送入总线,使信息在总线上传播,属于分布式传输控制结构。

(2) 在环型结构中,节点通过点到点通信线路连接成闭合环路,如图 6-2 所示。环中数据将沿一个方向逐站传送。

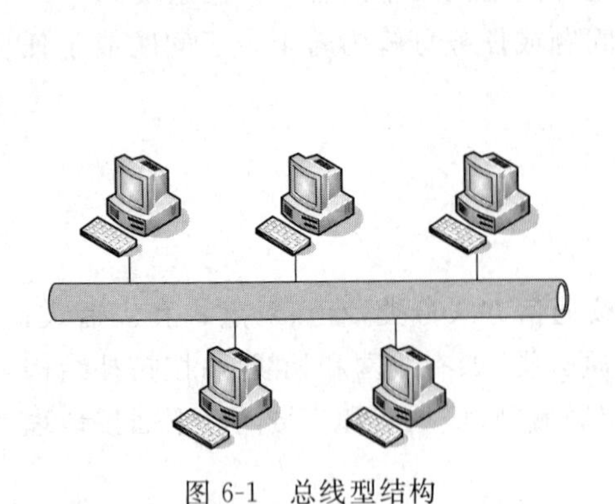

图 6-1　总线型结构

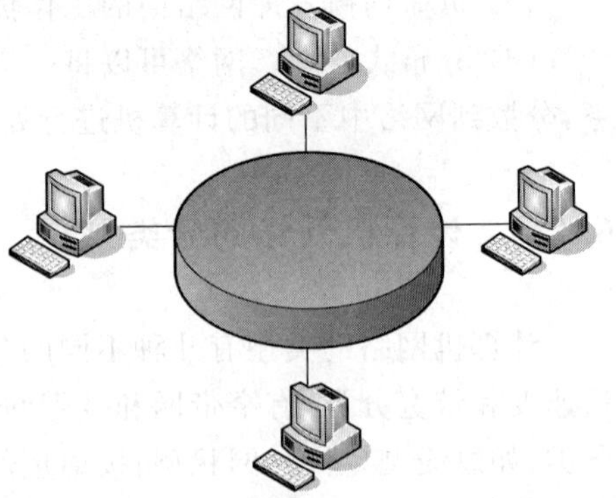

图 6-2　环型结构

（3）在星型结构中，节点通过点到点通信线路与中心节点连接，如图 6-3 所示。目前在局域网中主要使用交换机充当星型结构的中心节点，控制全网的通信，任何两节点之间的通信都要通过中心节点。

（4）在树型结构中，节点按层次进行连接，如图 6-4 所示。信息交换主要在上下节点之间进行。树型结构有多个中心节点（通常使用交换机），各个小心节点均能处理业务，但是上面的主节点有统管整个网络的能力。目前的大中型局域网几乎全部采用树型结构。

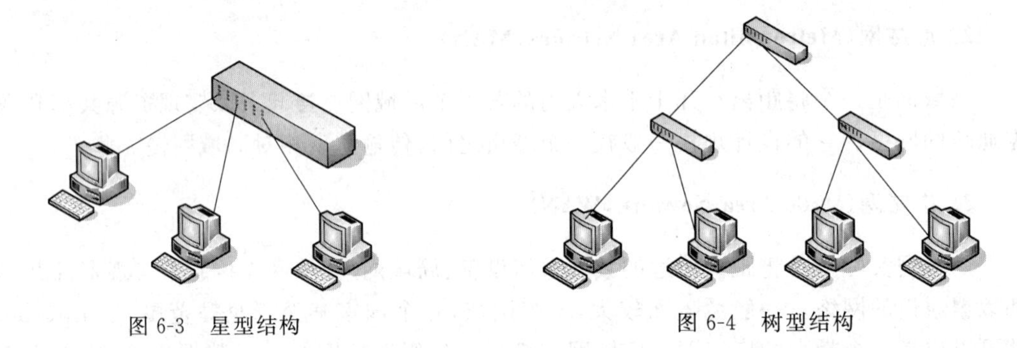

图 6-3　星型结构

图 6-4　树型结构

（5）在网状结构中，各节点通过冗余复杂的通信线路进行连接，并且每个节点至少与其他两个节点相连，如果有线路或节点发生故障，还有许多其他的通道可供进行两个节点间的通信，如图 6-5 所示。网状结构是广域网中的基本拓扑结构，不常用于局域网，其网络节点主要使用路由器。

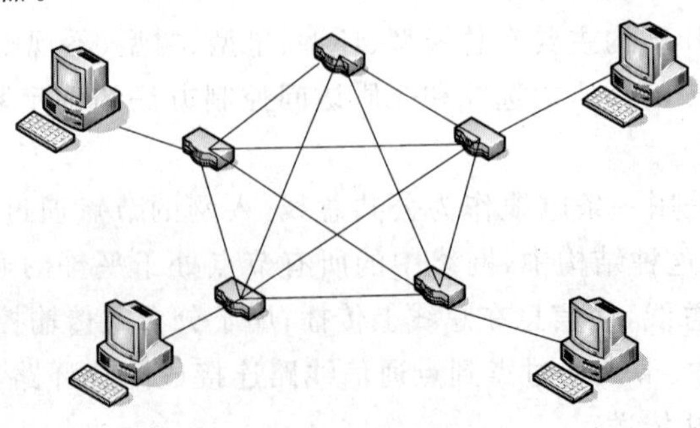

图 6-5　网状结构

(6) 混合结构是将星型结构、总线型结构和环型结构中的 2 种或 3 种结合在一起的网络结构，这种网络拓扑结构可以同时兼顾各种拓扑结构的优点，在一定程度上弥补了单一拓扑结构的缺陷。如图 6-6 所示为一种星型结构和环型结构组成的混合结构。

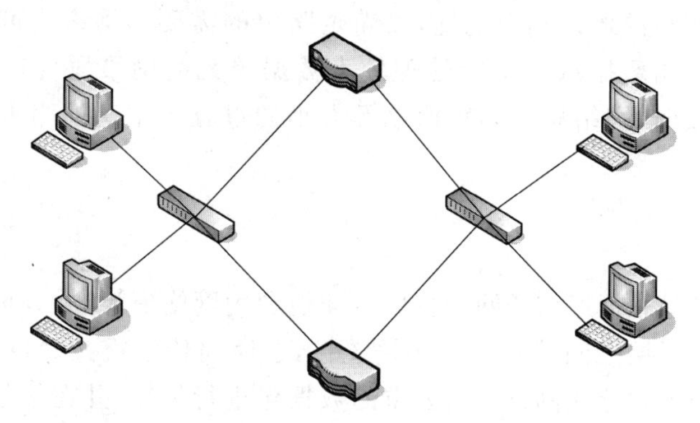

图 6-6 星型结构和环型结构组成的混合结构

6.1.5 网络体系结构

当今的网络大多是建立在 OSI 参考模型基础上的。在 OSI 参考模型中，网络的各个功能层分别执行特定的网络操作。理解 OSI 参考模型有助于更好地理解网络，选择合适的组网方案，改进网络的性能。

OSI 参考模型共分 7 层，从低到高的顺序为物理层、数据链路层、网络层、传输层、会话层、表示层和应用层。如图 6-7 所示为 OSI 参考模型层次示意图。

应用层
表示层
会话层
传输层
网络层
数据链路层
物理层

图 6-7 OSI 参考模型

1. 物理层

物理层主要提供相邻设备间的二进制(bits)传输，即利用物理传输介质为上一层(数据链路层)提供一个物理连接，通过物理连接透明地传输比特流。透明传输是指经实际物理链路传送后的比特流没有变化。任意组合的比特流都可以在该物理链路上传输，物理层并不知道比特流的含义。物理层考虑的是如何发送 0 和 1，以及接收端如何识别。

2. 数据链路层

数据链路层主要负责在两个相邻节点间的线路上无差错地传送以帧(Frame)为单位的数据，每一帧包括一定的数据和必要的控制信息，接收节点接收到的数据如果出错要通知发送方重发，直到这一帧无误地到达接收节点。数据链路层就是把一条有可能出错的实际链路变成让网络层看来好像不出错的链路。

3. 网络层

网络层的主要功能是将网络地址翻译成对应的物理地址，并决定如何将数据从发送方路由到接收方。该层将数据转换成一种称为包或分组(Packet)的数据单元，每一个数据包中都含有目的地址和源地址，以满足路由的需要。网络层可对数据进行分段和重组。分段是指当数据从一个能处理较大数据单元的网络段传送到仅能处理较小数据单元的网络段时，网络层减小数据单元大小的过程。重组即为重构被分段数据单元的过程。

4. 传输层

传输层的任务是根据通信子网的特性最佳地利用网络资源，并以可靠和经济的方式为两个端系统的会话层之间建立一条传输连接，透明地传输报文(Message)。传输层把从会话层接收的数据划分成网络层所要求的数据包进行传输，并在接收端把经网络层传来的数据包重新装配，提供给会话层。传输层位于OSI参考模型的中间，起承上启下的作用，它的下面三层实现面向数据的通信，上面三层实现面向信息的处理，传输层是数据传送的最高一层，也是最重要和最复杂的一层。

5. 会话层

会话层虽然不参与具体的数据传输，但它负责对数据进行管理，负责为各网络节点应用程序或者进程之间提供一套会话设施，组织和同步它们的会话活动，并管理其数据交换过程。这里的"会话"是指两个应用进程之间为交换面向进程的信息而按一定规则建立起来的一个暂时联系。

6. 表示层

表示层主要提供端到端的信息传输。在OSI参考模型中，端用户(应用进程)之间传送的信息数据包含语义和语法两个方面。语义是信息数据的内容及其含义，它由应用层负责处理。语法是与信息数据表示形式相关的方面，如信息的格式、编码、数据压缩等。表示层主要用于处理应用实体面向交换的信息的表示方法，包含用户数据的结构和在传输时的比特流或字节流的表示。这样即使每个应用系统有各自的信息表示法，但被交换的信息类型和数值仍能用一种共同的方法来表示。

7. 应用层

应用层是计算机网络与最终用户的界面，提供完成特定网络服务功能所需的各种应用程序协议。应用层主要负责用户信息的语义表示，确定进程之间通信的性质以满足用户的需要，并在两个通信者之间进行语义匹配。

需要注意的是，OSI参考模型定义的标准框架只是一种抽象的分层结构，具体的实现则有赖于各种网络体系的具体标准，它们通常是一组可操作的协议集合，对应于网络分层，不同层次有不同的通信协议。

6.2 局域网

局域网是一种在有限的地理范围内将大量的 PC 及各种设备互连在一起实现数据传输和资源共享的计算机网络。在当今的计算机网络技术中，局域网技术已经占据了十分重要的地位。局域网的组网技术选择要根据用户的具体需求，充分考虑开放性、先进性、可扩充性、可靠性、实用性和安全性的设计原则，采用当前比较先进同时又比较成熟和工业标准化程度较高的组网技术，大中型局域网的一般结构如图 6-8 所示。

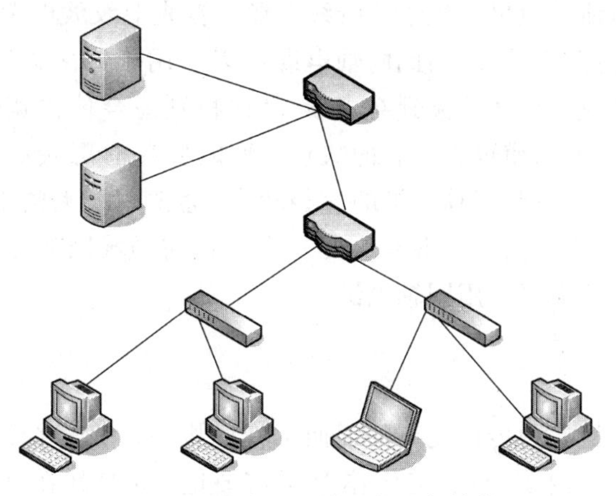

图 6-8 大中型局域网的一般结构

6.2.1 局域网传输介质

传输介质是网络中各节点之间的物理通路或信道，它是信息传递的载体。局域网中所采用的传输介质分为两类：一类是有线的；另一类是无线的。有线传输介质主要有双绞线、同轴电缆和光纤；无线传输介质包括无线电波和红外线等。

1. 双绞线

双绞线一般由两根遵循 AWG(American Wire Gauge)标准的绝缘铜导线相互缠绕而成。把两根绝缘的铜导线绞在一起，可以降低信号干扰的程度。实际使用时，通常会把多对双绞线包在一个绝缘套管里，称为双绞线电缆。用于网络传输的典型双绞线是电缆 4 对，如图 6-9 所示。

2. 同轴电缆

同轴电缆是根据其构造命名的，铜导体位于核心，外面被一层绝缘体环绕，然后是一层屏蔽层，最外面是外护套，所有这些层都是围绕中心轴(钢导体)构造，因此这种电缆被称为同轴电缆，如图 6-10 所示。

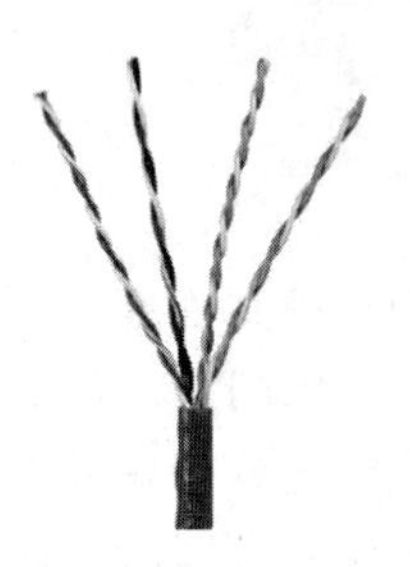

图 6-9　双绞线

图 6-10　同轴电缆

在一些应用中，同轴电缆仍然优于双绞线电缆。首先双绞线电缆的导线尺寸较小，没有包含在同轴电缆中的铜缆结实，因此同轴电缆可以应用于许多无线电传输领域。另外同轴电缆能传输很宽的频带，从低频到甚高频，因此特别适合传输宽带信号（如有线电视系统、模拟录像等）。同轴电缆也有固有的缺点，例如，安装时屏蔽层必须正确接地，否则会造成更大的干扰。另外一些同轴电缆的直径较大，会占用很大的空间。更重要的是同触电缆支持的数据传输速度只有 10Mb/s，无法满足目前局域网的传输速度要求，所以在计算机局域网布线中，已不再使用同轴电缆。

3. 光纤

光纤即光导纤维，是一种传输光束的细而柔韧的媒质。光导纤维线缆由一捆光导纤维组成，简称为光缆。与铜缆相比，光缆本身不需要电，虽然其在铺设初期阶段所需的连接器、工具和人工成本很高，但其不受电磁干扰和射频干扰的影响，具有更高的数据传输率和更远的传输距离，并且不用考虑接地问题，对各种环境因素具有更强的抵抗力。这些特点使得光缆在某些应用中更具吸引力，成为目前计算机网络中常用的传输介质之一。

计算机网络中的光纤主要是采用石英玻璃制成的，横截面积较小的双层同心圆柱体。裸光纤由光纤芯、内部覆层和外部保护层组成，如图 6-11 所示。折射率高的中心部分称为光纤芯，折射率低的外围部分称为内部覆层。光以不同的角度进入光纤芯，在内部覆层和光纤芯的界面发生反射，进行远距离传输。外部保护层的原料大都采均尼龙、聚乙烯或聚丙烯等塑料。

光纤通信系统是以光波为载体、以光纤为传输介质的通信系统。光纤通信系统的组成如图 6-12 所示。在光纤发送端，主要采用两种光源：发光二极管与注入型激光二极管。在接收端将光信号转换成电信号时，要使用光电二极管检波器。

图 6-11　光纤的结构

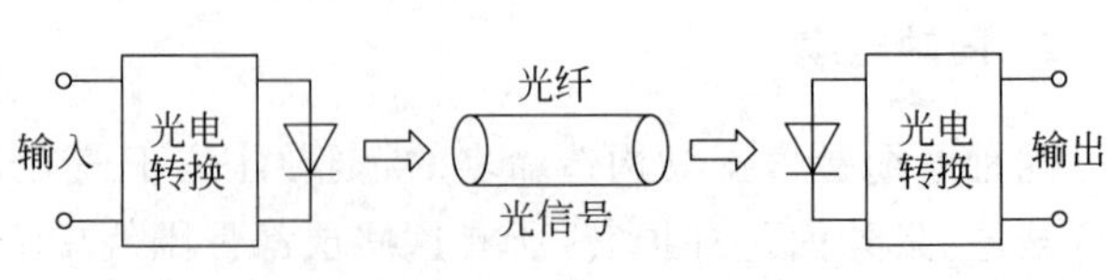

图 6-12　光纤通信系统

6.2.2 局域网的连接

1. 两台计算机直连

如果仅仅是两台计算机之间组网,可以直接使用双绞线跳线将两台计算机的网卡连接在一起,如图 6-13 所示。在使用网卡将两台计算机直连时,双绞线跳线要用交叉线,并且两台计算机最好选用相同品牌和相同传输速度的网卡,以避免可能的连接故障。

2. 单一交换机连接局域网

把所有计算机通过双绞线跳线连接到单一交换机上,可以组成一个小型的局域网,如图 6-14 所示。在进行网络连接时应主要注意以下问题。

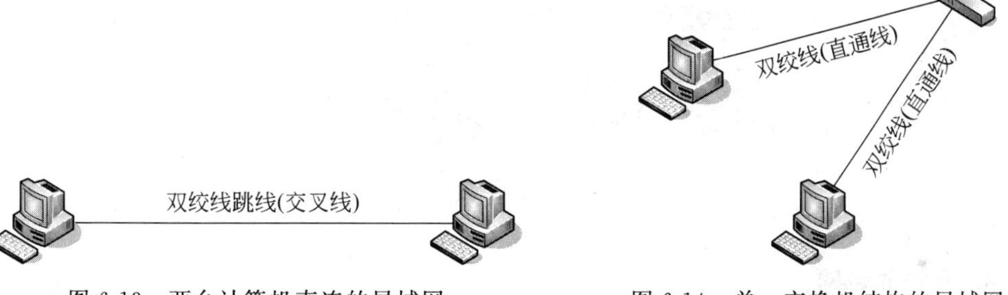

图 6-13 两台计算机直连的局域网　　图 6-14 单一交换机结构的局域网

(1) 交换机上的 RJ-45 端口可以分为普通端口(MDI-x 端口)和 Uplink 端口(MDI-2 端口)。一般来说计算机应该连接到交换机的普通端口上,而 Uplink 端口主要用于交换机与交换机间的级联。

(2) 在将计算机网卡上的 RJ-45 接口连接到交换机的普通端口时,双绞线跳线应该使用直通线,网卡的速度应与交换机的端口速度相匹配。

3. 多交换机连接局域网

交换机之间的连接有 3 种:级联、堆叠和冗余连接,其中级联扩展方式是常规、直接的一种扩展方式。

1) 通过 Uplink 端口进行交换机的级联

如果交换机有 Uplink 端口,则可直接采用这个端口进行级联,在级联时下层交换机使用专门的 Uplink 端口,通过双绞线跳线连入上一级交换机的普通端口,如图 6-15 所示。在这种级联方式中使用的级联跳线必须是直通线。

2) 通过普通端口进行交换机的级联

如果交换机没有 Uplink 端口,可以采用交换机的普通端口进行交换机的级联,这种级联方式的性能稍差,级联方式如图 6-16 所示。在这种连接方式中所使用的交换机的端口都是普通端口,此时交换机和交换机之间的级联跳线必须是交叉线,不能使用直通线。

由于计算机在连接交换机时仍然接入交换机的普通端口，因此计算机和交换机之间的跳线仍然使用直通线。

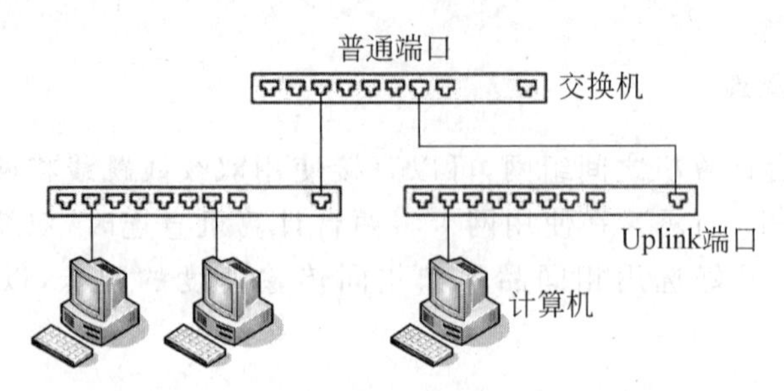

图 6-15　交换机通过 Uplink 端口级联

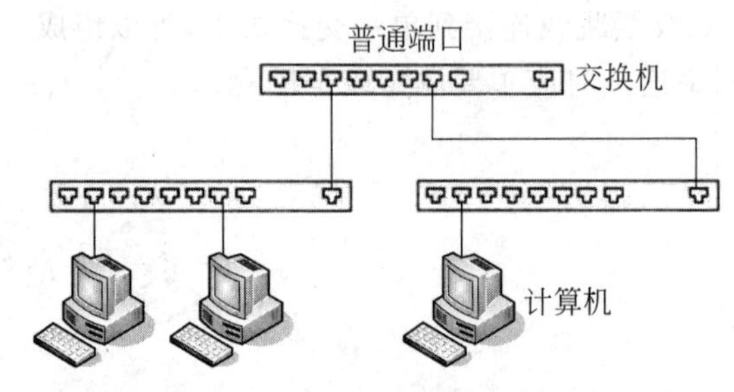

图 6-16　交换机通过普通端口级联

4. 无线局域网

无线局域网(Wireless Local Area Network，WLAN)是计算机网络与无线通信技术相结合的产物。简单地说，无线局域网就是在不采用传统线缆的同时，提供传统有线局域网的所有功能，即无线局域网采用的传输介质不是双绞线或者光纤，而是红外线或者无线电波。无线网络是有线网络的补充，适用于不便于架设线缆的网络环境。

一般来说，无线局域网有两种组网模式，一种是无固定基站的，另一种是有固定基站的，这两种模式各有特点。无固定基站组成的网络称为自组网络，主要用于在安装无线网卡的计算机之间组成对等状态的网络。有固定基站的网络类似于移动通信的机制，网络用户的安装无线网卡的计算机通过基站(无线访问接入点或无线路由器)接入网络，这种网络应用比较广泛，一般用于有线局域网覆盖范围的延伸或作为宽带无线互联网的接入方式。

1) 无固定基站无线局域网

图 6-17　无固定基站无线局域网

无固定基站组成的无线局域网也称为无线对等网，它是最简单的无线局域网结构，是一种无中心拓扑结构，网络连接的计算机具有平等的通信关系，仅适用于较少数的计算机无线连接方式(通常是在 5 台主机以内)，如图 6-17 所示。这种组网模式不需要固定设施，只需要在每台计算机中安装无线网卡就可以实现，因此非常适合组建临时的网络。

2）有固定基站无线局域网

在具有一定用户数量或需要建立一个稳定的无线网络平台时，一般会采用以 AP 为中心的模式，这种模式也是无线局域网最普遍的构建模式。在这种模式中，要求有一个 AP 充当中心站，所有站点对网络的访问均由其控制，如图 6-18 所示。另外，通过 AP、无线路由器等无线设备还可以把无线局域网和有线网络连接起来，并允许用户有效地共享网络资源，如图 6-19 所示。

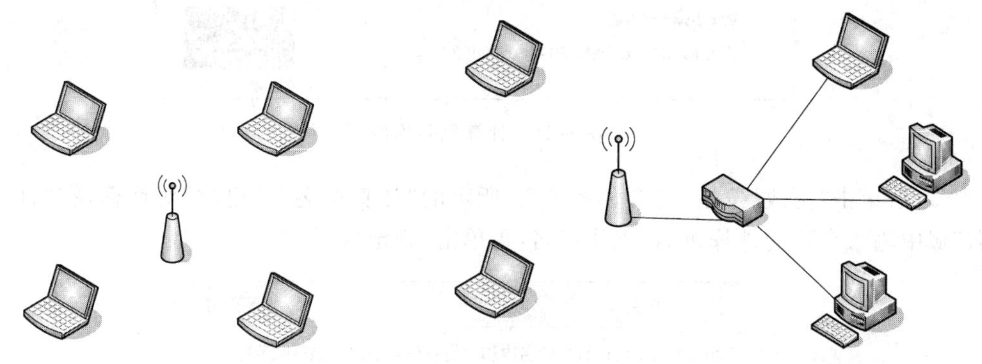

图 6-18　有固定基站的无线局域网　　　　图 6-19　无线局域网和有线网络连接

6.2.3　Windows 7 操作系统下局域网共享

在 Windows 7 系统下，局域网中的计算机之间通过设置共享文件，互相传输、存取文件十分方便快捷。下面就设置共享文件夹的方法进行介绍。

1. 同步工作组

局域网中相互共享的计算机中，要保证网内各计算机的工作组名称一致。查看或更改计算机的工作组、计算机名等信息，请右击“计算机”，选择“属性”，如图 6-20 所示。

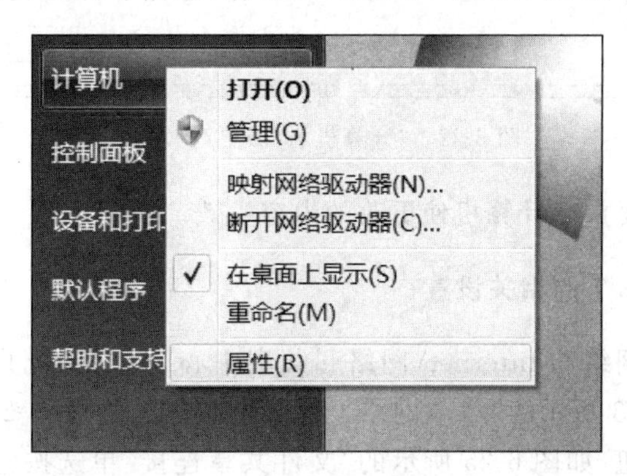

图 6-20　计算机属性

如果相关信息需要更改，需要在“计算机名称、域和工作组设置”一栏，单击“更改设置”如图 6-21 所示。

图 6-21 计算机名称设置

之后单击“更改”按钮,出现如图 6-22 所示的“计算机名/域更改”对话框,在“计算机名”域中输入合适的计算机名/工作组名,再单击“确定”按钮。

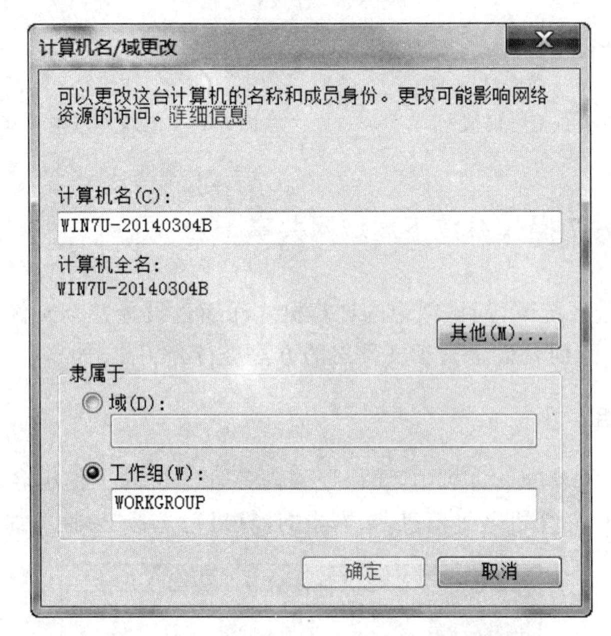

图 6-22 “计算机名/域更改”对话框

输入完成后,需要重启计算机使更改的内容生效。

2. 更改 Windows 7 的相关设置

打开控制面板\网络和 Internet\网络和共享中心\更改高级共享设置。在出现的对话框中,选择如图 6-23 所示的“启动网络发现”单选按钮、如图 6-24 所示的“启动文件和打印机共享”单选按钮、如图 6-25 所示的“文件共享连接”单选按钮。“密码保护的共享”部分则需选择“关闭密码保护共享”,如图 6-26 所示。

然后,媒体流最好也打开;另外,在“家庭组连接”部分,建议选择“允许 Windows 管理家庭组连接”单选按钮,如图 6-27 所示。

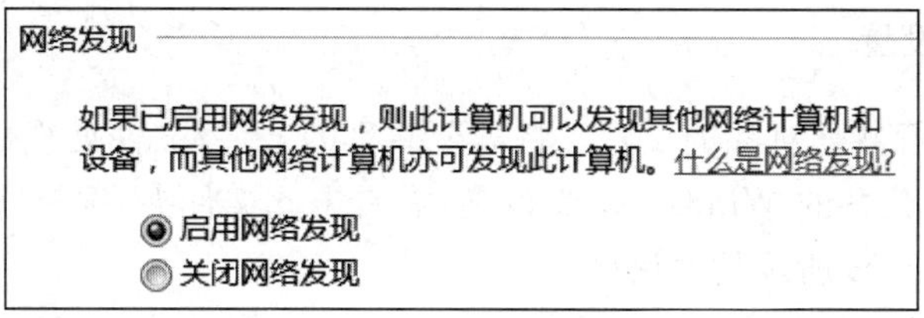

网络发现

如果已启用网络发现，则此计算机可以发现其他网络计算机和设备，而其他网络计算机亦可发现此计算机。什么是网络发现?

◉ 启用网络发现
○ 关闭网络发现

图 6-23 网络发现

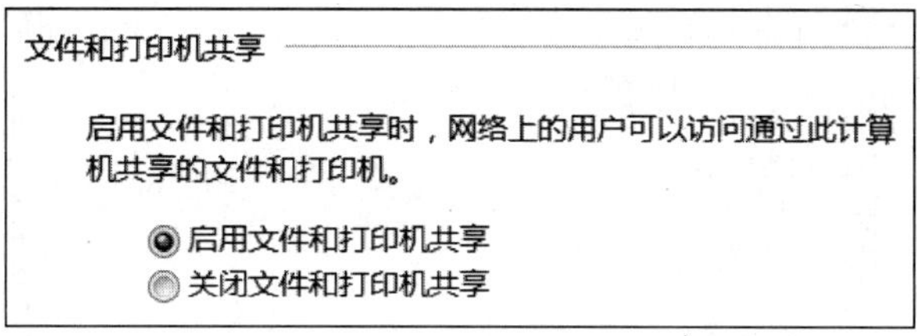

文件和打印机共享

启用文件和打印机共享时，网络上的用户可以访问通过此计算机共享的文件和打印机。

◉ 启用文件和打印机共享
○ 关闭文件和打印机共享

图 6-24 文件和打印机共享

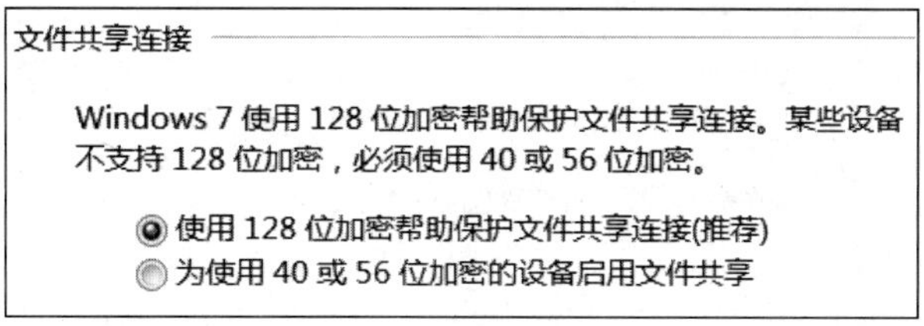

文件共享连接

Windows 7 使用 128 位加密帮助保护文件共享连接。某些设备不支持 128 位加密，必须使用 40 或 56 位加密。

◉ 使用 128 位加密帮助保护文件共享连接(推荐)
○ 为使用 40 或 56 位加密的设备启用文件共享

图 6-25 文件共享连接

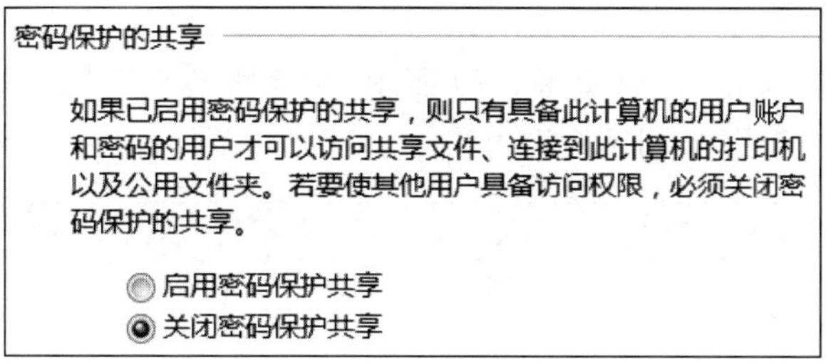

密码保护的共享

如果已启用密码保护的共享，则只有具备此计算机的用户账户和密码的用户才可以访问共享文件、连接到此计算机的打印机以及公用文件夹。若要使其他用户具备访问权限，必须关闭密码保护的共享。

○ 启用密码保护共享
◉ 关闭密码保护共享

图 6-26 密码保护的共享

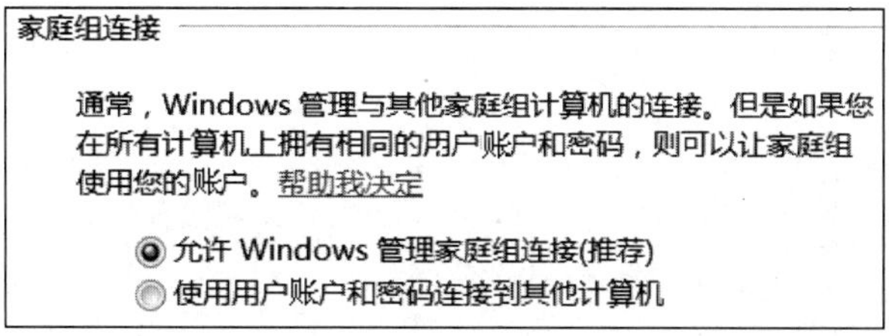

家庭组连接

通常，Windows 管理与其他家庭组计算机的连接。但是如果您在所有计算机上拥有相同的用户账户和密码，则可以让家庭组使用您的账户。帮助我决定

◉ 允许 Windows 管理家庭组连接(推荐)
○ 使用用户账户和密码连接到其他计算机

图 6-27 家庭组连接

3. 共享对象设置

现在,开始进行共享对象的设置。将需要共享的文件/文件夹直接拖拽至公共文件夹中。如果需要共享公共的 Windows7 文件夹,需右击此文件夹,选择"属性"。单击"共享"选项卡,出现如图 6-28 所示的对话框。

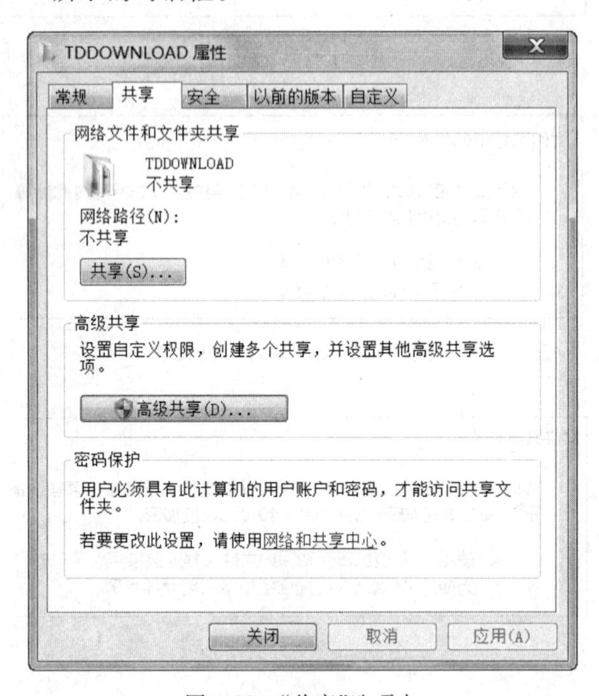

图 6-28 "共享"选项卡

单击"高级共享"按钮,出现如图 6-29 所示的"高级共享"对话框。选择"共享此文件夹"复选框后,单击"应用"按钮确定即可。

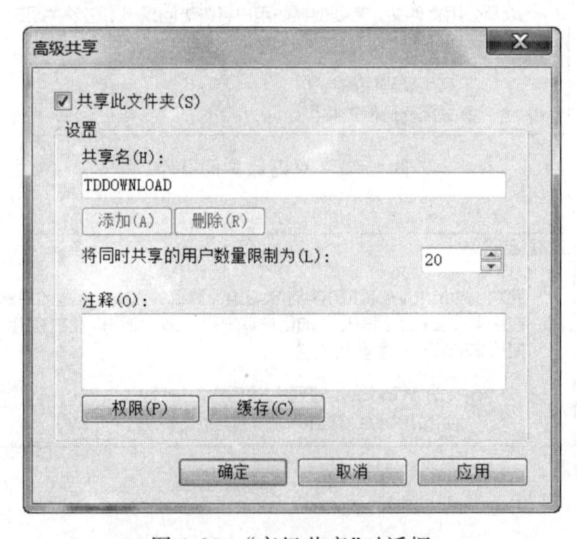

图 6-29 "高级共享"对话框

需要注意的是，如果某文件夹被设为共享，那么它的所有子文件夹将默认被设为共享文件夹。

6.3 Internet 基础

Internet 即“因特网”，也称为“国际互联网”。目前它是世界上最大的计算机网络。它不仅把数量众多的计算机连接起来，而且还拥有极其丰富的信息资源。Internet 能提供多样、多领域和多种形式的信息服务。它给科学、技术、文化、经济的发展带来了巨大影响，被认为是全球信息高速公路。

6.3.1 Internet 的发展历程及主要功能

1969 年，由美国国防部的高级研究计划署(Advanced Research Project Agency，ARPA)资助，建立了一个名为 ARPANET 的网络。这个网络把位于美国 3 个州的 4 台计算机主机连接起来，采用的是分组交换技术，这种技术能够保证：如果这 4 台主机之间的某一条通信线路因某种原因被切断以后，信息仍能够通过其他线路在各主机之间传递。这个 ARPANET 就是今天的 Internet 雏形，它的出现标志着以资源共享为目的的计算机网络的诞生。

1994 年美国的 Internet 由商业机构全面接管。这使 Internet 既从单纯的科研网络演变成一个世界性的商业网络，从而加速了 Internet 的普及和发展，世界各国纷纷连入 Internet。各种商业活动逐渐加入 Internet，Internet 已成为现代信息社会的代名词。

Internet 的基本功能和应用包括 E-mail、WWW、FTP、即时通信和资源下载等。

1. 电子邮件

电子邮件是 E-mail(Electronic Mail)的中文译名，它是一种基于网络的现代化通信手段。在 Internet 提供的服务中，E-mail 的使用最广泛。

电子邮件使 Internet 用户有了一个固定的通信地址，无论接收者在天涯海角，只要通过 E-mail，一封信件可在几分钟甚至几秒钟内发送到对方的邮箱中，比起书信往来、长途电话既省时又省钱，并且能够携带附件、多媒体等信息，给人们的交流带来了极大便利。

2. 文件传输

如果说电子邮件是每个 Internet 用户最常用的方便而实用的通信工具，那么文件传输协议(File Transfer Protocol，FTP)扮演的就是运输大王的角色。它不辞辛劳地从遥远的 FTP 服务器，按用户的需要传输各种文件。遍布世界各地的 FTP 服务器存放着取之不尽、用之不竭的资源。通过 FTP，用户可以在各大公司的文件服务器上查询下载所需的资源。有了 FTP，世界上的公开文件服务器就都成了用户的“后备硬盘”了。

3. 远程登录

Telnet(Telecommunication Network)即远程终端访问。连接到Internet网上的计算机数量是巨大的,但多数计算机是低档机器,资源有一定局限性,为了享用数量有限的、软硬件丰富的巨型、大型机资源,可以把本地微机登录到远程主机(巨型、大型机)上。那么,本地微机便成了主机的远程终端,便可应用远程主机上的各种资源。

4. 新闻组

新闻组(News Group)是一个利用Internet就提供"专题讨论"的服务,讨论所涉及的问题包罗万象,参与讨论的人可以是世界上任何一个接入Internet的用户。由于讨论场所根据不同的主题划分为极细致的讨论区域,形成了不同的"新闻讨论组"。用户可以通过这种方式广交朋友、请教问题、交流经验等。

5. 万维网

万维网(WWW)是World Wide Web的简称(也称为"环球网"、3W、Web)。它是Internet网上的一个基于超文本(Hypertext)方式的信息检索、浏览工具,它的作用是使信息搜索变得快速、高效、直观,在相应的软件界面引导下,用户可以方便地查询分布在各地的信息,同样也可以把自己期望为公众提供的信息存入WWW的某个节点中,供他人查阅。由于多媒体技术的应用,WWW内容可以包括图形、图像、声音等资源,从而更加生动逼真。

6. 其他

Internet上有聊天室,网友们可以在网上实时聊天。如果不喜欢敲键盘,可以拿起麦克风,用Internet打长途;如果想看看网友是什么样子,可以通过摄像头视频对话;通过Internet实时服务软件,还可以看电影、玩游戏、听音乐、远程教学、远程医疗、电子商务、虚拟现实……

Internet技术在不断地向前发展,所提供的服务方式和内容也越来越丰富和多样化,它将对社会信息化的进程起到极大推动作用。

6.3.2 Internet地址

TCP/IP是Internet中最基本、最重要的协议。为了实现不同计算机之间通信,除使用相同的通信TCP/IP之后,每台计算机都必须有一个不能与其他计算机重复的地址,它相当于通信时每个计算机的身份证。Internet的地址表示通常有两种方式:IP地址和域名地址。

1. IP地址

为了使连入Internet的众多主机在通信时能够相互识别,Internet中的每一台主机都分配一个唯一地址,该地址称为“IP 地址”,也称为网际地址。

TCP/IP 规定 Internet 上的地址长为 32b(位),分为 4B(字节)。为了方便理解和记忆,IP 地址采用了十进制表示法,即将 4B(字节)的二进制数值分别转收成对应的十进制数值来表示,每个数值可取 0~55 之间的值,各数之间用一个句点“.”分开;

例如,11000000 10101000 00000000 00000001 表示为 192.168.0.1。

实际上,每个 IP 地址是由网络号和主机号两部分组成。网络号表示主机所连接的网络(如果两个 IP 地址的网络号相同,则说明它们是同一个网络);主机号标识该网络上特定的那台主机。

2. IP 地址的类型

Internet 根据网络规模的大小将 IP 地址分成五类,类型是由网络号的第一组数字来决定的。

由于地址数据中的全 0 或 1 有特殊用途(数字 0 则表示该地址是本地宿主机,而数字 127 保留给内部回送函数),不作为普通地址。所以在计算网络个数和网络中的主机数均要排除这两个特殊地址。

(1) A 类地址:第一组数字为 1~126。

A 类地址中表示网络地址的有 8b,最左边一位固定为 0,主机地址有 24b。所以 A 类地址有 126(2^7-2)个,第一组数字有效范围是 1~126;每个 A 类地址可以拥有 16 777 214($2^{24}-2$)台主机。

A 类地址的特点:主要用于拥有大量主机的网络,网络数少,主机数多。

(2) B 类地址:第一组数字为 128~191。

B 类地址中表示网络地址的有 16b,最左边两位固定为 10,主机地址有 16b。所以 B 类地址有 16 387($2^{14}-2$)个,第一组数字有效范围是 128~191;每个 B 类地址可以拥有 65 534($2^{16}-2$)台主机。

B 类地址的特点:主要用于中等规模的网络,网络数和主机数大致相同。

(3) C 类地址:第一组数字为 192~223。

C 类地址中表示网络地址的有 24b,最左边二位固定为 110,主机地址有 8b。所以 C 类地址有 2 097 152($2^{21}-2$)个,第一组数字有效范围是 192~223;每个 C 类地址可以拥有 254(2^8-2)台主机。

C 类地址的特点:主要用于小型局域网,网络数多,而主机数少。

(4) D 类地址:第一个字节以 1110 开始。

D 类 IP 地址第一个字节以 1110 开始,它是一个专门保留的地址。它并不指向特定的网络,目前这一类地址被用在多点广播(Multicast)中。多点广播地址用来一次寻址一组计算机,它标识共享同一协议的一组计算机。

(5) E 类地址:是一个实验地址,保留给将来使用。

3. 子网掩码

IP 地址包括网络号和主机号两部分,由于每个网络都需要一个网络标识,所以网络数是有限的。在制定编码方案时会遇到网络数不够的问题。解决的办法是采用子网寻址技术,即将主机标识部分划出一定的位数作为本网的各个子网,剩余的主机标识作为相应子网的主机标识部分。划出多少位给子网,主要视实际需要而定。这样,IP 地址就划分为“网络—子网—主机”三部分。

为了进行子网划分,需要引入子网掩码的概念。子网掩码的表示方法与 IP 地址的相同,也是以 32b 表示,用点分成四组,每组以相应十进制表示,此外:

凡是对应于 IP 地址的网络和子网标识的位,子网掩码中以 1 表示。

凡是对应于 IP 地址的主机标识的位,子网掩码中以 0 表示。

例如,子网掩码 11111111 11111111 11111111 00000000 表示为 255.255.255.0。

对于 192.168.0.1 的 IP 地址,如果子网掩码为 255.255.255.0,则表明该网络的网络号为 192.168.0,而主机号为 1。

如果网络由几个子网组成,则子网掩码将与子网络的划分有关。

4. 域名地址

IP 地址是以数字来代表主机的唯一地址,但却比较难于记忆。为了使用和记忆方便,也为了便于网络地址的分层管理和分配,Internet 在 1985 年采用了域名管理系统(Domain Name System,DNS),其主要思想是将每个 IP 地址以域名来代替,而域名通常是英文单词或单词缩写,具合一定的含义,便于记忆。

域名系统是一个以分级的、基于域的命名机制为核心的分布式命名数据库系统。它将整个 Internet 视为一个域名空间(Name Space),域名空间是由树状结构组织的分层域名组成的集合。

DNS 域名空间树的上面是一个无名的根(root),它只是用来定位的,并不包含任何信息。在根域名之下是顶级域名,顶级域名一般分成组织机构上的和地理上的两类。顶级域名以下是二级域名,二级域名通常是由 NIC 授权给其他单位或组织来管理。以此类推,可以有更低级的域名,域名级数通常不多于 5 个。最底层的叶子节点为计算机主机。

这样,DNS 域名空间下的任何一台计算机都可以用从叶节点到根的节点标识,中间由“.”分隔:

叶子节点.三级域名.二级域名.顶级域名

域名地址是从右至左来表述其意义的,最右边的部分为顶层域,最左边的是主机名。由于二级、三级域名常常与网络名、单位名有关,所以域名地址也可表示为

主机机器名.单位名.网络名.顶层域名

例如,gkgc.sdufe.edu.cn 中,gkgc 是山东财经大学管理科学与工程学院主机的机器名,sdufe 代表山东财经大学,edu 代表中国教育科研网,cn 代表中国。顶层域名一般是网络机构或所在国家地区的名称缩写。

以下是常见的组织机构上的顶级域名:

.gov	政府机构	.com	商业机构
.edu	教育机构	.net	网络中心

.int	国际组织	.org	社会组织、专业协会
.mil	军事部门		

5. IPv6

随着电子技术及网络技术的发展，计算机网络已进入人们的日常生活，可能身边的每一样东西都需要连入 Internet。在这样的环境下，目前的 IP 地址已近枯竭，于是 IPv6 (Internet Protocol Version 6)应运而生。

IPv6 地址为 128 位长，但通常写作 8 组，每组为 4 个"十六进制数"的形式，并用"："隔开。例如，2001:0db8:85a3:08d3:1319:8a2e:0370:7344 是一个合法的 IPv6 地址。

如果 4 个数字都是零，可以被省略。例如，2001:0db8:85a3:0000:1319:8a2e:0370:7344 等价于 2001:0db8:85a3::1319:8a2e:0370:7344。

与 IPv4 相比，IPv6 具有以下几个优势。

(1) IPv6 具有更大的地址空间。IPv4 中规定 IP 地址长度为 32，即有 232 个地址；而 IPv6 中 IP 地址的长度为 128，即有 2128 个地址。

(2) IPv6 使用更小的路由表。IPv6 的地址分配一开始就遵循聚类的原则，这使得路由器能在路由表中用一条记录表示一片子网，大大减小了路由器中路由表的长度，提高了路由器转发数据包的速度。

(3) IPv6 增加了增强的组播支持以及对流的支持，这使得网络上的多媒体应用有了长足发展的机会，为服务质量(QoS)控制提供了良好的网络平台。

(4) IPv6 加入了对自动配置的支持。这是对 DHCP 的改进和扩展，使得网络(尤其是局域网)的管理更加方便和快捷。

(5) IPv6 具有更高的安全性。在使用 IPv6 的网络中，用户可以对网络层的数据进行加密并对 IP 报文进行校验，极大地增强了网络的安全性。

6.4 Internet 网络冲浪

IE 浏览器是微软公司推出的免费浏览器(全称为 Internet Explorer)，Windows 7 操作系统下的版本是 IE 8.0 浏览器。IE 浏览器最大的好处在于，浏览器直接绑定在微软公司的 Windows 操作系统中，无须专门下载安装浏览器即可利用 IE 浏览器实现网络冲浪。

6.4.1 IE 8 浏览器

Windows 7 操作系统下的 IE 8 浏览器具有安全快速的浏览环境，全新的窗口界面，以及更多人性化的设计，成为用户网上冲浪的新选择。与前版本的 IE 浏览器相比，IE 8 浏览器具有诸多使用中的新特性，这一节就 IE 8 浏览器新特性的内容进行介绍。

1. 自定义 IE 8 工具栏

IE 8 具备多个工具栏，包括菜单栏、收藏夹栏、链接栏、命令栏、地址栏和状态栏等，所有这些工具栏都可以按照不同的方式进行自定义。

1) 显示或隐藏 IE 8 工具栏

在 IE 浏览器中,可以通过设置显示需要的工具栏,隐藏不必要的工具栏。

单击任务栏上的 IE 图标,打开 IE 8 浏览器,如图 6-30 所示。

图 6-30 Windows 7 桌面

打开 IE 8 浏览器后,单击浏览器的"工具"命令,如图 6-31 所示,选择"工具栏"子命令,打开子菜单,选择相应的工具栏完成其显示或隐藏功能。

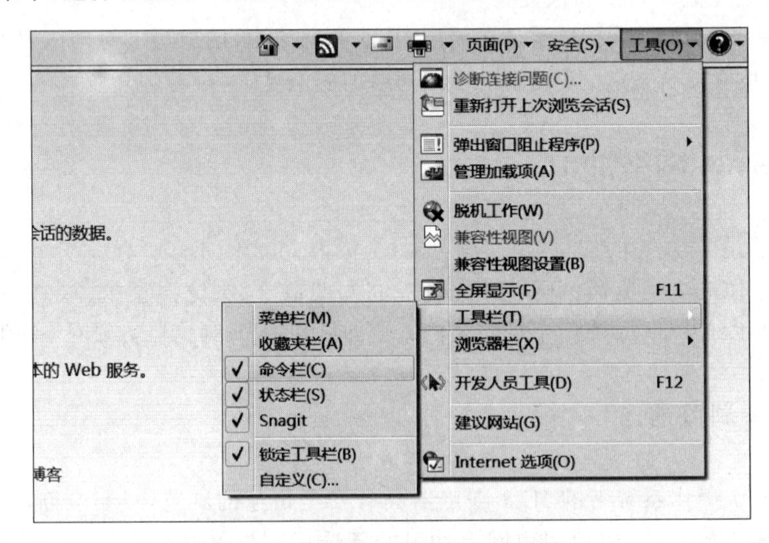

图 6-31 显示或隐藏 IE 8 工具栏

2) 自定义命令栏

命令栏位于 IE 8 窗口的右上方,集中了 IE 8 浏览器设置中常用的一些快捷命令,可以快速对 Internet Explorer 进行设置,还可以根据需要自定义这些命令栏按钮。例如,在命令栏中添加一个新的按钮，就可以按照以下操作步骤进行。

首先单击任务栏上的 IE 8 图标，打开 IE 8 浏览器。在命令栏空白处右击，弹出快捷菜单，出现下拉菜单后，选择"自定义"命令，出现其子菜单，如图 6-32 所示，选中"添加或删除命令"，出现如图 6-33 所示的窗口，选择"可用工具栏按钮"中的选项，单击"添加"按钮，然后单击"关闭"按钮来完成。

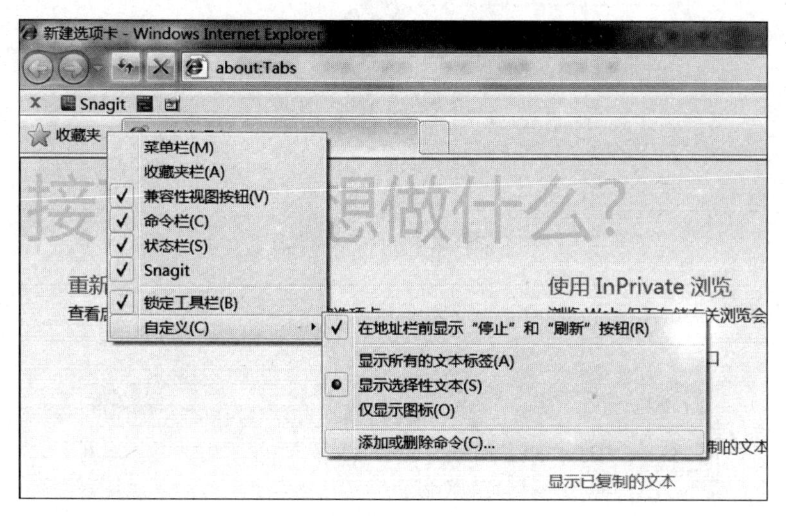

图 6-32　自定义命令栏菜单

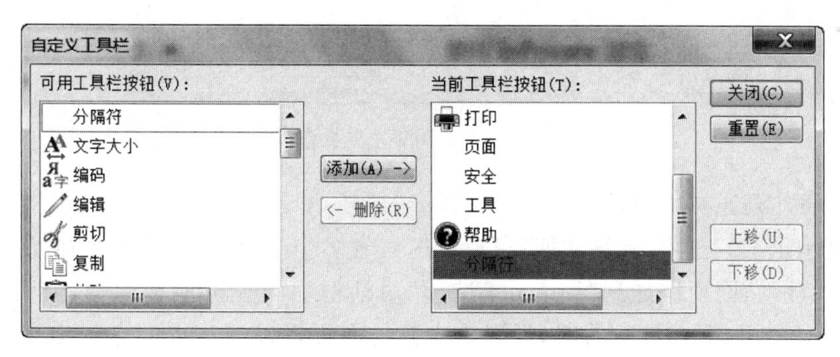

图 6-33　自定义工具栏窗口

2. 设置 IE 8 主页

主页是指每次打开 IE 8 浏览器时最先显示的页面。若将经常访问的网站或网页设置为 IE 8 浏览器的主页，就能在每次打开 IE 8 浏览器时自动打开该网站或网页。

首先打开需要设置为 IE 8 主页的网站，单击主页按钮右边的向下箭头，出现如图 6-34 所示的子菜单，然后选择"添加或更改主页"选项，出现如图 6-35 所示的窗口，选择"将此网页用作唯一主页"选项后，单击"是(Y)"按钮，即可将该网页作为浏览器的主页。

保存设置后，重新打开 IE 8 浏览器，页面将自动跳传至"百度"主页。

如果选中"将此网页添加到主页选项卡"按钮，保存设置后，重新打开 IE 8 浏览器，当

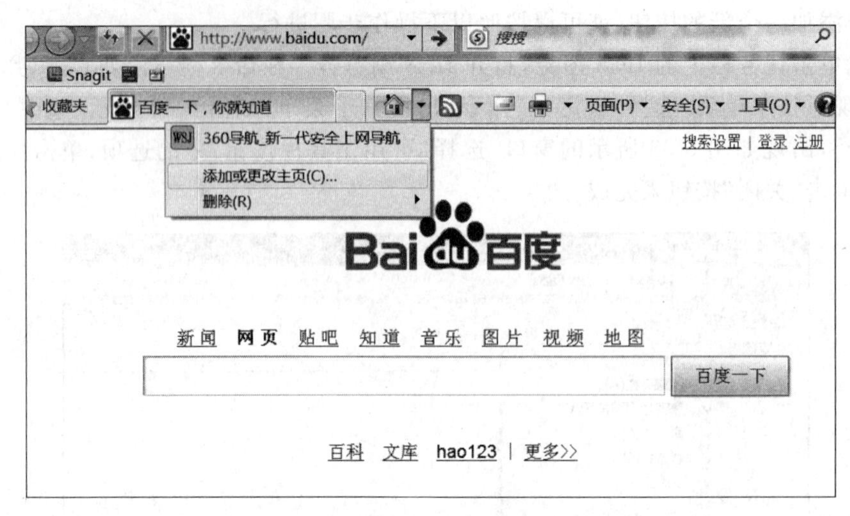

图 6-34 设置 IE 8 主页菜单

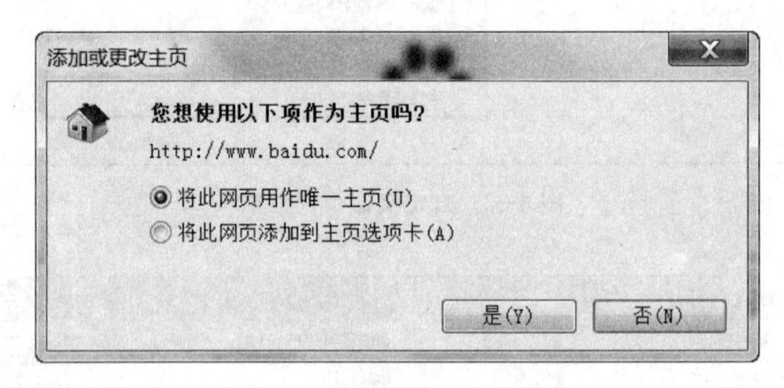

图 6-35 设置百度为主页窗口

前网页将被添加到原有主页选项卡中。

IE 8 继承了 IE 7 的多标签功能，可以同时设置多个主页，支持多页面浏览，如图 6-36 所示。只要将网站网址添加到“Internet 选项”对话框中的主页地址栏中，就可以设置多个 IE 8 主页。打开 IE 8 浏览器时，设置为主页的网页将以选项卡的方式出现在 IE 8 浏览器中。

图 6-36 IE 8 的多页面浏览

在 IE 8 浏览器中设置多个主页的具体操作：在打开的 IE 8 浏览器中选择“工具”→“Internet 选项”命令，弹出“Internet 选项”对话框，如图 6-37 所示。在“主页”栏中，依次输入各个网址，然后单击“确定”按钮。

图 6-37 “Internet 选项”对话框

完成后，单击主页标签，IE 8 就会自动打开设置为主页的网站。重新打开 IE 8 浏览器时，设置为主页的网页将以多个选项卡形式打开。

3. 网页字体更改与下载

在默认状态下，通常网页中显示的字体为宋体，可以在 Internet 中进行字体设置改变网页字体。在打开的 IE 浏览器中选择“工具”→“Internet 选项”命令，弹出“Internet 选项”对话框，单击“外观”→“字体”按钮，出现如图 6-38 所示的对话框，在“网页字体”中选择相应的选项，然后选择“纯文本字体”中的相应选项，单击“确定”按钮即可完成。

如果 IE 8 浏览器中自动下载字体功能处于关闭状态，一些网站或网页上显示的新字体由于没有被下载至本地计算机中而无法显示。可以通过以下操作来启用该功能。

首先在打开的 IE 浏览器中选择“工具”→“Internet 选项”命令，弹出“Internet 选项”对话框，单击“安全”选项卡后，出现如图 6-39 所示的“安全”选项卡。单击“自定义级别”按钮后，出现如图 6-40 的窗口，在“字体下载”选项中，单击“启用”单选按钮即可。

4. 启用隐私浏览模式

IE 8 浏览器在保护用户隐私上也做了进一步加强。通过启用 IE 8 的 InPrivate 隐私浏览模式，可以自动清除上网痕迹，使用户能在更安全的环境下浏览网页。

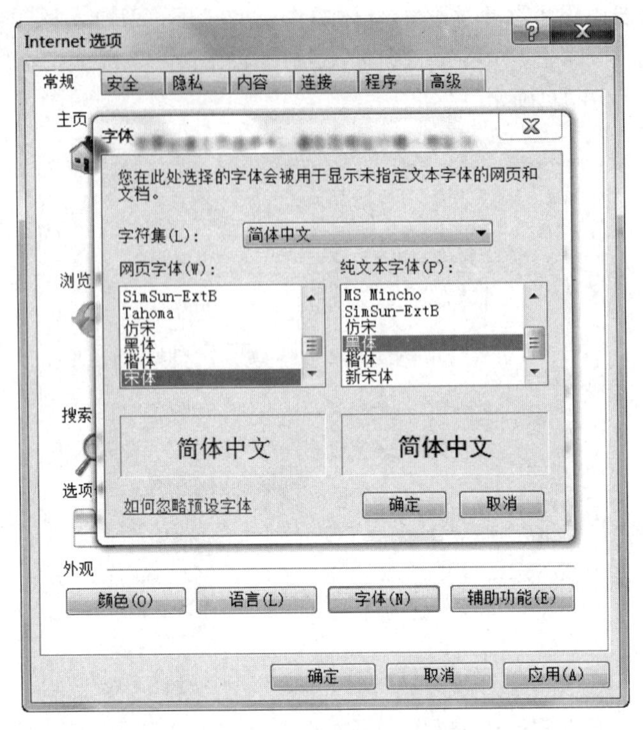

图 6-38 “字体”对话框

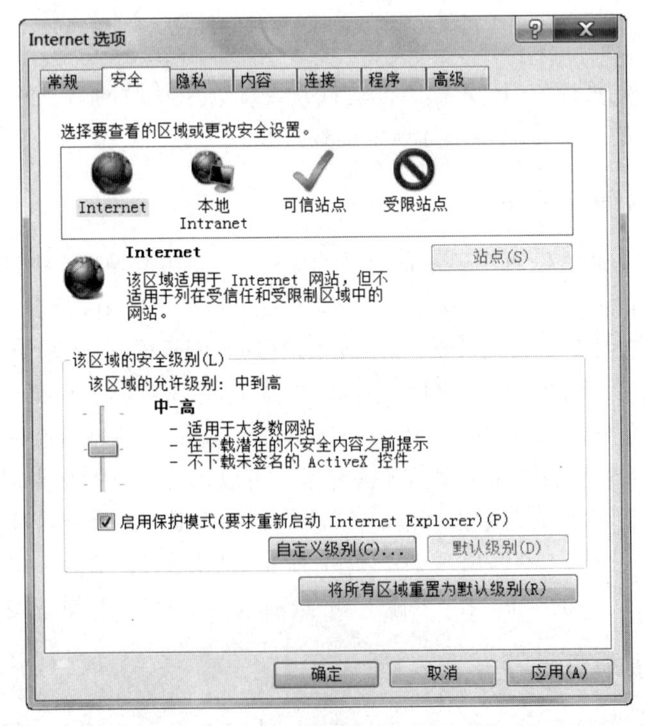

图 6-39 “安全”选项卡

图 6-40 网页新字体下载

单击 IE 任务栏上的 IE 图标，打开 IE 8 浏览器。单击命令栏的“安全”按钮，出现如图 6-41 所示的窗口，选择“InPrivate 浏览”。

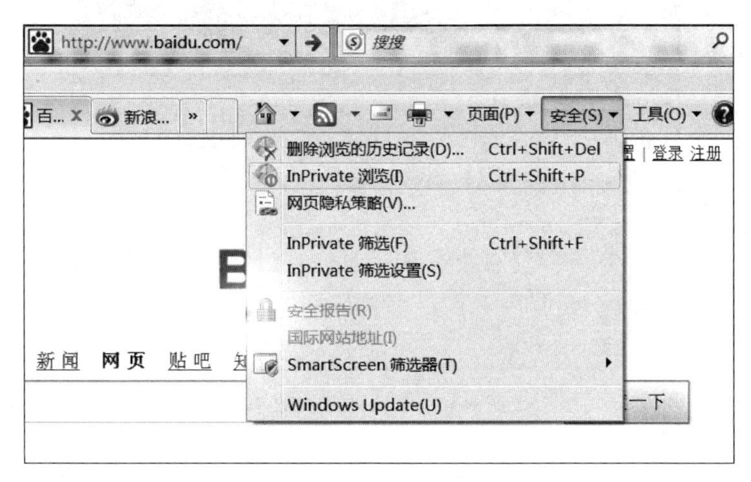

图 6-41 启用隐私浏览模式

在弹出的窗口中，输入相应的网址，即可在 InPrivate 模式下浏览网页，如图 6-42 所示。

5. IE 8 收藏夹

在使用 Internet Explorer 8 浏览网页时，可以将当前的选项卡集合保存到收藏夹中，而不需要逐个添加网址到收藏夹中。

打开 IE 8 浏览器，单击命令栏的“收藏夹”按钮，出现如图 6-43 所示的菜单，然后选择“将当前选项卡添加到收藏夹”命令，出现如图 6-44 所示的窗口，在“文件夹名”输入框中输入名称，然后单击“添加”按钮即可完成。

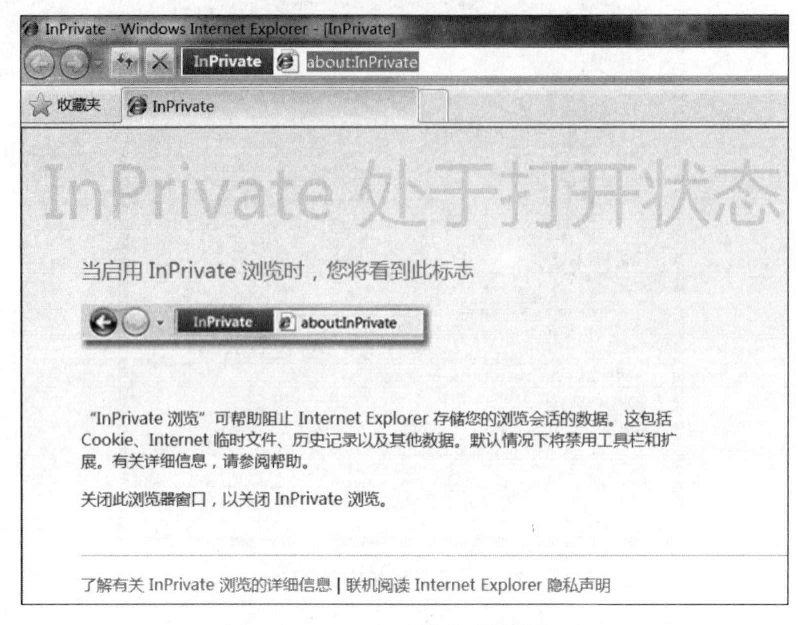

图 6-42　InPrivate 模式下浏览网页

图 6-43　IE 8 收藏夹菜单

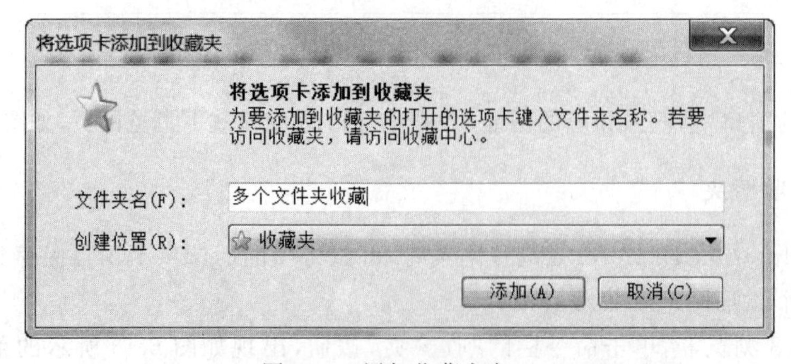

图 6-44　添加收藏夹窗口

1）收藏夹整理

收藏夹主要是用来收藏经常需要用到的或者是喜欢的网址，以便下次访问该网站时，不再输入网址。如果用户经常收藏网址到收藏夹中，时间久了，收藏夹就成了“杂货铺”。

在 Windows 7 系统下通过创建新的收藏夹，分类收藏网页，可以轻松有效地整理收藏夹。首先打开 IE 8 浏览器，单击命令栏的“收藏夹”按钮出现如图 6-43 所示的菜单，选择“整理收藏夹”选项，弹出如图 6-45 所示的“整理收藏夹”对话框，单击“新建文件夹”按钮，在收藏夹中输入相应的文件夹名称。

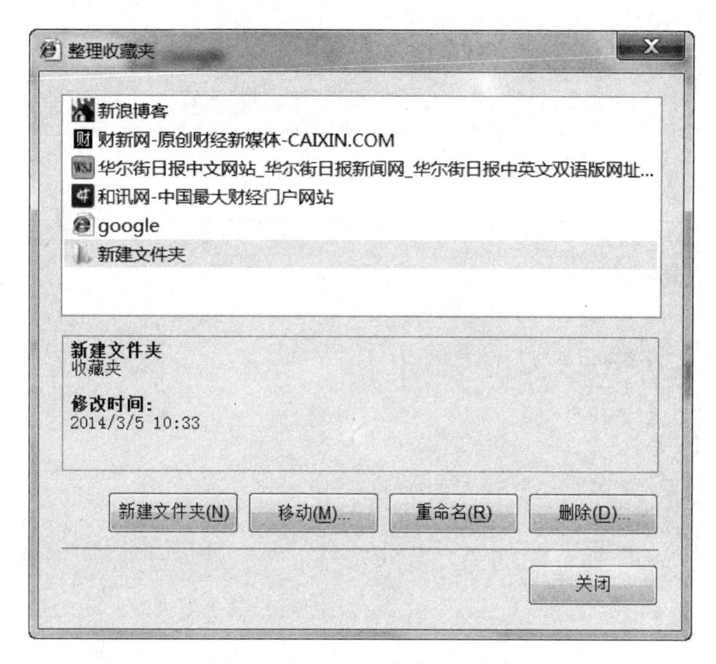

图 6-45 “整理收藏夹”对话框

将 google 网页，拖动到“新建文件夹”中，完成后关闭整理收藏夹窗口即可。

2）快速导入/导出收藏夹

如果没有采取备份措施，更换新的计算机或进行系统重装后就无法找到原来的收藏夹，保存在其中的网址就会遗失。因此，在更换计算机或重装系统前可以先导出收藏夹，然后在需要时导入到计算机即可恢复收藏夹。

首先打开 IE 8 浏览器，单击命令栏的“收藏夹”按钮，出现如图 6-43 所示的菜单，选择“导入和导出”命令，出现如图 6-46 所示的窗口，选择“导出到文件”单选按钮，单击“下一步”按钮，出现如图 6-47 所示的对话框，选中“收藏夹”复选框，单击“下一步”按钮，出现如图 6-48 所示的对话框，单击“下一步”按钮后，出现如图 6-49 所示的窗口，单击“导出”按钮即可。

将 bookmark.htm 文件导出或复制到磁盘或闪存驱动器上，如图 6-50 所示，需要时可以从磁盘或闪存驱动器将收藏夹导入到新的计算机。

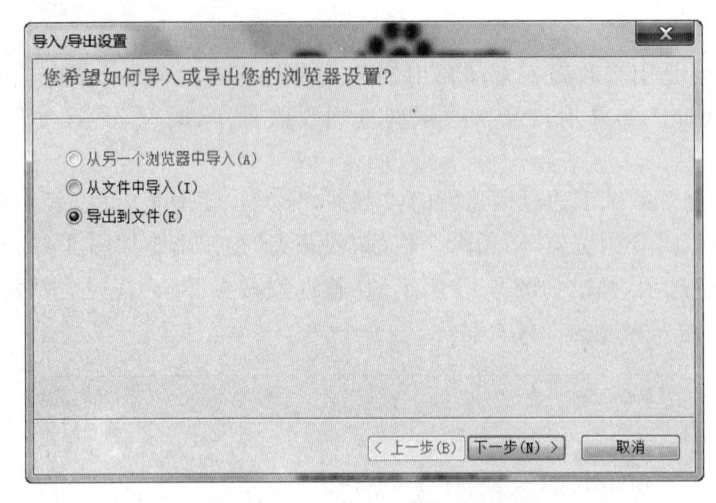

图 6-46 “导出/导出设置”对话框

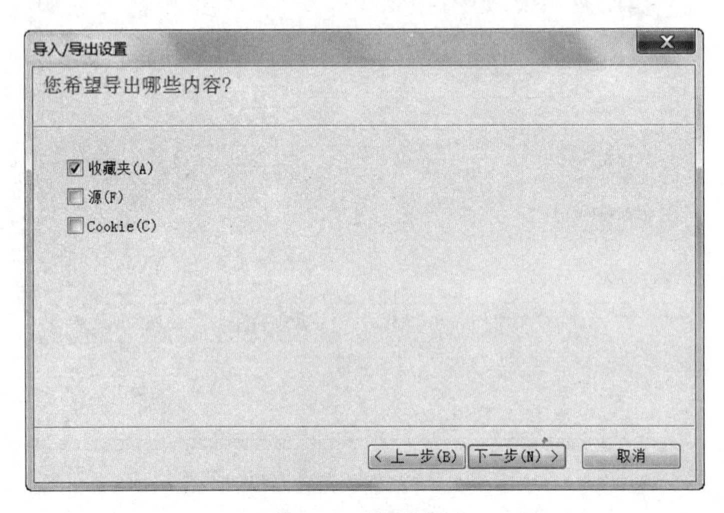

图 6-47 选择收藏夹

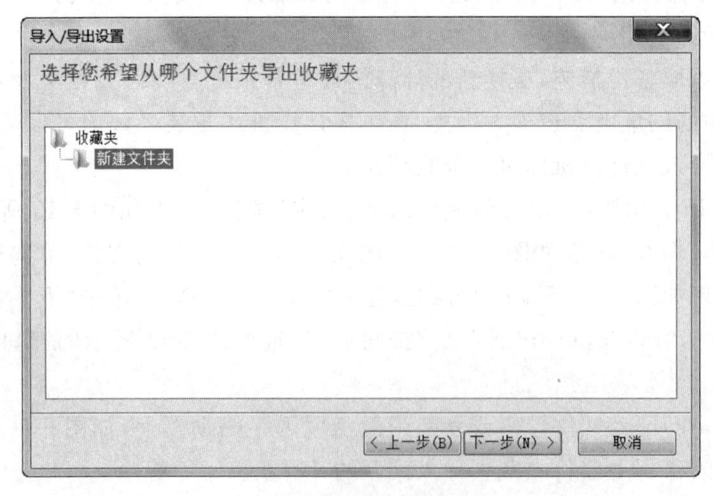

图 6-48 选择导出收藏夹

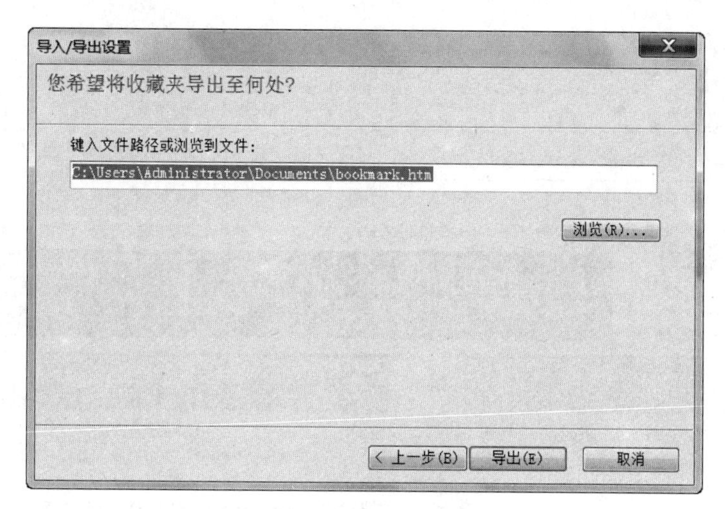

图 6-49 输入文件路径窗口

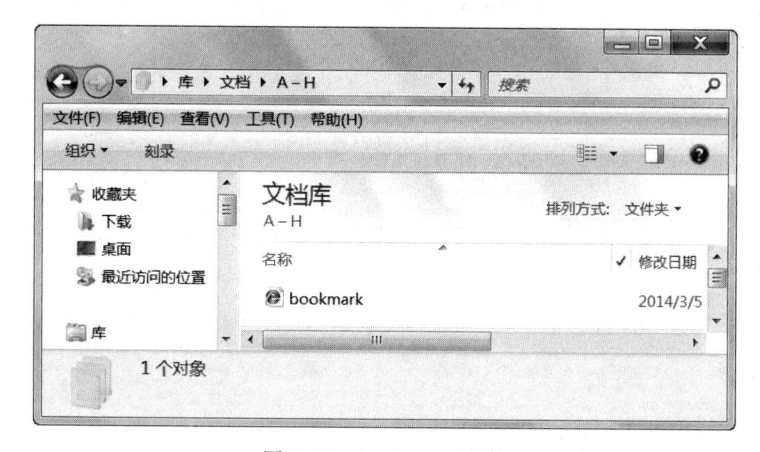

图 6-50 bookmark 文件

6.4.2 网络冲浪

1. 网上新闻

Internet 以其快速、高效、方便、廉价的特点，天生就具有适于新闻发布的优势。因此，各大新闻媒体近年来纷纷触网，从早期的简单将报纸的电子版放在网上，到目前逐步发展成为以新闻为主的专业门户网站。登录这些网站即可浏览国际、国内最新新闻。

目前，国内主要的新闻网站主要有 3 个。

(1) 新华网。由新华社主办，网址是 http://www.xinhuanet.com，其特点是权威、信息丰富，首页如图 6-51 所示。

(2) 人民网。由人民日报主办，网址是 http://www.people.com.cn。除新闻外，其强国论坛亦是著名的时事论坛，人民网首页如图 6-52 所示。

图 6-51　新华网首页

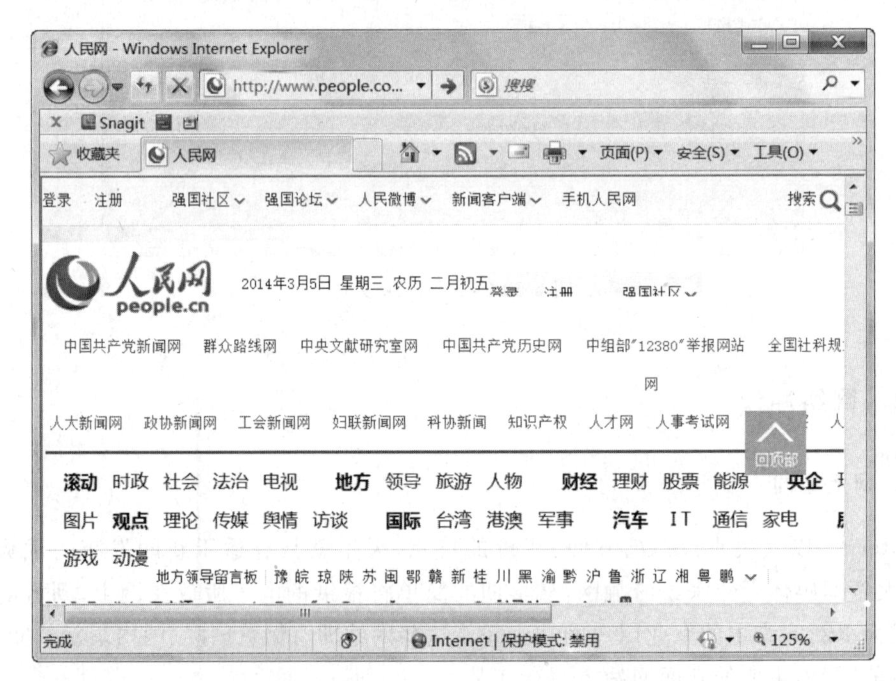

图 6-52　人民网首页

(3) 新浪网新闻中心。由新浪网主办，网址是 http://news.sina.com.cn，其特点是及时、信息丰富，集各地新闻之大成，首页如图 6-53 所示。

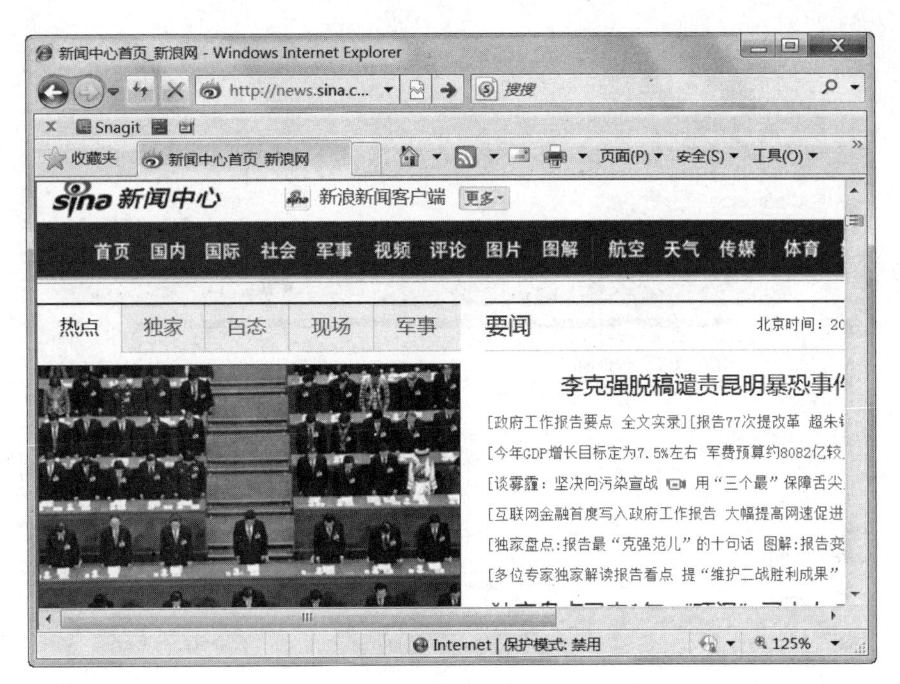

图 6-53 新浪新闻首页

2. 网上旅游

网上旅游是指在旅游之前，在网上查询旅游景点信息、查询旅游的路线和预订车票、机票，或订客房，也可以报名参加旅游团或自组团旅游。有了这些充足的准备，就可以在旅游时应付自如了。如果没有足够的时间，也可以通过网上的相关介绍，做到足不出户，神游千里。

目前，比较知名的旅游信息与服务网站是携程旅行网，它是国内最早的旅游网站之一，网址是 http://www.ctrip.com，提供旅游综合服务，其首页如图 6-54 所示。

3. 网上购物

网上购物指的是买方通过因特网检索商品信息，并通过电子单发出购物请求，然后填上支付宝或银行卡的号码确认购买。卖方通过邮购的方式发货，或是通过快递公司送货上门。

网上购物忽略时空的限制，给商业流通领域带来巨大的变革。网上购物可以小到一副眼镜，大到洗衣机、电视、冰箱等。网上购物的好处：一是开阔了视野，可以货比三家，浏览成百上千家网上商店的同一类商品；二是价格便宜，因为网上商店让商家直接与消费者进行沟通，省去了中间环节，也省去了商场和销售人员的费用。

下面介绍几个比较著名的网上购物网站。

1）淘宝网

亚太地区较大的网络零售商，由阿里巴巴集团在 2003 年 5 月 10 日投资创立。淘宝

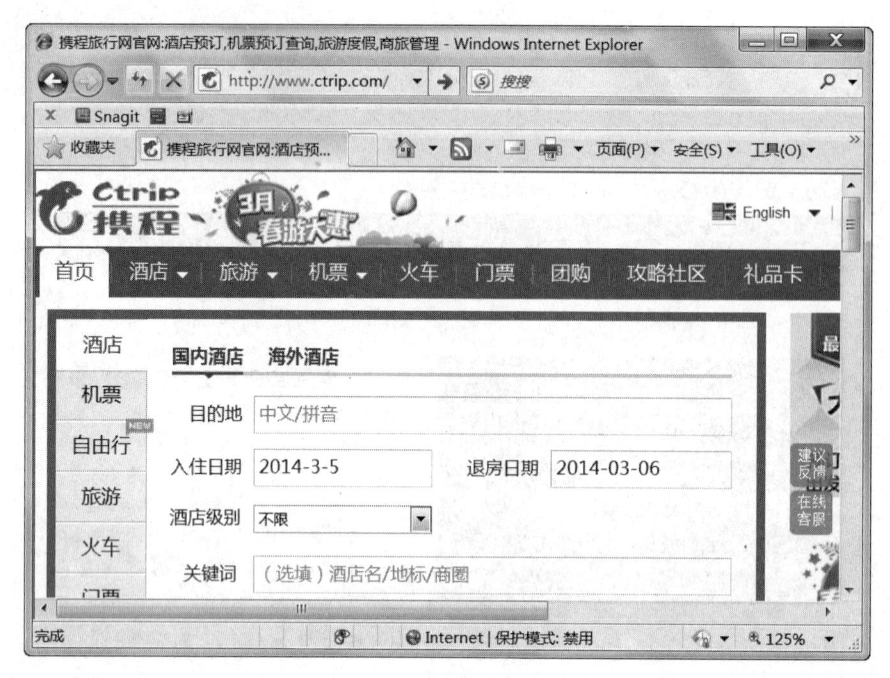

图 6-54 携程网首页

网现在业务跨越 C2C(个人对个人)、B2C(商家对个人)两大部分。截至 2013 年,淘宝网拥有近 5 亿的注册用户数,每天有超过 6000 万的固定访客,同时每天的在线商品数已经超过 8 亿件,平均每分钟售出 4.8 万件商品。淘宝网主页如图 6-55 所示。

图 6-55 淘宝网主页

2）亚马逊中国

全球最大的电子商务公司亚马逊在中国的网站，致力于从低价、选品、便利 3 个方面为消费者打造一个可信赖的网上购物环境。亚马逊中国主页如图 6-56 所示。

图 6-56 亚马逊中国主页

亚马逊中国原名为卓越亚马逊，是一家 B2C 电子商务网站，前身为卓越网，2004 年 8 月 19 日亚马逊公司宣布以 7500 万美元收购卓越网，将卓越网收归为亚马逊中国全资子公司，使亚马逊全球领先的网上零售专长与卓越网深厚的中国市场经验相结合，进一步提升了客户体验，并促进中国电子商务的成长。2007 年将其中国子公司改名为卓越亚马逊。2011 年 10 月 27 日亚马逊正式宣布将他在中国的子公司“卓越亚马逊”改名为“亚马逊中国”，并宣布启动短域名(z)。

3）当当网

老牌的电子商务网站，网址为 http://www.dangdang.com，以图书、音像制作品销售为主，其网站首页如图 6-57 所示。

4. 网上求职

网上求职是指通过因特网查询招聘信息，填写求职信和个人简历的一种新型求职方式。网上求职给用人单位和求职者提供了更广阔的选择空间，并节省了成本，因此受到越来越多用人单位和求职者的青睐。

网上求职站点有很多，用户只需进入相应的人才网站后，根据站点的提示进行注册，再浏览相关的招聘单位和发送求职简历，就可以达到网上求职的目的。前程无忧招聘网首页如图 6-58 所示，单击其中的“注册”链接，即可注册成为网站会员，进行职位查询并发送简历。

图 6-57　当当网主页

图 6-58　前程无忧网站首页

在网上求职可以按下面三步进行。

1）注册

大多数招聘网站一般要求求职者进行注册，即提供自己的资料，以便免费为求职者发布个人简历等资料，要求填写的简历很简单，用户只需按网上提供的简历表格填好后提交即可。

2）职位查询

一般的人才站点都为求职者提供了多种职位查询方式，求职者可以按网站提供的查询方法查找自己合意的职位。首先看到的就是在页面上方的关键词搜索框，利用这个关键词搜索，输入公司名称和职位，就可以方便地找到这个公司是否在这里投放招聘广告，该公司招聘的都是哪些职位，以及该网站上有哪些关于该公司的文章。

3）发送简历

在站点查找自己满意的公司和职位后，就是向该公司发出求职信了。

与传统方式找工作一样，在网上找工作也需要一份简历，因为公司与求职者彼此都无法直接见面，这时一份好的简历就显得特别重要。

第7章　多媒体技术基础

在人们的工作学习中接触多媒体技术的例子很多，例如，网上看电影、商场的巨大显示屏、办公大厅的滚动电子屏幕等，它们从视觉和听觉上与人们交流，增加愉悦感和舒适感。

那么究竟什么是多媒体技术呢？在本章将介绍多媒体技术概述、多媒体计算机系统组成、音频信息、图像信息的获取与处理、视频信息和多媒体数据存储技术等。

7.1　多媒体技术概述

7.1.1　多媒体技术的概念

媒体是信息的载体。在现实生活中，媒体就是人们用于传播和表示各种信息的手段，如报纸、杂志、电视机、收音机等。在计算机领域，媒体有两层含义：一指用来存储信息的实体，如磁带、磁盘、光盘；二是传递信息的载体，如数字、文字、声音、图像和图形等。多媒体技术中媒体一般是指后者。多媒体就是融合两种或两种以上媒体的一种人机交互式信息交流和传播媒体。

多媒体技术将所有这些媒体形式集成起来，以更加自然、方便的方式使计算机与信息进行交互，使表现的信息图、声、文并茂。因此多媒体技术是数字化信息处理技术、计算机软硬件技术、视频、音频、图像压缩技术、文字处理和通信与网络等多种技术的集合。概括来说，多媒体技术就是利用计算机技术把文本、视频、声音、功画、图形和图像等多种媒体进行综合处理，使多种信息之间建立逻辑连接，即成为一个完整的系统，并能对它们获取、压缩编码、编辑、处理、存储和展示。

7.1.2　多媒体技术的特征

多媒体涉及技术范围很广，并且强调交互式综合处理等多种信息媒体，因此，多媒体技术具有以下特点。

(1) 集成性。多媒体的集成性主要体现在以下两个方面：一方面是媒体信息的集成，即文字、声音、图形、图像、视频等的集成。在众多信息中，每一种信息都有自己的特殊性，同时又具有共性，多媒体信息的集成处理把信息看成一个有机的整体，采用多种途径获取信息、统一格式存储信息、组织与合成信息，对信息进行集成化处理。另一方面是显示或表现媒体设备的集成，即多媒体系统不仅包括计算机本身，而且包括像电视、音响、摄像机、DVD播放机等设备，把不同功能、不同种类的设备集成在一起使其共同完成信息处理工作。

(2) 实时性。实时性指在多媒体系统中声音及活动的视频图像是强实时的(Hard Realtime),会随着时间的变化而变化,多媒体系统需提供对这些与时间密切相关的媒体实时处理的能力。例如,一些制作比较粗糙的多媒体作品常会出现声音与图像的停顿或者不同步的情况,这都是没有充分把握实时性的特征。

(3) 多样性。多媒体计算机可以综合处理文本、声音、图像、图形、动画和视频等多种形式的信息媒体,多媒体技术就是要把计算机处理的信息多样化和多维化,从而改变计算机信息处理的单一模式,使所能处理的信息空间范围及种类扩大,使人们的思维表达有更充分、自由的扩展空间。

(4) 交互性。人可以通过多媒体计算机系统对多媒体信息进行加工、处理并控制多媒体信息的输入、输出和播放。简单的交互对象是数据流,较复杂的交互对象是多样化的信息,如文字、图像、动画以及语言等。

7.1.3 多媒体技术研究的内容

随着计算机与网络的发展,多媒体被广泛应用于网络,产生了如多媒体处理与编码、多媒体信息组织与管理技术、多媒体通信网络技术等。

(1) 数据压缩技术。多媒体需要解决的关键问题之一是使计算机能够实时地综合地处理声音、图像、文字等信息,但是,由于数字化的图像、声音等多媒体数据量非常大,而且视频、音频信号还要求快速地传输处理,导致一般的计算机产品特别是PC开展全面的多媒体应用难以实现。因此,视频、音频数字信号的编码和压缩算法成为多媒体研究的重要课题。

(2) 多媒体专用芯片技术。多媒体专用芯片是多媒体计算机硬件体系结构的关键。为了实现音频、视频信号的快速压缩、解压缩和播放处理,需要大量的快速计算。因此,只有采用专用芯片才能取得满意的效果。多媒体专用芯片的发展趋势将向着更高的集成度、包含更多的功能、成本更加低廉的方向发展。

(3) 多媒体输入输出技术。多媒体输入输出技术包括多媒体变化技术、多媒体识别技术、多媒体理解技术和多媒体综合技术。

(4) 多媒体系统软件技术。多媒体软件技术主要包括多媒体操作系统、多媒体素材采集与制作技术、多媒体编辑与创作工具、多媒体数据库技术、超本文/超媒体技术这5个方面的内容。

7.1.4 流媒体技术

随着互联网的普及,大量的音频和视频节目都通过互联网来发布。在网络上传输音频、视频等要求较高带宽的多媒体信息,目前主要有下载和流式传输两种方案。下载方式的主要缺点是用户必须等待所有的文件都传送到位,才能够利用软件播放。随着互联网的普及和多媒体技术在互联网上的应用,迫切要求能解决实时传送视频、音频、计算机动画等媒体文件的技术。流媒体技术就应运而生。

1. 流媒体的概念

流媒体指在数据网络上按时间先后次序传输和播放的连续音、视频数据流。实际上，流媒体技术是网络音频、视频技术发展到一定阶段的产物，是一种解决多媒体播放时带宽问题的"软技术"。这是融合了很网络技术之后所产生的技术，涉及流媒体数据的采集、压缩、存储、传输和通信等领域。

媒体流传输过程如图 7-1 所示。用户(Web 浏览器)通过 HTTP/TCP 与 Web 服务器交换信息，获取流媒体服务清单，根据获得的流媒体服务清单向媒体服务器请求相关服务；然后客户端的 Web 浏览器启动相应的媒体播放器，通过 RTP/UDP 从媒体服务器中获取流媒体数据，实时播放。在播放过程中，客户端的媒体播放器需要实时通过 RTCP/UDP 与媒体服务器交换控制信息，媒体服务器根据客户端反馈的流媒体接收情况智能调整向客户端传送的媒体数据流，从而在客户端达到最优的接收效果。

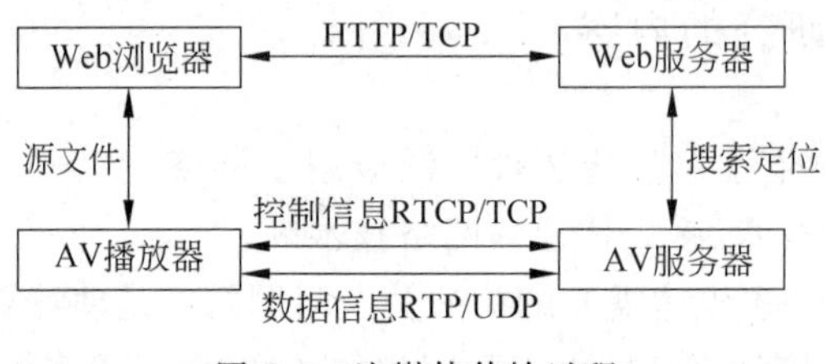

图 7-1　流媒体传输过程

2. 流媒体的传输技术

实现流式传输有两种：顺序流式传输(Progressive Streaming)和实时流式传输(Realtime Streaming)。

(1) 顺序流式传输是指顺序下载，在下载文件的同时用户可观看在线媒体。在给定时刻，用户只能观看已下载的那部分，而不能跳到还未下载的部分，顺序流式传输不像实时流式传输那样在传输期间根据用户连接的速度做调整。由于标准的 HTTP 服务器可发送这种形式的文件，也不需要其他特殊协议，它经常称为 HTTP 流式传输。顺序流式传输比较适合高质量的短片段，如片头、片尾和广告，由于该文件在播放前观看的部分是无损下载的，这种方法保证电影播放的最终质量。这意味着用户在观看前必须延迟，对较慢的连接尤其如此。

顺序流式文件是放在标准 HTTP 或 FTP 服务器上，易于管理，基本上与防火墙无关。顺序流式传输不适合长片段和有随机访问要求的视频，如讲座、演说与演示。它也不支持现场广播，严格说来，它是一种点播技术。

(2) 实时流式传输

实时流式传播指保证媒体信号带宽与网络连接匹配，使媒体可被实时观看。实时流与 HTTP 流式传输不同，它需要专用的流媒体服务器与传输协议。由于实时流式传输总是实时传送，因此特别适合现场事件，也支持随机访问，用户可快进或后退以观看前面或后面的内容。理论上，实时流一经播放就可以不停止，但实际上可能发生周期暂停。

实时流式传输必须匹配连接带宽，这意味着在以调制解调器速度连接时图像质量较差，而且，由于出错丢失的信息被忽略掉，网络拥挤或出现问题时，视频质量很差。如欲保证视频质量，顺序流式传输更好。实时流式传输需要特定服务器，如 QuickTime Streaming Server、RealServer 与 Windows Media Server，它们分别对应了流媒体三巨头，即苹果公司、RealNetwork 和微软公司。这些服务器允许对媒体发送进行更多级别的控制，因而系统设置、管理比标准 HTTP 服务器更复杂。实时流式传输还需要特殊网络协议，如 RSTP(Realtime Streaming Protocol)或 MMS(Microsoft Media Server)。这些协议在有防火墙时可能会出现问题，导致用户不能看到一些地点的实时内容。但现在随着各种浏览器与操作系统的升级已经很少发生了。

3. 流媒体播放

为了让多媒体数据在网络中更好地传播，并且可以在客户端精确地回放，人们在传输线路、网络带宽、传输协议、服务器、客户端，甚至是节目本身等各个方面做出了不懈的努力，提出了很多新技术及其应用。

1）单播

单播(Unicast)指在客户端与服务器之间建立一个单独的数据通道，从一台服务器送出的每个数据包只能传送给一个客户机。每个用户必须对媒体服务器发单独的请求，媒体服务器也必须向每个用户发送巨大的多媒体数据包副本，还要保证双方的协调。这使得服务器负担十分沉重，响应很慢，难以保证服务质量。

2）点播与广播

点播连接是客户端与服务器之间的主动连接。此时用户通过选择内容项目来初始化客户端的连接。用户可以开始、停止、后退、快进或暂停多媒体数据流。

广播(Broadcast)指的是用户被动接收流。在广播过程中，客户端接收流，但不能像上面那样控制流。这时，任何数据包的一个单独副本将发送给网络上的所有用户，根本不管用户是否需要。这将造成网络带宽的巨大浪费。

3）多播

多播(Multicast)技术对应于组通信技术(Group Communication)，构建一种具有多播能力的网络，允许路由器一次将数据包复制到多个通道上。这样，单台服务器可以对几十万台客户机同时发送连接数据流而无延时。媒体服务器只需要发送一个消息包，而不是多个；所有发出请求的客户端共享一个信息包；信息可以发送到任意地址的客户机，减少网络上传输的信息包的总量。因此网络利用效率大大提高，成本大为下降。总的说来，组播较上面几种播放方式来说，可以保证网络上多媒体应用占用网络的带宽最小。

4）泛播(Anycast)

一种一对多发送，但只要其中一个成员收到即可的网络层术语。

5）智能流技术

当前互联网接入方式的多种多样，如 ISDN、ADSL、Cable Modem 专线等，每个用户的接入速率会有很大差别。因此流媒体广播必须提供不同速率下的优化图像，十分困难。然而智能流技术可以建立在不同类型的编码方式上，对于不同的带宽，提供相应的影音质量，例如微软公司的 Multiple Bit Rate(多位率编码)和 RealNetwork 的 Suresteam 技术。

7.2 多媒体计算机系统组成

多媒体计算机是指配备了声卡、视频卡的计算机，是一种能将数字声音、数字图像、数字视频、计算机图形和通用计算机集成在一起的人机交互式系统。现在，市场上通用的计算机基本都是多媒体计算机。

7.2.1 多媒体计算机硬件系统

完整的多媒体计算机硬件系统是在个人计算机的基础上，增加各种多媒体输入设备和输出设备及其接口卡而形成的计算机系统。图 7-2 所示为具有基本功能的多媒体计算机硬件系统。

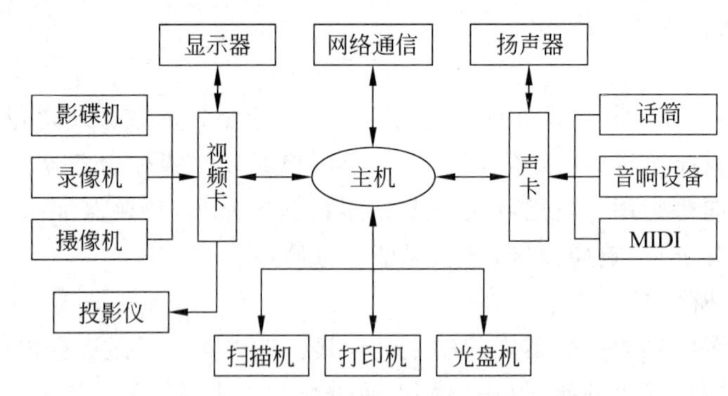

图 7-2 多媒体计算机硬件设备示意图

1. 主机

多媒体计算机主机可以是中、大型机，也可以是工作站，更普遍的是多媒体个人计算机。为了提高计算机处理多媒体信息的能力，应该尽可能地采用多媒体信息处理器。

2. 多媒体接口卡

多媒体接口卡将计算机与各种外部设备相连，构成一个制作和播出多媒体系统的工作环境。常用的接口卡有声卡、显卡、视频压缩卡、视频播放卡光盘接口卡等。

1）声卡

声卡又称为音频卡，是处理音频信号的硬件，目前已作为计算机的必备功能集成在主板上。声卡的主要功能包括录制与播放、编辑与合成处理、提供 MIDI 接口 3 个部分。声卡功能示意图如图 7-3 所示。

(1) 录制与播放。通过声卡，可录入外部的声音信号，并以文字形式保存，当从文件读出相应的声音时即可播放。使用不同声卡和软件录制的声音文件格式可能不同，但它们之间可以相互转换。

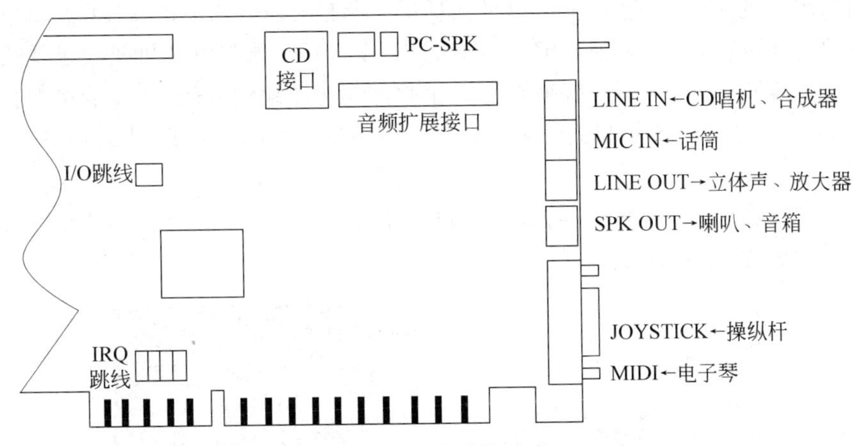

图 7-3　声卡功能示意

(2) 编辑与合成处理。可以对声音文件进行多种特效处理,例如降入回声、倒放、淡入淡出、单声道放音和左右声道交叉放音等。

(3) MIDI 接口。用于外部电子乐器与计算机之间的通信,实现对带 MIDI 接口的电子乐器的控制和操作。MIDI 音乐能存放成 MIDI 文件。

声卡除了具有上述功能外,还可以通过语音合成技术使计算机朗读文本,采用语音标识功能,让用户通过语音操作计算机等。

2) 显卡

显卡又称为图形加速卡,工作在 CPU 和显示器之间,控制计算机的图形图像的输出。通常显卡以附加卡的形式安装在计算机主板的扩展槽中。

显卡拥有图形函数加速器和显存,专门用来执行图形加速任务,从而减少 CPU 处理图形的负担,提高计算机的整体性能,多媒体功能也就更容易实现。

现在的显卡上都集成有图形处理芯片组,图形处理芯片多为 64b 或 128b。更大的带宽可以使芯片在一个时钟周期中处理更多的信息。显卡上 BIOS 的功能与主板上的一样,它可以执行一些基本的函数,并在打开计算机时对显卡进行初始化设定。

3) 视频采集卡

视频采集卡可以获取数字化数字信息,能将视频图像显示在大小不同的视频界面,提供许多特殊功能,如冻结、淡出、旋转、滤镜以及透明色处理。很多视频采集卡能在捕捉视频信息的同时获得伴音,使音频部分和视频部分在数字化时同步保存、同步播放。有些视频采集卡还提供了硬件压缩功能。

4) IEEE 1394 卡

IEEE 1394 作为一种数据传输的开放式技术标准,被应用在众多的领域,包括数码摄像机、高速外接硬盘、打印机和扫描仪等多种设备。标准的 1394 接口可以同时传送数字视频信号以及数字音频信号。相当于模拟视频接口,1394 技术在采集和回录过程中没有任何信号损失,正是由于这个优势,1394 卡更多地被人们当作视频采集卡来使用。现在的 IEEE 1394 卡多为 PCI 接口,主要插入计算机主板相应的 PCI 插槽上就可以提供视频采集功能。

目前市场上的1394卡基本上可以分为两类：带有硬解码功能的1394卡和用软件实现压缩编码的1394卡。带有硬盘解码功能的1394卡不仅能将电视机或者录像机的视频信号传输入计算机,还具备硬件压缩功能。用软件实现压缩编码的1394卡是把数码摄像带中的视频内容传输到计算机,并通过软件生成AVI文件,然后再对AVI文件进行编辑、后期加工。

常用IEEE 1394卡上的接口有6针槽口和4针槽口,如图7-4所示,4针槽口专门用来直接连至DV或D8摄像机。

图7-4 IEEE 1394接口

3. 信息获取设备

多媒体计算机必须配置必要的外部设备来完成多媒体信息获取,常见的数字化图像获取设备有扫描仪、数码照相机等静态图像获取设备和摄像机等视频图像获取设备。

1) 数码相机(DC)

数码相机是一种与计算机配备使用的照相机,与普通光学照相机之间最大的区别在于数码相机用存储器保存图像数据,而不通过胶片曝光来保存图像。

数码相机的性能指标如下。

(1) 分辨率。分辨率是数码相机最重要的性能指标。数码相机的分辨率标准与显示器类似,使用图像的绝对像素数来衡量。分辨率越高,所拍图像的质量也就越高,在同样的输出质量下可打印的照片尺寸越大。

(2) 颜色深度。这一指标描述数码相机对色彩的分辨能力。目前几乎所有的数码相机的颜色深度都达到了24b(位),可以生成真彩色的图像。

(3) 存储介质。数码相机所采用的存储媒体是闪存记忆体,主要有Secure Digital Memory Card卡(SD卡)、Compact Flash卡(CF卡)等。

(4) 数据输出方式。数码相机的输出接口为串行口、USB接口或IEEE 1394接口。通过这些接口和电缆,可将数码相机中的摄像数据传递到计算机中保存或处理。若相机提供TV接口,可以在电视机上观看照片。

(5) 连续拍摄。对于数码相机来说,拍完一张照片之后,在将数据记录到内存的过程中不能立即拍摄下一张照片。两张照片之间等待的时间间隔就成为数码相机的另一个重要指标。越高级的相机间隔时间越短,连续拍摄能力越强。

2) 数码摄像机(DV)

数码摄像机的优点是动态拍摄效果好,电池容量大,DV带也可以支持长时间拍摄,拍、采、编、播自成一体，相应的软、硬件支持也十分成熟。目前数码摄像机普遍都带有存储卡、一机两用切换起来也很方便。由于数码摄像机使用的小尺寸CCD与其镜头的不匹配，在拍摄静止图像时的效果不如数码相机。

数码摄像机上通常有S-Video、AV、DV In/Out等接口。其中DV In/Out接口是标准的数码输入输出接口，它是一种小型的4针1394接口。

7.2.2 多媒体计算机软件系统

多媒体计算机的软件系统按功能可分为系统软件和应用软件，如图7-5所示。

1. 系统软件

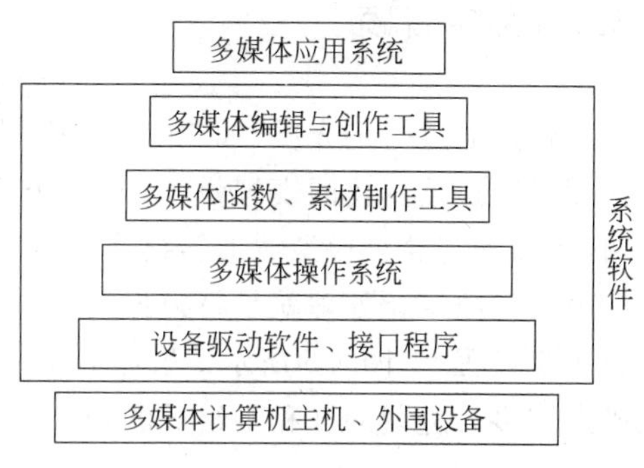

图7-5 多媒体计算机软件系统

系统软件是多媒体系统的核心，各种多媒体软件都要运行于多媒体操作系统平台上，多媒体计算机系统的主要系统软件有4种。

1）多媒体驱动软件和接口程序

多媒体驱动软件和接口程序是最底层硬件的支撑环境，它直接与计算机硬件相关，完成设备初始化、设备的打开和关闭、设备操作、基于硬件的压缩/解压缩、图像快速变换及功能调用等。通常驱动软件有视频子系统、音频子系统、视频/音频信号获取子系统。接口程序是高层软件与驱动程序之间的接口软件，为高层软件建立虚拟设备。

2）多媒体操作系统

多媒体操作系统实现多媒体环境下多任务调度，保证音频、视频同步控制及信息处理的实时性，提供多媒体信息的各种基本操作和管理。操作系统还具有独立于硬件设备和较强的可扩展性。

3）多媒体素材制作工具及多媒体库函数

多媒体素材制作工具及多媒体库函数式为多媒体应用程序进行数据准备的软件，主要是多媒体数据采集软件，作为开发环境的工具库，供开发者调用。多媒体素材制作工具按功能有文本素材编辑工具、图形素材编辑工具、图像素材编辑工具、声音素材及MIDI音乐编辑工具、动画素材编辑工具和视频影像素材编辑工具等。

4）多媒体创作工具

多媒体创作工具是在多媒体操作系统上进行开发的软件工具，用于编辑生成多媒体应用软件。多媒体创作工具提供将媒体对象集成到多媒体产品中的功能，并支持各种媒体对象之间的超级链接以及媒体对象呈现时的过渡效果。多媒体创作工具大都提供文本及图形的编辑功能，但对复杂的媒体对象，如声音、动画以及视频影像等的创作和编辑，还需借助多媒体素材编辑类工具软件。

2. 应用软件

多媒体应用软件是在多媒体创作平台上设计开发的面向应用的软件系统。多媒体应用系统开发设计不仅要求利用计算机技术将文字、声音、图像、图形、动画及视频等有机地融合为图、文、声、形并茂的应用系统，而且要进行精心的创意和组织，使其变得更加人性化和自然化。

7.3 音频信息

7.3.1 数字音频

声音是通过一定介质(如空气、水等)传播的一种连续的波，在物理学中称为声波。声波是随时间连续变化的模拟量，它有 3 个重要指标：振幅、周期、频率。为了在计算机中使用，必须先将这种模拟波形转换成二进制的数字形式，形成数字声音信号。

声音的数字化处理就是将模拟(连续的)声音波形数字化(离散化)，包括采样、量化和编码 3 个过程，如图 7-6 所示。数字音频是通过采样和量化把模拟量表示的音频信号转化成由许多二进制的 0 和 1 组成的数字音频文件。

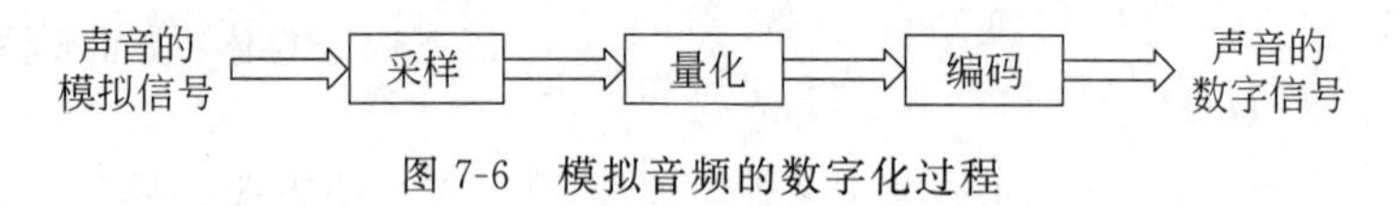

图 7-6 模拟音频的数字化过程

1. 采样

采用是每隔一定时间间隔抽取模拟信号的幅度值。采样后得到的是离散的声音振幅样本序列，仍是模拟量。采样频率越高，声音的保真度越好，采样获得的数据量也越大。在多媒体计算机中，采样频率的标准定为 11.25kHz、22.05kHz 和 44.1kHz。

2. 量化

把采样得到的信号幅度的样本值从模拟量转换成数字量。数字量的二进制位数是量化精度。

采样和量化过程称为模/数(A/D)转换。

3. 编码

把数字化声音信息按一定数据格式表示。

7.3.2 音频文件的格式

音频数据是以文件的形式保存在计算机中，音频文件的主要格式有 MP3、WAV、

WMA、MIDI、VOC、AIF、RMI等，不同的格式其存储容量也不同，使用方式也不同。

1. CD格式

CD格式的音质是比较高的音频格式，是近似无损的。采用cda作为扩展名。但cda文件只是一个索引信息，并不真正包含声音信息，所以计算机上所有的cda文件都是44B，也不能直接复制CD格式的cda文件到硬盘上播放，需要使用音频抓轨软件进行格式转换。

2. WAV文件

WAV文件是Microsoft公司开发的一种波形文件格式，是Windows本身存放数字声音的标准格式，采用wav作为扩展名。利用该格式记录的声音文件能够和原声基本一致，质量非常高，但由于WAV格式存放的一般是未经压缩处理的音频数据，所以体积很大，不适于在网络上传播。

3. MP3文件

MP3的全称是MPEG-1 Audio Player 3，是一种以高保真为前提实现的高效压缩技术。MP3文件是根据MPEG-1视频压缩标准中，对立体声伴音进行三层压缩的方法所得到的声音文件格式。需要注意的是，MPEG音频文件的压缩式一种有损压缩，MPEG3音频编码具有10∶1～12∶1的高压缩率，同时基本保持低音部分不失真，但是牺牲了声音文件中12～16kHz高音频这部分的质量来换取文件的尺寸。MP3技术在较小的存储空间内，存储大量的音频数据成为可能，所以MP3成为目前较流行的一种音乐文件。

4. WMA文件

WMA的全称是Windows Media Audio，它是微软公司推出的与MP3格式齐名的一种新的音频格式。WMA是以减少数据流量但保持音质的方式来达到比MP3压缩率更高的目的，压缩率一般都可以达到18∶1左右。现在大多数的MP3播放器都支持WMA文件。

5. RealAudio文件

RealAudio是Real Networks公司推出的一种流式音频文件格式，其最大的特点是可以实时传输音频信息，尤其在网速较慢的情况下，仍然可以较为流畅的传输数据，因此主要适用于网上在线音乐欣赏。现在RealAudio格式主要有RA、RM和RMX 3种，这些文件都能随着网络带宽的不同而改变声音的质量，在保证大多数人听到流畅声音的前提下，令带宽较大的用户获得较好的音质。

6. MIDI文件

MIDI提供电子乐器与计算机内部之间的连接界面和信息交流方式，采用mid作为扩展名。*.mid文件可以用作曲软件写出，也可以通过声卡的MIDI接口把外界音序器演奏的乐曲写入计算机制成 *.mid 文件,因此 *.mid 格式的最大用处是在计算机作曲领域。

7.3.3 音频处理软件

常用的音频处理软件有以下 4 种。

1. Windows 自带的"录音机"

"录音机"是 Windows 提供给用户的一种具有语音录制功能的工具。用"录音机"录制音频文件时,一次能录制的时间为 60s,此文件的类型为 WAV 格式。

2. GoldWave

GoldWave 是 Chris Craig 先生于 1997 年开发的数字音频处理软件,具有录音、编辑、特效处理和文件格式转换等功能。其结果可以保存为 WAV 格式或 MP3 格式的声音文件。该软件也能够复制、剪切、粘贴声音。

3. Sound Forge

Sound Forge 是 Sonic Foundry 公司开发的,意为"声音熔铝",即把声音放入这个软件里,就能把它锻造成想要的样子。

4. Adobe Audition

Adobe Audition 是美国 Adobe Systems 公司开发的一个完整的、应用在运行于 PCWindows 系统上的软件。它提供了编辑、控制和特效处理能力,是一个专业的音频处理工具,允许用户编辑个性化的音频文件、创建循环,引进了 45 个以上的 DSP 特效以及高达 128 个的音轨。

Adobe Audition 的工作模式有 3 种:编辑(单轨模式)、多轨和 CD,其中最常用的是编辑和多轨模式。在单轨编辑状态下,可以对单一的声音波形进行各种编辑处理和效果的设置,还可以分别对左右声道单独进行编辑处理。多轨编辑状态适合对多个音频轨道进行编辑、录制和合成处理,最多可以同时处理的轨道数为 128 个。

7.4 图像信息的获取与处理

7.4.1 图像文件

图是指使用描绘或摄影等方法获得的外在景物的相似物;像是指直接或间接得到的人或物的视觉印象。图像是指人类视觉系统所感知的信息形式或是人们心目中的有形想象,如扫描仪、摄像机等输入设备捕捉实际的画面产生的数字图像都是计算机图像,是像素点阵构成的仿图。

计算机绘图分为点阵图和矢量图两大类。

(1) 点阵图(Bitmap)。点阵图又称为位图或像素图。计算机屏幕上的图像是由屏幕上的发光点(像素)构成,每个点用二进制数据来描述其颜色与亮度等信息,这些点是离散的,类似于点阵。多个像素的色彩组合就形成了图像,称为点阵图。

点阵图图像表现力强、细腻、层次多、细节多,可以十分容易地模拟出像相片一样的真实效果。但是,由于是对图像中的像素进行编辑,所以在对图像进行拉伸、放大或缩小等处理时,其清晰度和光滑度会受影响。

(2) 矢量图(Vector)。矢量图又称为向量图,是用一系列计算机指令来描述和记录一幅画的,这些指令给出该画面的所有直线、曲线、矩形、椭圆等的形状、位置、颜色等各种属性和参数。

矢量图文件存储量很小,适用于文字设计、图案设计、版式设计、标志设计、计算机辅助设计、工艺美术设计、插图等。矢量图可以任意缩放大小,仍能保持图详情。

点阵图和矢量图的对比效果如图 7-7 所示,它们没有好坏之分,只是用途不同。在实际使用时,应整合点阵图像和矢量图像的优点来处理数字图像。

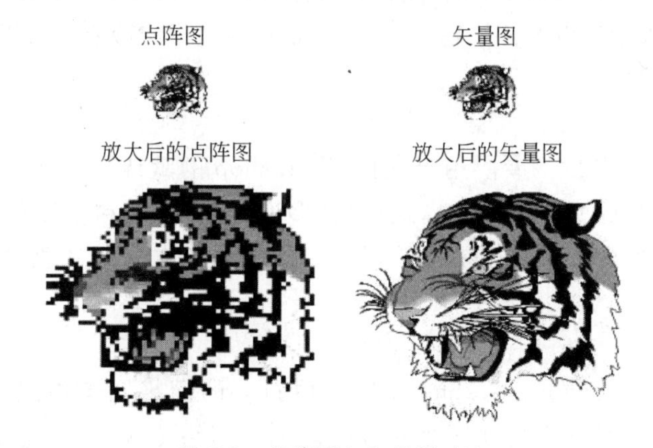

图 7-7 点阵图与矢量图对比

7.4.2 图像的文件格式

音频文件的主要格式有 BMP、GIF、JPEG、PNG 等,大多数图像软件都可以支持多种格式的图像文件,以适应不同的应用环境。

1. BMP 格式

BMP(Bitmap)图像文件格式是微软公司为 Windows 环境设置的标准图像文件格式,采用的非压缩的格式,最适合处理黑白图像文件,清晰度很高。由于 Windows 操作系统的绝对优势,在 PC 上运行的绝大多数图像软件都支持 BMP 格式的图像文件。

2. GIF 格式

GIF(Graphics Interchange Format)的原意是“图像互换格式”,是 CompuServe 公司

于1987年开发的图像文件格式,主要是在不同的系统平台上交换图片,为网络传输和BBS用户使用图像文件提供方便。GIF文件的压缩率一般在50%左右,存储效率高。目前几乎所有相关软件都支持它,特别适合于动画制作、网页制作及演示文稿制作等领域。

3. JPEG格式

JPEG(Joint Photographic Expert Group)格式即联合图像专家组,它是应用最广泛的一种跨平台操作的压缩格式文件,其最大的特点是压缩性很强。在压缩时采用有损压缩方式去除冗余的图像和彩色数据,在获得较高压缩率的同时能展现十分丰富和生动的图像。因此,JPEG格式适用于网上的图像传输。

4. PDF格式

PDF(Portable Document Format)格式是Adobe公司开发的一种便携文本格式,是一种基于PostScript语言、跨平台的电子出版物格式。PDF格式可以精确地显示字体、页面格式、位图与矢量图以及插入超级链接,它是目前电子出版物最常用的格式。

5. PSD格式

它是Adobe公司开发的专门用于支持Photoshop的默认文件格式,其专业性较强,支持Photoshop提供的所有的图像模式,包括多通道、多图层和多种色彩模式。PSD文件分层,便于修改;但由于PSD格式包含的图像数据信息较多,其占据磁盘空间较大。

6. PNG格式

PNG(Portable Network Graphics)是一种新兴的网络图像格式。它兼有GIF和JPEG的色彩模式,能把图像文件压缩到极限以利于网络传输,显示速度也特别快,可以让图像和网页背景很和谐地融合在一起;缺点是不支持动画效果。现在越来越多的软件开始支持PNG格式,它在网络上越来越流行。

7.4.3 图像处理软件

1. ACDSee

ACDSee是一款优秀的数字图像处理软件,它能广泛应用于图片的获取、管理、浏览、优化。利用ACDSee相片管理器可以快速地查看和寻找相片,修正不足,并通过电子邮件、打印和免费在线相册来分享收藏。

2. Photoshop

Photoshop是美国Adobe公司开发的平面图像设计、处理软件,其主要功能是绘画和图像处理,被广泛应用于平面设计、美术制作、摄影、建筑装潢、彩色印刷、广告创意等领域,更是多媒体制作不可或缺的得力助手。

3. Flash

Flash 是美国 Macromedia 公司设计出品的矢量图形编辑和动画创作的专业软件，主要应用于网页设计和多媒体创作等领域，功能十分强大和独特，已成为交互式矢量动画的标准。Flash 与 Macromedia 公司的 Fireworks 和 Dream Weaver 并称为网页制作三剑客。Flash 动画已成为目前最流行的二维动画形式。

Flash 动画可以制作 Web 导航、互动图片、游戏、贺卡广告等，Flash Player 已成为网上应用最广泛的主流播放器。

4. Maya

Maya 是 AliasWavefront 公司开发的三维动画软件，它集成了 AliasWavefront 最先进的动画及数字效果技术，不仅包括一般三维和视觉效果制作的功能，还结合了最艰辛的建模、数字化布料模拟、毛发渲染和运动匹配技术。因其强大的功能在 3D 动画界造成巨大影响，已经渗入电影、广播电视、公司演示、游戏可视化等各个领域。

5. 3ds Max

3ds Max 是世界上应用最广泛的三维建模、动画、渲染软件，完全满足制作高质量动画、最新游戏、设计效果等领域的需要。

6. AutoCAD

AutoCAD 是由美国 Autodesk 公司为在计算机上应用采用 CAD 技术而开发的绘图程序软件包，经过不断地完善，已经成为国际上最流行的绘图工具。

7. 美图秀秀

美图秀秀是一款很好用的国产免费图片处理软件之一，软件的操作和程序相对于专业的图片处理软件较简单。其独有的图片特效、人像美容、可爱饰品、文字模板、智能边框、自由拼图等功能可以让用户短时间内制作出自己想要的影片效果，深受年轻人喜欢。

7.5 视频信息

7.5.1 视频概念

视频是由一系列的静态图像按一定的顺序排列组成，每一幅称为帧。电影、电视通过快速播放每帧画面，再加上人眼视觉效应便产生了连续运动的效果，即视频。通常视频图像还配有同步的声音，所以，视频信息需要巨大的存储容量。例如，电视就是常见的视频信号，它可以是彩色的、黑白的，也可以是静止的、活动的。

视频有两类：模拟视频和数字视频。

1. 模拟视频

普通广播电视信号就是一种典型的模拟视频信号，其特点是信号在时间和幅度上都是连续变化的。对模拟视频信号进行视频处理的技术称为模拟视频技术。在接收机中，通过显示器进行光电转换，生成人眼所接受的模拟信号的光图像。

2. 数字视频

数字视频指用二进制数字表示的视频信号，就是先用摄像机之类的视频捕捉设备将外界影像的颜色和亮度信息转变为电信号，再记录在存储介质中。视频数字化过程同音频相似，在一定的时间内以一定的速度对单帧视频信号进行采样、量化、编码等过程，实现模数转换、彩色空间变换和编码压缩等，这通过视频捕捉卡和相应的软件来实现。

7.5.2 视频文件

1. 视频压缩标准

视频数据的编码和压缩是以声音与图像的编码和压缩为基础，主要采用的是MPEG(Moving Picture Expert Group)系列的标准。MPEG成立于1988年，任务是开发运动图像及其声音的数字编码标准。目前MPEG格式有MPEG-1、MPEG-2、MPEG-4、MPEG-7、MPEG-21等几个压缩标准。

1) MPEG-1

MPEG-1标准制定于1992年，它是针对1.5Mb/s以下数据传输率的数字存储媒体运动图像及其伴音编码而设计的国际编码，即人们常见的VCD制作格式。这种视频格式的文件扩展名有mpg、mlv、mpe、mpeg及VCD光盘中的dat文件等。

2) MPEG-2

MPEG-2标准制定于1994年，它是一个直接与数字电视广播有关的高质量图像和声音编码标准。MPEG-2和MPEG-1的基本编码算法相同，但是增加了许多MPEG-1没有的功能，压缩比例高达200∶1，其主要应用在DVD/SVCD的制作方面。这种视频格式的文件扩展名有mpg、mpe、mpeg、m2v及DVD光盘中的vob文件等。

3) MPEG-4

MPEG-4标准制定于1998年，它是为播放高质量的流式媒体视频而专门设计的，可以利用很窄的带宽，通过帧重建技术压缩和传输数据，以求试用最少的数据获得最佳的图像质量，是目前非常流行的视频压缩标准。这种视频格式的文件扩展名有asf、mov、avi等。

2. 视频文件的格式

根据应用环境的不同，视频文件格式可以分为适合本地播放的本地影像视频格式和适合在网络中播放的网络流媒体。

1) 本地影像视频格式

(1) AVI格式。即音频视频交错(Audio Video Interleaved)格式。1992年微软公司推出了AVI技术及其应用软件VFW(Video for Windows)。AVI格式允许视频和音频交错在一起同步播放,一般用于保存电影、电视等各种影响信息。

(2) MPEG/MPG/DAT格式。MPEG是运动图像压缩算法的国际标准,现在几乎所有的计算机平台都支持。MPEG标准包括MPEG音频、MPEG视频和MPEG系统3个部分,MP3音频文件是MPEG音频的一个典型应用,VCD、DVD则是全面采用MPEG技术生产出来的消费类电子产品。

2) 网络视频格式

(1) RM格式。它是Real Networks公司所指定的音频、视频压缩规范Real Media中的一种,用户可以使用RealPlayer或RealOne Player对符合Real Media技术规范的网络音频、视频资源进行实况转播,并且Real Media可以根据不同的网络传输速率制定出不同的压缩比率。

(2) WMV格式。WMV(Windows Medio Video)是微软公司推出的一中采用独立编码方式并可以直接在网上实时观看视频节目的文件压缩格式。WMV格式的主要优点在于可扩充的媒体类型、本地或网络回放、可伸缩的媒体类型、流的优先级化、多语言支持、环境独立性和扩展性等。

(3) ASF格式。高级流格式(Advanced Streaming Format,ASF)是微软公司为了和现在的RealPlayer竞争而推出的一种视频格式,用户可以直接使用Windows自带的Windows Media Player对其播放。ASF使用了MPEG-4的压缩算法,压缩率和图像的质量都非常不错,适用于网上观看视频节目。

(4) MOV格式。MOV即QuickTime,是Apple公司开发的,用于存储常用数字媒体类型。它提供了两种标准图像和数字视频格式,Apple Mac和Windows等主流计算机平台都支持。

7.5.3 视频处理软件

1. Adobe Premiere

Adobe Premiere是Adobe公司推出的非常优秀的视频编辑软件,能对视频、声音、动画、图片、文本进行编辑加工,并最终生成电影文件。并且,它可以与Adobe公司推出的其他软件相互协作,目前这款软件广泛应用于广告制作和电视节目制作中。

2. Windows Movie Maker

Windows Movie Maker是Windows系统自带的视频制作工具,功能比较简单,可以组合镜头、声音,加入镜头切换的特效,只要将镜头片段拖入就行,很简单,适合家用摄像后的一些小规模的处理。可以在计算机、摄像机中播放,也可以通过Web、电子邮件等与好友分享。

7.6 多媒体数据存储技术

7.6.1 光存储技术

光存储介质统称为光盘。光盘上有凹凸不平的小坑,光照射到上面有不同的反射,再转化为0、1的数字信号就成了光存储。无论是CD光盘、DVD光盘等光存储介质,采用的存储方式都与软盘、硬盘相同,是以二进制数据的形式来存储信息。

光存储系统的技术指标主要包括容量、平均存取时间、数据率、误码率及平均无故障时间等。

(1) 存储容量。指所能读写的光盘盘片的容量,光盘容量又分为格式化容量和用户容量。采用不同的格式和不同驱动器,光盘格式化后容量不同。一般用户容量比格式化容量要小,因为光盘还要存放有关控制、校验等信息。

(2) 平均存取时间。指在光盘上找到需要读写信息的位置所需要的时间,即指从计算机向光盘驱动器发出命令,到光盘驱动器可以接受读写命令为止的时间。一般取光头沿半径移动全程1/3长度所需要的时间为平均寻道时间,光盘旋转一周的一半时间为平均等待时间,两者加上读写光头的稳定时间就是平均读取时间。

(3) 数据传输率。一种是指从光盘驱动器读物数据的速率,可以定义为单位时间内从光盘的光道上读取数据的比特数,这与光盘转速、存储密度有关;另一种是指控制器与主机间的传输率,它与接口规范、控制器内的缓冲器大小有关。

(4) 误码率。采用复杂的纠错编码可以降低误码率。存储数字或程序对误码率的要求高,存储图像或声音数据对误码率的要求较低。

7.6.2 光存储介质

1. CD盘

一般的CD盘有两种:大批量生产出来的压制盘和个人用计算机制作出来的刻录盘。这两种标准盘片一般直径为120mm、厚度为1.2mm。常见的有CD-DA、CD-ROM、CD-R等。

(1) 精密光盘数字音频(Compact Disc-Digital Audio,CD-DA)。1980年,飞利浦和索尼公司发布了CD-DA标准,就是今天所说的红皮书标准,它指定了数字音频数据格式、光盘的物理规格、媒体大小和轨道间距等。

CD-RA格式中的数据是把一个声音文件进行编码并把这些编码采样后转换为数字格式。一分钟的CD音频大约占10MB的容量。利用一些特殊的软件,有可能实现直接从CD本身读取这些数字编码的音频数据文件,也可以将这些文件储存在一台计算机上,如WAV文件。

(2) 只读光盘(Compact Disc Read-Only Memory,CD-ROM)。只能写入数据一次,

信息将永久保存在光盘上,使用时通过光盘驱动器读出信息。1983 年,飞利浦、索尼和微软公司经历多次修正推出了 CD-ROM 的黄皮书。CD-ROM 与普通常见的 CD 光盘外形相同,但 CD-ROM 存储的是数据而不是音频。CD-ROM 光盘的表面变脏和划伤时都会降低其可读性。

(3) CD-R。是一种一次写入、用就读的标准,CD-R 光盘写入数据后,该光盘就不能再刻写了,刻录得到的光盘可以在 CD-DA 或 CD-ROM 驱动器上读取。1989 年飞利浦、索尼公司发布了可刻录光盘标准的桔皮书。由于产品和生产线不同,CD-R 盘片产品的反射层采用不同的染料,也就是习惯上人们称为的"金盘"、"银盘"、"绿盘"、"蓝盘",各自的颜色、性能都存在差异。现在主流的品牌盘片都是 700MB 的存储容量。

2. VCD 盘

影印光盘(Video Compact Disc,VCD)是一种在光盘上存储视频信息的标准,VCD 可以在个人计算机或 VCD 播放器以及大部分 DVD 播放器中播放。

VCD 标准由索尼、飞利浦、松下、JVC 等电器生产商联合于 1993 年制定,属于数字光盘的白皮书标准,是一种全动态、全屏播放的视频标准。它的格式可分为 3 种。

(1) 分辨率为 352×240 像素,每秒 29.97 幅画面(适合 NTSC 制式电视播放)。

(2) 分辨率为 352×240 像素,每秒 23.976 幅画面。

(3) 分辨率为 352×288 像素,每秒 25 幅画面(适合 PAL 制式电视播放)。

由于 VCD 的比特率和普通音乐 CD 相当,一张标准的 74min 的 CD 可以存放大约 74min 的 VCD 格式的视频。

3. DVD 盘

数字多功能光盘(Digital Versatile Disc,DVD)是一种光盘存储器,通常用来播放标准电视机清晰度的电影。与 CD 外观极为相似,它们的直径都是 120mm 左右;与 CD 不同的是 DVD 一开始就定位为多用途光盘,原始的 DVD 规格里共有 5 种子规格。

(1) DVD-ROM:用作存储计算机数据。

(2) DVD-Video:用作存储图像。

(3) DVD-Audio:用作存储音乐。

(4) DVD-R:只可写入一次刻录碟片。

(5) DVD-RAM:可重复写入刻录碟片。

参考文献

[1] http://www.pep.com.cn/xxjs/xxtd/kwyd/201008/t20100827_786275.htm.

[2] http://course.gznu.edu.cn/computer/content/chapter_1/1.2.1.htm.

[3] 李国杰.信息科学技术的长期发展趋势和我国的战略取向[J].中国科学：信息科学，2010，40(1)：128～138.

[4] 张莉.大学计算机基础教程[M].北京：清华大学出版社，2013.

[5] 山东省地方税务局.税务信息化基础及应用[M].北京：中国税务出版社，2012.

[6] 陆晶，程伟.大学计算机基础教程[M].北京：清华大学出版社，2010.

[7] 陆晶，都艺兵.大学计算机基础教程学习与实验指导[M].北京：清华大学出版社，2010.

[8] 张赵管，李应勇，刘经天.大学计算机应用基础(Windows 7＋Office 2010)[M].天津：南开大学出版社，2013.

[9] 汤小丹，梁红兵，哲凤屏，等.计算机操作系统[M].西安：西安电子科技大学出版社，2007.

[10] 赵建敏，张海娜，郭燕，等.Windows 7 案例教程[M].北京：航空工业出版社，2012.

[11] 赵江.Windows 7 从入门到精通[M].北京：电子工业出版社，2009.

[12] 丛书编委会.计算机应用基础—Windows 7＋ Office 2010[M].北京：清华大学出版社，2011.

[13] 高万萍，吴玉萍.计算机应用基础教程(Windows 7，Office 2010)[M].北京：清华大学出版社，2013.

[14] 高万萍，吴玉萍.计算机应用基础实训指导(Windows 7，Office 2010)[M].北京：清华大学出版社，2013.

[15] 宋翔.Office 2010 办公专家从入门到精通[M].北京：北京希望电子出版社，2010.

[16] 华诚科技.Office 2010 从入门到精通[M].北京：机械工业出版社，2011.

[17] 山东省教育厅.计算文化基础(第 9 版)[M].东营：中国石油大学出版社，2012.

[18] 山东省教育厅.计算文化基础实验教程(第 9 版)[M].东营：中国石油大学出版社，2012.

[19] 宁玲，智洋.计算机应用基础[M].北京：机械工业出版社，2012.

[20] 马俊，金智.大学计算机基础实践教程(第 2 版)[M].北京：人民邮电出版社，2014.

[21] 陈友福.计算机应用基础上机指导与登记考试一级 B 训练[M].北京：北京理工大学出版社，2013.

[22] 尤晓东，闫俐，叶向，吴燕华，等.教育部高等学校文科计算机基础教学指导委员会立项教材·大学计算机基础与应用系列立体化教材：大学计算机应用基础(第 3 版)[M].北京：中国人民大学出版社，2013.

[23] 尤晓东，闫俐，叶向，等.大学计算机应用基础(第 2 版)习题与实验指导[M].北京：中国人民大学出版社，2011.

[24] 王作鹏，殷慧文.PowerPoint 2010 从入门到精通[M].北京：人民邮电出版社，2013.

[25] 宋翔.Office 2010 办公专家从入门到精通[M].北京：北京希望电子出版社，2010.

[26] 丁喜纲.计算机网络技术基础项目化教程[M].北京：北京大学出版社，2011.

[27] 李松树，周利民，付开耀.大学计算机基础[M].长沙：国防科技大学出版社，2010.

[28] 鄢涛，刘容.大学计算机基础教程[M].北京：科学出版社，2012.

[29] 张洋.多媒体技术基础[M].北京：北京大学出版社，2011.